新编21世纪研究生系列教材·应用统计硕士（MAS）

大数据挖掘
与统计机器学习

吕晓玲　宋　捷 / 编著

第 **3** 版

U0386343

BIG DATA MINING
AND STATISTICAL
MACHINE LEARNING

中国人民大学出版社
·北京·

图书在版编目（CIP）数据

大数据挖掘与统计机器学习 / 吕晓玲，宋捷编著
. -- 3 版. -- 北京：中国人民大学出版社，2024. 7
新编 21 世纪研究生系列教材. 应用统计硕士（MAS）

ISBN 978-7-300-32689-4

I. ①大… II. ①吕… ②宋… III. ①数据处理－研
究生－教材 ②机器学习－研究生－教材 IV. ①TP274
②TP181

中国国家版本馆 CIP 数据核字(2024)第 061529 号

新编 21 世纪研究生系列教材·应用统计硕士（MAS）
大数据挖掘与统计机器学习（第 3 版）
吕晓玲　宋　捷　编著
Dashuju Wajue yu Tongji Jiqi Xuexi

出版发行	中国人民大学出版社	
社　　址	北京中关村大街 31 号	邮政编码　100080
电　　话	010-62511242（总编室）	010-62511770（质管部）
	010-82501766（邮购部）	010-62514148（门市部）
	010-62515195（发行公司）	010-62515275（盗版举报）
网　　址	http://www.crup.com.cn	
经　　销	新华书店	
印　　刷	天津鑫丰华印务有限公司	版　　次　2016 年 7 月第 1 版
开　　本	787mm×1092mm　1/16	2024 年 7 月第 3 版
印　　张	17.5 插页1	印　　次　2024 年 7 月第 1 次印刷
字　　数	398 000	定　　价　59.00 元

前　言

大数据时代的到来使我们的生活在政治、经济、社会、文化各个领域都发生了巨大的变化，"数据科学"一词应运而生。如何更好地对海量数据进行分析、得出结论并做出智能决策是统计工作者面临的机遇与挑战。

本书首先介绍大数据挖掘与统计机器学习领域最常用的模型和算法，包括最基础的线性回归与分类方法，模型评价与选择的概念和方法，非线性回归和分类方法(决策树与组合方法、支持向量机等)，以及无监督学习中的聚类方法。之后在第7章给出了一个大数据案例，数据量在10G左右，并同时提供了单机和分布式两种实现方案。最后3章介绍了神经网络模型以及在此基础上发展的深度学习模型，包括处理图像数据的卷积神经网络、处理文本数据的循环神经网络以及深度模型方法中最常用的注意力机制。

与第2版相比，第3版有较大的改动：合并线性回归与线性分类方法为一章，增加了方法的几何解释；保留原第10章第一个案例，放在第7章；增加了卷积神经网络、循环神经网络、注意力机制等深度学习方法，与原神经网络模型一章一起放在最后3章，构成本书的深度学习模块；删除了推荐系统部分以及原第10章后两个案例；除了方法的理论讲解之外，给出了每种方法的Python实现，并将每章最后一节的集中介绍改为在各章每种方法之后的分散讲解，删除了原R语言部分。本书所有原始数据和程序代码均可从中国人民大学出版社的网站下载。

本书面向的主要读者是应用统计专业硕士，希望能够拓展到统计专业高年级的本科生以及其他各个领域有数据分析需求的学生和从业人员。

感谢中国人民大学出版社的鼎力支持；感谢中国人民大学统计学院的学生李梦媛、赵亚亚、游青原参与本书的写作和校对。

大数据挖掘与统计机器学习是一个方兴未艾、蓬勃发展的学科领域，鉴于作者的能力和时间非常有限，本书内容的不足和纰漏之处在所难免，还请广大读者不吝赐教，多提宝贵意见。

吕晓玲　宋　捷

目　录

表　格

插 图

第1章

概　述

1.1　名词演化

"数据挖掘"(data mining) 这一名词产生于 1990 年前后, 并迅速在学术界和商业界得到了广泛的应用与发展。实际上, 数据挖掘与统计数据分析的目标没有本质差别。按照《不列颠百科全书》, 统计可以定义为收集、分析、展示、解释数据的科学。这是历史相对悠久的统计在其发展过程中逐渐形成的被世人认可的定义。它包含一系列概念、理论和方法, 有一个比较稳定的知识结构和体系。数据挖掘也完全符合这个定义, 但由于它的发展历史较短, 初期主要由计算机科学家开创, 脱离了传统统计的体系, 因此有其自身的特点。数据挖掘有时也称作数据库知识发现 (knowledge discovery in databases, KDD)。严格来讲, 这两个概念并不完全一致。同期经常被人们使用的两个名词是模式识别 (pattern recognition) 和人工智能 (artificial intelligence)。使用一段时间后, 人们觉得距离真正的人工智能为时尚早, 便渐渐将它们淡化了。之后, 使用更多的术语是机器学习 (machine learning)。从统计学者的角度则称为统计机器学习 (statistical machine learning) 或统计学习 (statistical learning)。2012 年, 随着深度学习技术的发展, 大数据、数据科学的概念扑面而来, "人工智能" 再次成为热词。

一般认为, 大数据时代 (age of big data) 的概念由麦肯锡公司的研究部门——麦肯锡全球研究院 (MGI) 于 2011 年率先提出, 这一概念的提出在全球引起了广泛反响。早在 2001 年, 美国信息咨询公司 Gartner 的分析师 Doug Laney 就从数据量 (volume)、多样化 (variety) 和快速化 (velocity) 三个维度分析了在数据量不断增长的过程中所面临的挑战和机遇。在大数据这一概念被广泛传播后, IBM 副总裁 Steven Mills 于 2011 年在此基础上提出了大数据的第四个维度——真实性 (veracity)。人们普遍认为大数据蕴涵巨大的价值, 但如何从中快速准确地提取真实且有价值的信息是大数据处理技术的关键。

大数据是指随着现代社会的进步和通信技术的发展, 在政治、经济、社会、文化各个领域形成的规模巨大、增长与传递迅速、形式复杂多样、非结构化程度高的数据或者数据集。它的来源包括传感器、移动设备、在线交易、社交网络等, 其形式可以是各种空间数据, 报表统计数据, 文字、声音、图像、超文本等各种环境和文化信息数据, 等等。大数据时代是一个海量数据开始广泛出现、海量数据的运用逐渐普及的新的历史时期, 也是我们需要认真研究与应对的一个新的社会环境。在此期间, "数据科学"(data science) 一词应运而生。它可以被看作数学逻辑和统计批判性思维、计算机科学以及实际领域知识这三者的交集 (见图1.1)。

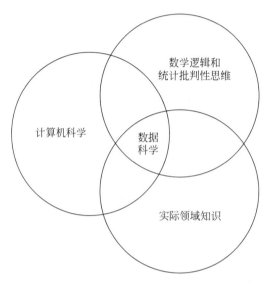

图 1.1　三个学科的关系图

1.2　基本内容

统计学是一门科学, 科学的基本特征是其方法论: 对世界的认识源于观测或实验所得的信息 (或者数据), 总结信息时会形成模型 (也叫作假说或理论), 模型会指导进一步的探索, 直至遇到这些模型无法解释的现象, 从而导致对这些模型的更新或替代。这就是科学的方法, 只有用科学的方法进行的探索才能称为科学 (吴喜之, 2016)。统计的思维方式是归纳, 也就是从数据所反映的现实中得到一般的模型, 希望以此解释数据所代表的那部分世界。这和以演绎为主的数学思维方式相反, 演绎是在一些人为的假定 (或者一个公理系统) 之下推导出各种结论。

在统计科学发展前期, 由于没有计算机, 不能应付庞大的数据量, 只能在对少量数据的背景分布做出诸如独立同正态分布之类的数学假定后, 建立一些数学模型, 进行手工计算, 并推导出由这些模型所得结果的性质, 比如置信区间、相合性等。有时候这些性质是利用中心极限定理或大样本定理得到的当样本量趋于无穷时的理论性质, 这些性质对总体的分布以及样本的形式有很多假定。这种发展方式给统计打上了很深的数学烙印。统计发展的历史体现在模型驱动的研究及教学模式上, 以模型而不是数据为主导的研究方式导致统计在某种程度上 "自我封闭、自我欣赏", 结果是很可能丢掉许多属于数据科学的领域。

模型驱动的研究在前计算机时代有其合理性, 但在计算机技术快速发展的大数据时代, 必须转变这种模式。统计是应用的学科, 将统计方法应用到各个领域, 解决实际问题是统计的灵魂。在分析数据时, 首先寻求现有方法, 当现有方法不能满足需求时, 就要根据数据的特征创造新的方法, 并对其理论性质进行深入的探讨, 这是统计近年来飞速发展的历程。创造模型的目的是解决实际问题, 统计研究应该由问题或者数据所驱动, 而不是由模型、数学公式所驱动。此外, 为了让新的模型得到真正的应用, 对模型的求解和计算提出了很高的要求, 统计研究必须同时考虑算法复杂度和计算编程高效实现的问题。

目前广泛使用的有着极高口碑的统计学教材有两本, 第一本是 Trevor Hastie, Robert Tibshirani, Jerome Friedman 编写的《统计学习要素: 机器学习中的数据挖掘、推断和预测》(The Elements of Statistical Learning—Data Mining, Inference, and Prediction)(Hastie et al., 2008), 简称 ESL; 第二本是 Gareth James, Daniela Witten, Trevor Hastie, Robert Tibshirani 编写的《统计学习导论: 基于 R 应用》(An Introduction to Statistical Learning with Applications in R)(James et al., 2013), 简称 ISL。第一本教材面向的读者更专业一些, 内容较多, 理论偏难。第二本教材面向的读者更广泛, 内容偏基础, 更强调应用, 有各种方法的 R 语言实现实例。两本教材均将统计学习方法分为两种, 即有监督学习 (supervised learning) 和无监督学习 (unsupervised learning)。所谓有监督学习, 就是在分析问题时, 数据中有一个明确的目标变量 Y(也称作因变量、响应变量、输出变量等), 可以通过建立它对其他变量 X(也称作自变量、协变量、解释变量、输入变量、特征、字段等) 的模型来预测。如果 Y 的取值是连续型的, 则称作回归分析。如果 Y 是一个分类标签, 则称作分类问题。目前广泛使用的有监督学习方法包括决策树及其组合算法、神经网络、支持向量机、K 最近邻方法、朴素贝叶斯方法等。无监督学习是指数据中没有明确的目标变量, 通过一些方法寻找数据之间的相互关系或者模式 (pattern)。无监督学习的典型例子是主成分分析、聚类和关联规则等。

本书面向的主要读者是应用统计专业硕士, 希望能够拓展到统计专业高年级的本科生以及其他各个领域有数据分析需求的学生和从业人员。从内容选择和章节安排上, 前 6 章我们借鉴了上述两本经典教材, 在理论难度方面本书要高于 ISL。在内容的选取方面, 我们首先介绍最简单、最基础的线性回归与分类方法 (第 2 章), 之后介绍重要的模型评价与选择的概念和方法 (第 3 章)。非线性回归和分类方法包括决策树与组合方法 (第 4 章) 和支持向量机 (第 5 章)。第 6 章着重介绍无监督学习中的聚类分析。第 7 章作为本书前面知识的综合运用, 给出了一个大数据案例, 数据量在 10G 左右, 对于初涉大数据的读者, 我们认为是非常合适的。

本书后 3 章介绍神经网络以及在此基础上发展的深度学习方法。其中, 第 8 章介绍神经网络基础知识和误差反向传播算法; 第 9 章介绍卷积神经网络与网络优化的正则化方法; 第 10 章介绍文本表示与词嵌入模型, 之后介绍循环神经网络、机器翻译模型以及注意力机制。每一章节均配有丰富的实际分析案例以及相应的 Python 编程实现。读者可以从中国人民大学出版社的网站下载相应的数据和程序。

1.3　数据智慧

2016 年第 1 期《中国计算机学会通讯》刊登了美国加利福尼亚大学伯克利分校统计系郁彬教授 (美国科学院、美国艺术与科学学院院士) 的一篇中译版的文章 ——《数据科学中的 "数据智慧"》，英文原文的网址链接是 http://www.odbms.org/2015/04/data-wisdom-for-data-science/。

在此, 我们想引用郁彬教授的文章作为本章的结束语。郁彬教授深入地讨论了应用统计方法解决实际问题时应该注意的事项, 明确提出 "数据智慧"(data wisdom) 是应用统计学概念的核心。希望读者认真阅读这篇文章并思考: 在大数据时代, 统计数据分析工作者的任务和使命是什么? 我们怎样才能正确应用统计方法解决实际问题?

在大数据时代, 学术界和工业界的大量研究都是关于如何以一种可扩展和高效率的方式对数据进行存储、交换和计算 (通过统计方法和算法), 这些研究非常重要。然而, 只有对数据智慧给予同等程度的重视, 大数据 (或者小数据) 才能转化为真正有用的知识和可被采纳的信息。换言之, 我们要充分认识到, 只有拥有足够数量的数据, 才有可能对复杂度较高的问题给出较可靠的答案。数据智慧对于我们从数据中提取有效信息和确保没有误用或夸大原始数据是至关重要的。

"数据智慧" 一词是郁彬教授对应用统计学核心部分的重新定义。这些核心部分在 W.Tukey (1962)[①] 和 George E.P.Box (1976)[②] 中都有详细介绍。约翰·图基 (John W.Tukey) 和乔治·伯克斯 (George E.P.Box) 都是伟大的统计学家。

将统计学核心部分重新命名为 "数据智慧" 非常必要, 因为它比 "应用统计学" 这个术语能起到更好的概括作用。这一点最好能让统计学领域之外的人也了解到, 因为这样一个有信息量的名称可以使人们意识到应用统计作为数据科学的一部分的重要性。

依据维基百科对 "智慧" 词条进行解释的第一句话, 郁彬教授提到: 数据智慧是将领域知识、数学和方法论与经验、理解、常识、洞察力以及良好的判断力相结合, 思辨性地理解数据并依据数据做决策的一种能力。

数据智慧是数学、自然科学和人文主义三方面能力的融合, 是科学和艺术的结合。如果没有实践经验者的指导, 仅通过读书很难学习到数据智慧。学习它的最好方法就是和拥有它的人共事。当然, 我们也可以通过问答的方式来帮助你形成和培养数据智慧。郁彬教授提到了 10 个基本问题, 并鼓励人们在数据分析项目开始时或者进行过程中经常问问自己这些问题。这些问题是按照一定顺序排列的, 但是在不断重复的数据分析过程中, 这个顺序完全可以打乱。

这些问题也许无法详尽、彻底地解释数据智慧, 但是它们体现出了数据智慧的一些特点。

1. 要回答的问题

数据科学问题最初往往来自统计学或者数据科学以外的学科。例如, 神经科学中的

---

① John W.Tukey. The future of data analysis. The Annals of Mathematical Statistics, 1962, 33(1): 1-67.

② George E.P.Box. Science and statistics. Journal of the American Statistical Association, 1976, 71(356): 791-799.

一个问题: 大脑是如何工作的? 或银行业中的一个问题. 该向哪组顾客推广新服务? 要解决这些问题, 统计学家必须与这些领域的专家合作。这些专家会提供有助于解决问题的领域知识、早期的研究成果、更广阔的视角, 甚至可能对该问题进行重新定义。而与这些专家 (他们往往很忙) 建立联系需要很强的人际交流能力。

与领域专家的交流对于数据科学项目的成功是必不可少的。在数据来源充足的情况下, 经常发生的事情是在收集数据前还没有精确定义要回答的问题。我们发现自己处在约翰·图基所说的 "探索性数据分析" (exploratory data analysis, EDA) 的游戏中, 我们寻找需要回答的问题, 然后不断地重复统计调查过程 (就像乔治·伯克斯的文章中所述)。由于误差的存在, 我们谨慎地避免对数据中出现的模式进行过拟合。例如, 当同一份数据既用于对问题进行建模又用于对问题进行验证时, 就会发生过拟合。避免过拟合的黄金准则就是对数据进行分割, 在分割时需要考虑数据潜在的结构 (如相关性、聚类性、异质性), 使分割后的每部分数据都能代表原始数据, 其中一部分用来探索问题, 另一部分通过预测或者建模来回答问题。

2. 数据收集

什么样的数据与第 1 个问题最相关?

实验设计 (统计学的一个分支) 和主动学习 (机器学习的一个分支) 中的方法有助于回答这个问题。即使在数据收集好了以后考虑这个问题, 也是很有必要的, 因为对理想的数据收集机制的理解可以暴露出实际数据收集过程的缺陷, 能够指导下一步分析的方向。

下面的问题会对提问有所帮助: 数据是如何收集的? 在哪些地点? 在什么时间段? 是谁收集的? 用什么设备收集? 中途更换过操作人员和设备吗? 总之, 试着想象自己在数据收集现场。

3. 数据含义

数据中的某个数值代表什么含义? 它测量了什么? 它是否测量了需要测量的? 哪些环节可能会出错? 在哪些统计假设下可以认为数据收集没有问题? 对数据收集过程的详细了解会很有帮助。

4. 相关性

收集的数据能够完全或部分回答要研究的问题吗? 如果不能, 还需要收集其他哪些数据? 第 2 个问题中提到的要点在此处同样适用。

5. 问题转化

如何将第 1 个问题转化成一个与数据相关的统计问题, 使之能够很好地回答原始问题? 有多种转换方式吗? 比如, 我们可以把问题转换成一个与统计模型有关的预测问题或者统计推断问题吗? 在选择模型前, 请列出与回答实质性问题相关的每种转化方式的优点和缺点。

6. 可比性

各数据单元是不是可比的, 或经过标准化处理后可视为可交换的? 苹果和橘子是否被组合在一起? 数据单元是不是相互独立的? 两列数据是不是同一个变量的副本?

7. 可视化

观察数据 (或其子集), 制作一维或二维图表, 并检验这些数据的统计量。询问数据范围是什么, 数据是否正常、是否有缺失值。使用多种颜色和动态图来标明这些问题。是否有意料之外的情况? 值得注意的是, 我们大脑皮层的 30% 是用来处理图像的, 所以可视化方法在挖掘数据模式和遇到特殊情况时非常有效。通常情况下, 为了找到大数据的模式, 在某些模型建立之后使用可视化方法最有用, 比如计算残差并进行可视化展示。

8. 随机性

统计推断的概念 (比如 p 值和置信区间) 都依赖于随机性。数据中随机性的含义是什么? 我们要使统计模型的随机性尽可能明确。哪些领域知识支持统计模型中的随机性描述? 一个表现统计模型中随机性的最好例子是因果关系分析中内曼–鲁宾 (Neyman-Rubin) 的随机分组原理 (在 AB 检验中也会使用)。

9. 稳定性

你会使用哪些现有的方法? 不同的方法会得出同一个定性的结论吗? 举个例子, 如果数据单元是可交换的, 可以通过添加噪声或二次抽样对数据进行随机扰动 (一般来说, 应确定二次抽样样本遵循原样本的底层结构, 如相关性、聚类性和异质性, 这样二次抽样样本才能较好地代表原始数据), 这样做得出的结论依然成立吗? 我们只相信那些能通过稳定性检验的方法, 稳定性检验简单易行, 能够抵抗过拟合和避免过多假阳性的发现, 具有可重复性 (要了解关于稳定性重要程度的更多信息, 请参见Yu (2013)(http://projecteuclid.org/euclid.bj/1377612862))。

可重复性研究最近在学术界引起了很多关注 (请参见《自然》(*Nature*) 特刊 (http://www.nature.com/news/reproducibility-1.17552))。《科学》(*Science*) 的主编 Marcia McNutt 指出, "实验再现是科学家用以增加结论信度的一种重要方法"。同样, 商业和政府实体也应该要求从数据分析中得出的结论在用新的同质数据检验时是可重复的。

10. 结果验证

如何知道数据分析做得好不好呢? 衡量标准是什么? 可以考虑用其他类型的数据或者先验知识来验证, 不过可能需要收集新的数据。

　　在数据分析时，还有许多其他问题要考虑，但郁彬教授希望上面这些问题能使你对如何获取数据智慧有一些了解。作为一位统计学家，这些问题的答案需要在统计学之外获得。要找到可靠的答案，有效的信息源包括"死的"(如科学文献、报告、书籍) 和"活的" (如人)。出色的人际交流技能使寻找正确信息源的过程变得简单许多，即使在寻求"死的" 信息源的过程中也是如此。因此，为了获取充足的有用信息，人际交流技能变得更加重要，因为知识渊博的人通常是你最好的指路人。

第2章

线性回归与分类

本章介绍最常用的线性回归及分类方法。2.1 节在回顾经典多元线性回归的基础内容后, 引出两种压缩回归方法 ——岭回归和 Lasso 回归。2.2 节给出求解 Lasso 模型的几种常用算法。2.3 节介绍损失函数加罚的建模框架, 并介绍不同损失函数和罚函数组合的各种回归模型。2.4 节介绍分类问题综述与评价准则。2.5 节介绍 Logistic 回归。

2.1　Lasso 回归

2.1.1　多元线性回归模型

设 y 是一个可观测的随机变量, 它受到 p 个因素 $x_1, x_2, \cdots, x_p$ (根据具体情况, 它们可以是非随机变量, 但更多时候是随机变量, 此时考虑的是给定 $x_1, x_2, \cdots, x_p$ 的情况下, y 的条件分布) 和随机因素 ε 的影响, y 与 $x_1, x_2, \cdots, x_p$ 有如下线性关系:

$$y = \beta_0 + \beta_1 x_1 + \cdots + \beta_p x_p + \varepsilon \tag{2.1}$$

式中, β_0, β_1, $\cdots$, β_p 是 $p+1$ 个未知参数; ε 是不可测的随机误差, 服从一定的分布。通常假设 ε 服从均值为 0、方差为 σ^2 的分布。若进一步假定服从正态分布 $N(0, \sigma^2)$, 则会有更多结论。当然, 在数据分析过程中, 也要判断这些假定是否成立。我们称式(2.1)为多元线性回归模型, 称 y 为被解释变量 (因变量), x_i $(i=1, 2, \cdots, p)$ 为解释变量 (自变量)。

对于一个实际问题, 要建立多元线性回归方程, 首先要估计未知参数 $\beta_0, \beta_1, \cdots, \beta_p$。为此, 我们要进行 n 次独立观测, 得到 n 组样本数据 $(x_{i1}, x_{i2}, \cdots, x_{ip}; y_i)(i = 1, 2, \cdots, n)$, 它们满足式(2.2), 即有

$$
\begin{aligned}
y_1 &= \beta_0 + \beta_1 x_{11} + \beta_2 x_{12} + \cdots + \beta_p x_{1p} + \varepsilon_1 \\
y_2 &= \beta_0 + \beta_1 x_{21} + \beta_2 x_{22} + \cdots + \beta_p x_{2p} + \varepsilon_2 \\
&\vdots \\
y_n &= \beta_0 + \beta_1 x_{n1} + \beta_2 x_{n2} + \cdots + \beta_p x_{np} + \varepsilon_n
\end{aligned}
\tag{2.2}
$$

式(2.2)又可表示成矩阵形式:

$$Y = X\beta + \varepsilon$$

式中, $Y = (y_1, y_2, \cdots, y_n)^{\mathrm{T}}$, $\beta = (\beta_0, \beta_1, \cdots, \beta_p)^{\mathrm{T}}$, $\varepsilon = (\varepsilon_1, \varepsilon_2, \cdots, \varepsilon_n)^{\mathrm{T}}$。

$$X = \begin{pmatrix} 1 & x_{11} & x_{12} & \cdots & x_{1p} \\ 1 & x_{21} & x_{22} & \cdots & x_{2p} \\ \vdots & \vdots & \vdots & & \vdots \\ 1 & x_{n1} & x_{n2} & \cdots & x_{np} \end{pmatrix}$$

$n \times (p+1)$ 阶矩阵 X 称为设计矩阵。

通常我们使用最小二乘法估计模型参数, 即我们选择 $\beta = (\beta_0, \beta_1, \cdots, \beta_p)^{\mathrm{T}}$ 使残差平方和 (SSE)

$$\mathrm{SSE}(\beta) = (Y - X\beta)^{\mathrm{T}}(Y - X\beta) = \sum_{i=1}^{n}(y_i - \beta_0 - \beta_1 x_{i1} - \beta_2 x_{i2} - \cdots - \beta_p x_{ip})^2 \quad (2.3)$$

达到最小。

由于 $\mathrm{SSE}(\beta)$ 是关于 $\beta_0, \beta_1, \cdots, \beta_p$ 的非负二次函数, 因而必定存在最小值。利用微积分的极值求法, 得

$$X^{\mathrm{T}}(Y - X\hat{\beta}) = 0$$

移项得

$$\hat{\beta} = (X^{\mathrm{T}}X)^{-1}X^{\mathrm{T}}Y$$

称为最小二乘估计, 记为 $\hat{\beta}_{\mathrm{ols}}$。这里需要假定 X 是列满秩的矩阵, 即

$$\mathrm{rank}(X) = p + 1$$
$$\mathrm{rank}(X^{\mathrm{T}}X) = \mathrm{rank}(X) = p + 1$$

故 $(X^{\mathrm{T}}X)^{-1}$ 存在。

将自变量的各组观测值代入回归方程, 可得因变量的估计量 (拟合值) 为:

$$\hat{Y} = (\hat{y}_1, \hat{y}_2, \cdots, \hat{y}_n)^{\mathrm{T}} = X\hat{\beta}$$

向量 $e = Y - \hat{Y} = Y - X\hat{\beta}$ 称为残差向量。

由此可见, $\hat{Y}$ 是 Y 在由 X 张成的空间上的投影。图2.1 (左图) 是 X 为一维的情况下的示意图。残差向量与 X 分量之间是正交的。当 X 是高维的时, 残差同样与 X 正交。图2.1(右图) 是二维示意图。

在多元线性回归分析中, 一方面, 为了获得较全面的信息, 我们总是希望模型包含尽可能多的自变量; 另一方面, 考虑到自变量越多, 收集数据存在的困难以及成本越大, 加之有些自变量与其他自变量的作用重叠, 如果把它们都引入模型, 不仅增加了计算量, 还给模型参数的估计和模型的预测带来了不利影响。这样一来, 我们自然希望选出最合适的自变量, 建立起既合理又简单实用的回归模型。经典的自变量选择方法是逐步回归法

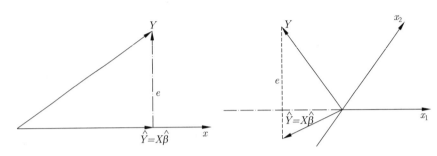

图 2.1　最小二乘估计的几何意义

（包括向前、向后、向前向后）。自变量的处理方法还有降维技术, 包括主成分回归以及最小二乘回归, 有兴趣的读者可参考其他文献。

例 2.1 (糖尿病数据案例) 该数据来自Efron et al. (2004)。该数据除了因变量 y (糖尿病患者血液化验指标) 之外, 还有两个自变量矩阵: x 及 x2。前者是标准化的, 为 442×10 阶矩阵, 包含 age, sex, bmi, map, tc, ldl, hdl, tch, ltg 和 glu 这 10 个自变量; 后者为 442×64 阶矩阵, 包括前者和一些交互作用, 例如 age2 或者 age:sex。下面的分析使用 x2 和 y, 即 64 个自变量和 1 个因变量。

分析步骤如下:

(1) 读取数据。代码如下:

```
import pandas as pd
data=pd.read_csv("D:/bigdataMN-ML-master
                /data/diabetes.csv",index_col=0)
```

(2) 将自变量和因变量分别保存。代码如下:

```
Index=data.columns
xtitle=[index for index in Index if 'x.' in index]
x2title=[index for index in Index if 'x2.' in index]
xdata=data[xtitle]
x2data=data[x2title]
ydata=data['y']
```

(3) 最小二乘回归。

我们使用 OLS 对因变量 y 和自变量矩阵 x2 进行线性回归分析。代码如下:

```
import statsmodels.api as sm
import matplotlib.pyplot as plt
import scipy
X=sm.add_constant(x2data,prepend=True)
lm=sm.OLS(ydata,X)
lm_result=lm.fit()
```

```
dir(lm_result)
lm_result.summary()
```

部分结果如图2.2所示。

```
                          OLS Regression Results
==============================================================================
Dep. Variable:                      y   R-squared:                       0.592
Model:                            OLS   Adj. R-squared:                  0.523
Method:                 Least Squares   F-statistic:                     8.563
Date:                Wed, 18 Oct 2023   Prob (F-statistic):           1.69e-43
Time:                        12:54:11   Log-Likelihood:                -2348.8
No. Observations:                 442   AIC:                             4828.
Df Residuals:                     377   BIC:                             5094.
Df Model:                          64
Covariance Type:            nonrobust
==============================================================================
                 coef    std err          t      P>|t|      [0.025      0.975]
------------------------------------------------------------------------------
const         152.1335      2.532     60.086      0.000     147.155     157.112
x2.age         50.7214     65.513      0.774      0.439     -78.094     179.537
x2.sex       -267.3439     65.270     -4.096      0.000    -395.682    -139.006
x2.bmi        460.7207     84.601      5.446      0.000     294.371     627.070
x2.map        342.9332     72.447      4.734      0.000     200.482     485.385
x2.tc       -3599.5420   6.06e+04     -0.059      0.953    -1.23e+05    1.16e+05
x2.ldl       3028.2812   5.32e+04      0.057      0.955    -1.02e+05    1.08e+05
```

图 2.2　OLS 回归结果

(4) 逐步回归。

我们使用向前逐步回归法选择最佳的自变量子集。这段代码的基本思想是逐步添加自变量，每次添加具有最高调整 R-squared 值的自变量，直至达到某个停止条件（这里是调整 R-squared 值不再增加）。代码如下：

```
def forward_stepwise_regression(X,y):
    selected=[]                      # 选定的自变量列表
    remaining=list(X.columns)        # 剩余的自变量列表
    current_score,best_new_score=0.0,0.0
    while remaining and current_score==best_new_score:
        scores_candidates=[]
        for candidate in remaining:
            model_features=selected+[candidate]
            X_sub=X.loc[:,model_features]
            lm=sm.OLS(y,sm.add_constant(X_sub,prepend=True))
            lm_result=lm.fit()
            score=lm_result.rsquared_adj
            scores_candidates.append((score,candidate))
        scores_candidates.sort()
        best_new_score,best_candidate=scores_candidates.pop()
        if current_score<best_new_score:
```

```
        remaining.remove(best_candidate)
        selected.append(best_candidate)
        current_score=best_new_score
    return selected
selected_features=forward_stepwise_regression(x2data,ydata)
print(len(selected_features))
```

输出结果为：

```
20
```

```
X=sm.add_constant(x2data.loc[:,selected_features],prepend=True)
lm=sm.OLS(ydata,X)
lm_result=lm.fit()
```

向前逐步回归从 64 个变量中选择了 20 个变量构成最佳的自变量子集，构建回归模型，部分结果如图2.3所示。

```
                        OLS Regression Results
==============================================================================
Dep. Variable:                   y   R-squared:                       0.573
Model:                         OLS   Adj. R-squared:                  0.553
Method:              Least Squares   F-statistic:                     28.28
Date:             Wed, 18 Oct 2023   Prob (F-statistic):           2.69e-65
Time:                     12:44:22   Log-Likelihood:                -2359.0
No. Observations:              442   AIC:                             4760.
Df Residuals:                  421   BIC:                             4846.
Df Model:                       20
Covariance Type:         nonrobust
==============================================================================
                 coef    std err          t      P>|t|      [0.025      0.975]
------------------------------------------------------------------------------
const        152.1335      2.452     62.052      0.000     147.314     156.953
x2.bmi       488.7088     66.005      7.404      0.000     358.969     618.448
x2.ltg      2465.0444    542.935      4.540      0.000    1397.844    3532.245
x2.map       341.3231     63.741      5.355      0.000     216.032     466.614
x2.age:sex   211.8248     57.732      3.669      0.000      98.346     325.304
x2.bmi:map   162.2373     60.738      2.671      0.008      42.849     281.625
x2.hdl      1941.6578    576.880      3.366      0.001     807.734    3075.581
```

图 2.3　向前逐步回归结果

接下来我们画出因变量 y 的拟合值与残差的散点图 (见图2.4)，可以看出比较明显的异方差现象。在 $\hat{y}$ 取值居中时，残差的分布范围更大，后续需要改进。代码如下：

```
y_hat=lm_result.fittedvalues
res=lm_result.resid
plt.figure()
plt.plot(y_hat,res,'.k')
plt.xlabel('yhat')
plt.ylabel('residuals')
plt.show()
W,p_value=scipy.stats.shapiro(res)
```

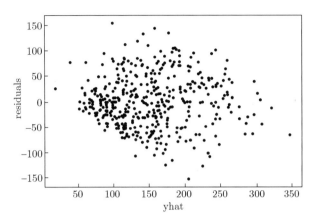

图 2.4 y 的拟合值与残差的散点图

2.1.2 岭回归

在多元线性回归模型中, 如果存在不全为零的 p 个常数 $c_1, c_2, \cdots, c_p$, 使得

$$c_1 x_{i1} + c_2 x_{i2} + \cdots + c_p x_{ip} = 0, \quad i = 1, 2, \cdots, n$$

则自变量 $x_1, x_2, \cdots, x_p$ 之间存在完全的多重共线性 (multicollinearity)。在实际问题中, 完全共线性的情况并不多见, 常见的是近似的多重共线关系, 即存在不全为零的 p 个常数 $c_1, c_2, \cdots, c_p$, 使得

$$c_1 x_{i1} + c_2 x_{i2} + \cdots + c_p x_{ip} \approx 0, \quad i = 1, 2, \cdots, n$$

如果回归模型 $y = \beta_0 + \beta_1 x_1 + \cdots + \beta_p x_p + \varepsilon$ 存在完全的多重共线性, 则设计矩阵 X 的秩 $\mathrm{rank}(X) < p + 1$, 故 $(X^\mathrm{T} X)^{-1}$ 不存在, 无法得到回归参数的估计量。对于近似的多重共线性的情况, 此时虽有 $\mathrm{rank}(X) = p + 1$, 但 $|X^\mathrm{T} X| \approx 0$, 从而矩阵 $(X^\mathrm{T} X)^{-1}$ 的主对角线元素很大, 使得参数向量 β 的估计很不稳定。有一些关于多重共线性的度量, 其中之一是容忍度 (tolerance) 或 (等价的) 方差膨胀因子 (variance inflation factor, VIF):

$$\mathrm{tolerance} = 1 - R_j^2$$

$$\mathrm{VIF}_j = 1/(1 - R_j^2)$$

式中, R_j^2 是第 j 个变量关于其他所有变量回归时的决定系数。[①]若容忍度太小 (比如小于 0.2 或 0.1) 或 VIF 太大 (大于 5 或 10), 则认为存在多重共线性问题。另一个度量是条件数 (condition number), 常用 κ 表示。条件数定义为:

$$\kappa = \sqrt{\lambda_{\max} / \lambda_{\min}}$$

式中, $\lambda_{\max}, \lambda_{\min}$ 分别为 $X^\mathrm{T} X$ 的最大特征值与最小特征值。显然, 当自变量矩阵正交

---

① 回归模型 $X_j = X_{(-j)}\beta$ 的决定系数定义为: $R_j^2 = 1 - \dfrac{(X_j - \hat{X}_j)^\mathrm{T}(X_j - \hat{X}_j)}{(X_j - \overline{X}_j)^\mathrm{T}(X_j - \overline{X}_j)}$。这里 $X_{(-j)}$ 是除了第 j 个变量外的其他所有变量。

时, 条件数为 1。一些研究认为, 当 $\kappa > 15$ 时, 存在多重共线性问题; 当 $\kappa > 30$ 时, 说明多重共线性问题严重。

最初提出岭回归 (ridge regression) 是为了解决回归中的多重共线性问题。这时有学者提出给 $X^{\mathrm{T}}X$ 加上一个正常数矩阵 kI $(k > 0)$, 那么

$$\hat{\beta}_{\mathrm{ridge}}(k) = (X^{\mathrm{T}}X + kI)^{-1}X^{\mathrm{T}}Y$$

式中, k 是一个待估参数, 需要使用一些方法来确定。简要说明一下岭估计的性质。首先, 岭估计是有偏估计, 但存在 $k > 0$ 使得岭估计的均方误差小于最小二乘估计的均方误差。因为均方误差等于偏差的平方加上方差, 所以岭估计的方差小于最小二乘估计的方差。其次, 系数的岭估计的绝对值小于最小二乘估计的绝对值。因此称岭估计为一种压缩估计。

现代统计从损失函数加罚的角度看待岭回归, 可以证明岭回归等价于在最小二乘估计的基础上对估计值的大小增加一个约束 (也叫作惩罚, 有时也称为正则化)。

$$\hat{\beta}_{\mathrm{ridge}} = \arg\min_{\beta} \sum_{i=1}^{n}(y_i - \beta_0 - \sum_{j=1}^{p}x_{ij}\beta_j)^2, \quad \text{满足条件} \sum_{j=1}^{p}\beta_j^2 \leqslant t \tag{2.4}$$

注意, 这里只对自变量的系数施加了约束, 并没有考虑截距项 β_0。一般可以通过数据中心化 (因变量减去自身均值) 消除 β_0 的作用。式(2.4)写成拉格朗日方程的形式为:

$$\hat{\beta}_{\mathrm{ridge}} = \arg\min_{\beta}\left\{\sum_{i=1}^{n}(y_i - \beta_0 - \sum_{j=1}^{p}x_{ij}\beta_j)^2 + k\sum_{j=1}^{p}\beta_j^2\right\} \tag{2.5}$$

式中, t 与 k 一一对应。

求解可得

$$\hat{\beta}_{\mathrm{ridge}} = (X^{\mathrm{T}}X + kI)^{-1}X^{\mathrm{T}}Y$$

上式称为 β 的岭估计, 其中, k 称为岭参数。$k = 0$ 时 (此时对应 $t = \infty$) 的岭估计 $\hat{\beta}_{\mathrm{ridge}}(0)$ 就是普通最小二乘估计。因为岭参数 k 不是唯一确定的, 所以得到的岭估计 $\hat{\beta}_{\mathrm{ridge}}(k)$ 实际是回归参数 β 的一个估计族。

当岭参数 k 在 $(0, +\infty)$ 内变化时, $\hat{\beta}_{\mathrm{ridge}}(k)$ 是 k 的函数, 在平面坐标系上把函数 $\hat{\beta}_{\mathrm{ridge}}(k)$ 绘出来, 绘出的曲线称为岭迹。

在图2.5(a) 中, $\hat{\beta}_{\mathrm{ridge}}(0) = \hat{\beta}_{\mathrm{ols}} > 0$, 且比较大。从经典回归分析的观点看, 应将 x 看作对 y 有重要影响的因素。但 $\hat{\beta}_{\mathrm{ridge}}(k)$ 的图形显示出相当大的不稳定性, 当 k 从零开始略增加时, $\hat{\beta}_{\mathrm{ridge}}(k)$ 显著下降, 而且迅速趋于零, 因而失去预测能力。从岭回归的观点看, x 对 y 不起重要作用, 甚至可以去掉这个变量。

在图2.5(b) 中, $\hat{\beta}_{\mathrm{ridge}}(0) = \hat{\beta}_{\mathrm{ols}} > 0$, 但很接近 0。从经典回归分析的观点看, x 对 y 的作用不大。但随着 k 略增加, $\hat{\beta}_{\mathrm{ridge}}(k)$ 骤然变为负值。从岭回归的观点看, x 对 y 有显著影响。

在图2.5(c) 中, $\hat{\beta}_{\mathrm{ridge}}(0) = \hat{\beta}_{\mathrm{ols}} > 0$, 说明 x 的影响还比较显著, 但当 k 增加时, $\hat{\beta}_{\mathrm{ridge}}(k)$ 迅速下降且稳定为负值。从经典回归分析的观点看, x 是对 y 有正影响的显著因素。从岭回归的观点看, x 被看作对 y 有负影响的因素。

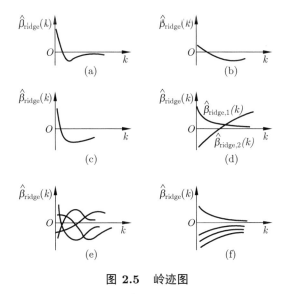

图 2.5　岭迹图

在图2.5(d) 中, $\hat{\beta}_{\mathrm{ridge},1}(k)$ 和 $\hat{\beta}_{\mathrm{ridge},2}(k)$ 都很不稳定, 但其和却大体上稳定. 这种情况往往发生在自变量 x_1 和 x_2 的相关性很大的场合, 即 x_1 和 x_2 之间存在多重共线性的场合. 因此, 从变量选择的观点看, 两者只要保留一个就够了. 这可用来解释某些回归系数估计的符号不合理的情形. 从实际观点看, β_1 和 β_2 不应该有相反的符号. 岭回归分析的结果对这一点提供了解释.

从全局考虑, 岭迹分析可用来判断在某一具体实例中最小二乘估计是否适用. 把所有回归系数的岭迹都绘制在一张图上, 如果这些岭迹线的不稳定性很高, 整个系统呈现比较 "乱" 的局面, 往往就会怀疑最小二乘估计是否很好地反映了真实情况 (见图2.5(e)). 如果情况如图2.5(f) 所示, 则对最小二乘估计可以有更大的信心.

例 2.2 (糖尿病数据案例续)　这里, 我们首先计算 $X^{\mathrm{T}}X$ 的条件数, 然后利用 sklearn 模块中的 linear_model 建立岭回归, 并且画出岭迹图 (见图2.6). 代码如下:

```python
import numpy as np
def kappa(x):
    x=np.array(x)
    XX=np.dot(x.T,x)
    lam=np.linalg.eigvals(XX)
    return(np.sqrt(lam.max()/lam.min()))
kappa(x2data)
```

输出结果为:

```
5472.95704640773
```

由于条件数很大, 因此存在严重的多重共线性问题, 可以尝试使用岭回归对多重共线性问题进行处理.

```
import numpy as np
import matplotlib.pyplot as plt
from sklearn import linear_model
# 路径求解
n_alphas=200
alphas=np.logspace(-5,3,n_alphas)
coefs=[]
for a in alphas:
    ridge=linear_model.Ridge(alpha=a,fit_intercept=False)
    ridge.fit(xdata,ydata)
    coefs.append(ridge.coef_)
```

这里采用交叉验证法（详见3.3节）来确定参数 alpha 的最优值, 方便在接下来的岭迹图中添加对应的参数估计值的参考线。代码如下：

```
reg=linear_model.RidgeCV(alphas=np.logspace(-6,6,13))
reg.fit(xdata,ydata)
reg.alpha_
ax=plt.gca()
ax.plot(alphas,coefs,label=xdata.columns)
ax.set_xscale("log")
ax.set_xlim(ax.get_xlim()[::-1])  # 反转坐标轴
ax.legend(loc='upper right')
plt.axvline(reg.alpha_,linestyle="--",color="black",
            label="alpha: CV estimate")
plt.xlabel('alpha')
plt.ylabel('weights')
plt.title('Ridge coefficients as\
            a function of the regularization')
plt.axis('tight')
plt.show()
```

2.1.3　Lasso 回归

Lasso 回归 (Tibshirani, 1996) 和岭回归类似, 是另一种压缩估计, 但又有着很重要的不同, 与岭回归很重要的不同是, 它在参数估计的同时, 既可以对估计值进行压缩, 又可以让一些不重要的变量的估计值恰好为零, 从而起到自动进行变量选择的作用。Lasso 是 Least Absolute Shrinkage and Selection Operator 的首字母缩写, 其中的两个 s 分别表示压缩 (shrinkage) 和选择 (selection)。Lasso 回归等价于在最小二乘估计的基础上给估计值增加一个不同于岭回归的约束 (惩罚):

$$\hat{\beta}_{\text{lasso}} = \arg\min_{\beta} \sum_{i=1}^{n}(y_i - \beta_0 - \sum_{j=1}^{p} x_{ij}\beta_j)^2, \quad \text{满足条件} \sum_{j=1}^{p}|\beta_j| \leqslant t \qquad (2.6)$$

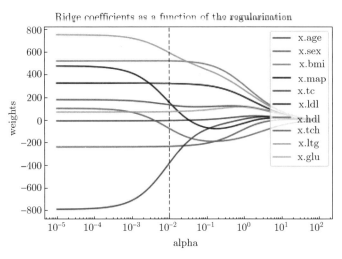

见彩图

图 2.6　代码生成的岭迹图

写成拉格朗日方程的形式为:

$$\hat{\beta}_{\text{lasso}} = \arg\min_{\beta} \left\{ \sum_{i=1}^{n} (y_i - \beta_0 - \sum_{j=1}^{p} x_{ij}\beta_j)^2 + \lambda \sum_{j=1}^{p} |\beta_j| \right\} \tag{2.7}$$

式中, t 与 λ 一一对应。可以看到, 在岭回归中对系数的惩罚 $\sum_{j=1}^{p} \beta_j^2 \leqslant t$ 为 L_2 范数, 因为它等价于 $\parallel \beta \parallel_2 \leqslant \sqrt{t}$。在 Lasso 中被替换为 L_1 范数, 即 $\sum_{j=1}^{p} |\beta_j| \leqslant t$。在 2.2 节中, 我们将介绍 Lasso 回归求解的不同方法。

　　注意: 范数的概念是线性空间中向量长度概念的推广。向量 $c = (c_1, \cdots, c_I)$ 的 L_p 范数定义为 $\parallel c \parallel_p = (\sum_{i=1}^{I} |c_i|^p)^{1/p}$。因此 $\parallel c \parallel_1 = \sum_{i=1}^{I} |c_i|$, $\parallel c \parallel_2 = (\sum_{i=1}^{I} |c_i|^2)^{1/2}$。有时, L_2 范数的下标 2 会被省略, 直接写成 $\parallel c \parallel$。

　　例 2.3 (糖尿病数据案例续)　我们利用 sklearn.linear_model 中的函数 LassoCV, 根据交叉验证（详见3.3节）的结果确定参数 alpha 的最优值, 并且该值被自动存入 lasso.alpha_。代码如下:

```
from sklearn.linear_model import LassoCV
lasso=LassoCV(cv=4).fit(X,ydata)

n_alphas=20
alphas=np.logspace(-2,1,n_alphas)
clf=linear_model.Lasso(fit_intercept=False)
```

```
clf.fit(xdata,ydata)

coefs=[]
for a in alphas:
    clf.set_params(alpha=a)
    clf.fit(xdata,ydata)
    coefs.append(clf.coef_)
ax=plt.gca()
ax.plot(alphas,coefs,xdata.columns)
ax.set_xscale('log')
ax.set_xlim(ax.get_xlim())
ax.legend(loc='upper right')
plt.axvline(lasso.alpha_,linestyle="--",color="black",
            label="alpha: CV estimate")
plt.xlabel('alpha')
plt.ylabel('weights')
plt.title('Lasso coefficients as\
            a function of the regularization')
plt.axis('tight')
plt.show()      # 见图 2.7
```

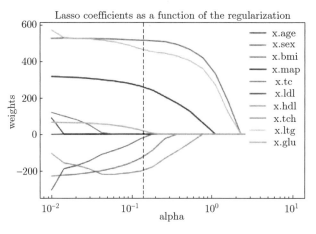

图 2.7　Lasso 的系数路径图

　　Lasso 的系数路径图和岭迹图有很明显的区别。岭迹图没有进行变量选择，只是将系数压缩，更接近零；而从 Lasso 的系数路径图可以看出，随着惩罚因子 alpha 的增加，变量个数越来越少，越来越多的变量被压缩至零，从而达到变量选择的目的。

　　接下来利用第 3 章将要介绍的 AIC 和 BIC 准则（详见3.2节）选择 Lasso 的最优参数 alpha。代码如下：

```
from sklearn.linear_model import LassoCV, LassoLarsCV
from sklearn.linear_model import LassoLarsIC
```

```
import time
t1=time.time()
model_bic=LassoLarsIC(criterion='bic',fit_intercept=False)
model_bic.fit(X,ydata)
t_bic=time.time()-t1
alpha_bic_=model_bic.alpha_

model_aic=LassoLarsIC(criterion='aic',fit_intercept=False)
model_aic.fit(X,ydata)
alpha_aic_=model_aic.alpha_

def plot_ic_criterion(model,name,color):
    alpha_=model.alpha_
    alphas_=model.alphas_
    criterion_=model.criterion_
    plt.plot(-np.log10(alphas_),criterion_,'--',color=color,
            linewidth=3,label='%s criterion'%name)
    plt.axvline(-np.log10(alpha_),color=color,linewidth=3,
            label='alpha:%s estimate'%name)
    plt.xlabel('-log(alpha)',fontdict={'size':8})
    plt.ylabel('criterion',fontdict={'size':8})

plt.figure()
plot_ic_criterion(model_aic,'AIC','b')
plot_ic_criterion(model_bic,'BIC','r')
plt.legend()
plt.title('Information-criterion for \
        model selection(training time:%.3fs)'% t_bic,
        fontsize='x-small')
plt.show()
```

　　图2.8展示了根据不同准则进行变量选择的结果。根据 BIC 准则选出的最优模型的 alpha 要大于根据 AIC 准则选出的最优模型的 alpha, 由 Lasso 的系数路径图可以看出, alpha 越大, 变量个数越少, 这表示 BIC 准则对变量个数有更大的惩罚, 其倾向于有更少的自变量。

　　接下来我们看一下 20 折交叉验证的结果。代码如下:

```
t1=time.time()
model=LassoCV(cv=20).fit(xdata,ydata)

t_lasso_cv=time.time()-t1
m_log_alphas=-np.log10(model.alphas_)
```

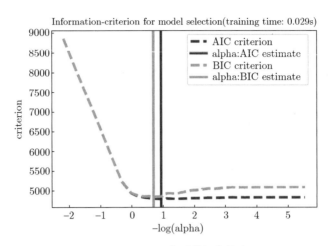

图 2.8　根据不同准则进行变量选择

```
plt.figure()
ymin, ymax=2500,3800
plt.plot(m_log_alphas,model.mse_path_,':')
plt.plot(m_log_alphas,model.mse_path_.mean(axis=-1),
        'k',label='Average across the folds',linewidth=2)
plt.axvline(-np.log10(model.alpha_),linestyle='--',
          color='k',label='alpha: CV estimate')
plt.legend()
plt.xlabel('-log(alpha)')
plt.ylabel('Mean square error')
plt.title('Mean square error on each fold: \
        coordinate descent(training time:%.2fs)'%t_lasso_cv,
        fontsize='x-small')
plt.axis('tight')
plt.ylim(ymin,ymax)
plt.show()
```

图2.9展示了 Lasso 20 折交叉验证的结果, 黑色曲线表示 20 折交叉验证的平均均方误差。

2.1.4　一张图看懂岭回归和 Lasso 回归

图2.10给出了 $p = 2$ (即只有两个自变量) 时, 岭回归、Lasso 回归的解和没有约束的最小二乘解的关系。这时, 我们需要估计的系数有两个, 即 β_1 和 β_2。对于没有约束的最小二乘估计, 参数空间是 $(\beta_1, \beta_2) \in \mathbf{R}^2$ (即整个平面)。图中的黑点代表 $\hat{\beta}_{\mathrm{ols}}$, 它使得没有约束的残差平方和式(2.3)达到最小。图中的椭圆形曲线表示由不同的 β_1, β_2 的估计值得到的式(2.3)的 SSE 的等值曲线, SSE 的值随着椭圆半径的增大而增大。

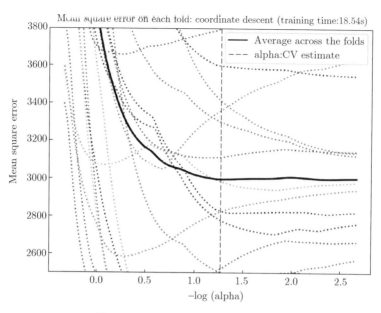

图 2.9　Lasso 20 折交叉验证结果

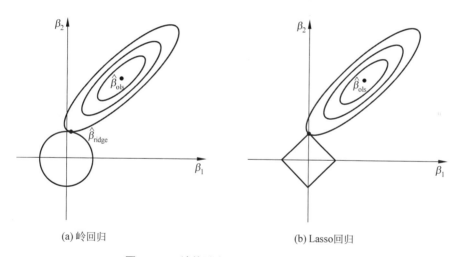

(a) 岭回归　　　　　　　　　　　　(b) Lasso回归

图 2.10　岭估计和 Lasso 估计的示意图

对于图2.10(a)(岭回归), 以原点为中心、以 $\sqrt{t}$ 为半径的圆形区域是岭回归对估计值区域的约束 $\sum_{j=1}^{p} \beta_j^2 \leqslant t$, 即我们事先约束的参数空间, 也就是说, 岭回归的估计不能超过这个圆形范围。那么最小化带约束的 SSE (即求解式(2.4)) 时, 得到的解是椭圆形曲线与圆形区域的切点 (这是满足约束条件的使得 SSE 最小的点, 因为我们前面提过, SSE 的值随着椭圆的增大而增大, 所以, 这个圆形区域内部任意点对应的 SSE 都会大于这个切点对应的 SSE 的值)。这个解的绝对值要小于最小二乘解的绝对值, 因此是一个压缩估计。通常这个切点不会出现在坐标轴上，因此估计系数不会为零，也就不能实现自动变量选择。

对于图2.10(b)(Lasso 回归)，与岭回归不同的是，对参数空间的约束 $\sum_{j=1}^{p} |\beta_j| \leqslant t$ 不是圆形，而是正方形。这样很多时候，椭圆形曲线和正方形约束区域会在坐标轴上相切。于是其中一个参数的估计值直接为零，起到了变量选择的作用。另一个参数的估计值的绝对值也小于其对应的最小二乘估计的绝对值，因此也起到了压缩估计的作用。对于变量维数超过 2 的情况，也可以做出类似的解释，只是约束区域变为高维球体和高维立方体。维数越高，Lasso 估计就越容易与坐标轴相切 (高维立方体顶点位置)，变量选择作用也就越明显。

此外，不论是从代数还是几何的角度都很容易理解，不管是岭回归还是 Lasso 回归，当 t 足够大且趋于 ∞ 时，也就是对应式(2.5)和式(2.7)的 k 和 λ 等于零时，约束 (惩罚项) 不再起作用，估计值与最小二乘估计相同。

图2.10还有一点需要解释，就是我们通常所说的残差平方和 (SSE) 与估计量的均方误差 (MSE) 是两个不同的概念。残差平方和是统计量，有了数据 (我们称作一次实现值) 之后拟合模型，可以计算出预测值 $\hat{y}_i$，我们的目标是让 $\sum_{i=1}^{n}(y_i - \hat{y}_i)^2$ 达到最小，由此得到无约束最小二乘估计 $\hat{\beta}_{\text{ols}}$，如图2.10中的黑点所示。如果再有一个独立样本，那么针对另一次实现值计算的 $\hat{\beta}_{\text{ols}}$ 将会是图中的另一个位置。因为它是无偏估计，所以它的不同的实现值将围绕真值 β^* 波动，没有系统偏差，但是方差很大，因此每次的实现值实际上距离真值 (记为 β^*) 较远。$\hat{\beta}_{\text{lasso}}$ 和 $\hat{\beta}_{\text{ridge}}$ 都是有偏估计，这意味着对于不同的数据，它们的估计值是不同的切点，且与真值 β^* 有系统偏差。虽然它们是有偏估计，但是方差较小。

MSE 是我们衡量估计量好坏的一个理论依据，它是根据估计量的分布计算的。我们在数理统计课程中一再强调估计量是统计量，统计量是随机变量，统计量的分布是抽样分布。如果有不同的数据实现值，则可以得到统计量 (估计量) 不同的实现值。但往往我们没有多次数据实现值，因此使用理论分布讨论估计量的性质。MSE 是估计量的均方误差，是一个常数，定义为 $E(\hat{\beta} - \beta)^2$，可以分解成 $(E(\hat{\beta}) - \beta)^2 + E(\hat{\beta} - E(\hat{\beta}))^2$，即估计量偏差的平方加上估计量的方差。也就是说，统计从来不只是考察一阶矩 (位置、期望、均值)，更重要的是考察二阶矩 (离散程度、方差)。在这个意义上，岭估计和 Lasso 估计要优于最小二乘估计。

岭回归和 Lasso 回归中的参数 k 或 λ 称为调节参数，需要估计。实际上不同的调节参数的取值对应不同的模型。因此，可以把调节参数的估计看成模型选择问题，可以使用第 3 章将要介绍的方法 (Cp, AIC, BIC 或交叉验证) 来估计。

2.1.5 从贝叶斯角度再看岭回归和 Lasso 回归

我们还可以从贝叶斯角度解释岭回归和 Lasso 回归。贝叶斯学派认为模型的参数 β 也是随机变量，服从一个先验分布，记为 $p(\beta)$。因此，根据贝叶斯公式，可得 β 的后验分

布 $p(\beta|x,y)$(正比于先验分布 $p(\beta)$ 乘以似然函数 $f(y|x;\beta)$) 为.

$$p(\beta|x,y) \propto f(y|x;\beta)p(\beta)$$

对于回归模型式(2.1), 假定误差服从正态分布, 由于样本是独立同分布的, 因此似然函数为:

$$f(y|x;\beta) \propto \exp\left\{ -\frac{\sum\limits_{i=1}^{n}(y_i - x_i\beta)^2}{2\sigma^2} \right\}$$

进一步假定向量 β 的先验分布为各分量互相独立的高斯分布, 如图2.11(a) 所示, 即 $\beta \sim N(0, \tau^2 I)$, 则有

$$p(\beta) \propto \exp\left\{ -\frac{\beta^{\mathrm{T}}\beta}{2\tau^2} \right\}$$

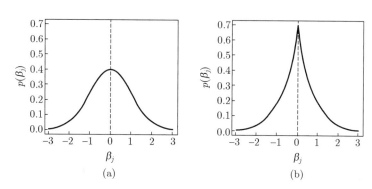

图 2.11 岭回归和 Lasso 回归的先验分布

根据贝叶斯公式, 可求得 β 的后验分布为:

$$p(\beta|x,y) \propto f(y|x;\beta)p(\beta) \propto \exp\left\{ -\frac{\sum\limits_{i=1}^{n}(y_i - x_i\beta)^2}{2\sigma^2} \right\}\exp\left\{ -\frac{\beta^{\mathrm{T}}\beta}{2\tau^2} \right\} \qquad (2.8)$$

对于这个后验分布, 我们计算它的众数, 即该分布取最大值的点对应的 β。因为对数函数是单增函数, 所以对式(2.8)做对数变换, 取最大值的点保持不变:

$$\ell(\beta|x,y) = -\frac{\sum\limits_{i=1}^{n}(y_i - x_i\beta)^2}{2\sigma^2} - \frac{\beta^{\mathrm{T}}\beta}{2\tau^2} + 常数项$$

显然, 这与岭回归的目标函数式(2.5)是一致的。将该函数对 β 求一阶导数并令其为零, 则可得到后验分布的众数 (同时也是平均数):

$$\hat{\beta}_{\mathrm{MAP}} = \left(x^{\mathrm{T}}x + \frac{\sigma^2}{\tau^2}I \right)^{-1} x^{\mathrm{T}}y$$

将 $\frac{\sigma^2}{\tau^2}$ 看作岭回归中的调节参数 k, 这样的 $\hat{\beta}_{\mathrm{MAP}}$ 就是岭估计。

类似地, 我们假定向量 β 的各个分量相互独立, 且先验分布为 Laplace (双指数) 分布, 即

$$\beta_j \sim \text{Laplace}(0, t)$$

则有

$$p(\beta_j) \propto \exp\left\{ -\frac{|\beta_j|}{t} \right\}, \quad j = 1, 2, \cdots, p$$

如图2.11(b) 所示, 此时 β 的后验分布为:

$$p(\beta|x, y) \propto \exp\left\{ -\frac{\sum\limits_{i=1}^{n}(y_i - x_i\beta)^2}{2\sigma^2} \right\} \exp\left\{ -\frac{\sum\limits_{j=1}^{p}|\beta_j|}{t} \right\}$$

对其进行对数变换, 得

$$\ell(\beta|x, y) = -\frac{\sum\limits_{i=1}^{n}(y_i - x_i\beta)^2}{2\sigma^2} - \frac{\sum\limits_{j=1}^{p}|\beta_j|}{t}$$

这与 Lasso 回归的目标函数式(2.7)是一致的。后验分布的众数即 Lasso 估计。

2.2 Lasso 模型的求解

2.2.1 坐标下降法

Lasso 问题 (式(2.7)) 是一个平方损失加凸惩罚的二次凸规划问题。学者们提出了非常多的求解方法, 本书介绍常用的三种方法。这里首先介绍一种简单有效的优化算法: 路径循环坐标下降法。

首先我们将 y 和 x 标准化, 因此, $\frac{1}{n}\sum\limits_i y_i = 0$, $\frac{1}{n}\sum\limits_i x_{ij} = 0$, 并且 $\frac{1}{n}\sum\limits_i x_{ij}^2 = 1$。

这样, 截距项 β_0 就可以忽略。将 Lasso 问题等价地改写成如下拉格朗日形式:

$$\min_{\beta \in \mathbf{R}^p}\left\{ \frac{1}{2n}\sum_{i=1}^{n}\left(y_i - \sum_{j=1}^{p}x_{ij}\beta_j\right)^2 + \lambda\sum_{j=1}^{p}|\beta_j| \right\}$$

可以通过坐标下降 (coordinate descent) 法求解。

1. 单变量, λ 取值固定

首先考虑只有一个自变量 z 的情况, 标准化后, $\sum\limits_i z_i = 0$, $\frac{1}{n}\sum\limits_i z_i^2 = 1$, 即有 $z^{\mathrm{T}}z = n$, 给定样本 $\{(z_i, y_i)\}_{i=1}^n$, 此时的最小二乘解记为 $\hat{\beta}_{\text{ols}} = (z^{\mathrm{T}}z)^{-1}z^{\mathrm{T}}y = \frac{1}{n}\langle z, y \rangle$, 于是求解 Lasso 问题就转变成求解

$$\min_{\beta} \left\{ \frac{1}{2n} \sum_{i=1}^{n} (y_i - z_i\beta)^2 + \lambda|\beta| \right\}$$

标准的求解方法是目标函数对 β 求导, 并令导数为零, 但绝对值函数 $|\beta|$ 在 $\beta = 0$ 处不可导。通过简单的推导, 可以将目标函数改写成

$$\frac{1}{2}\beta^2 - \frac{1}{n}\langle z, y \rangle\beta + \lambda|\beta| + 常数项$$

由于此目标函数在 $\beta = 0$ 处不可导, 因此, 我们可以在 $\beta = 0$ 处进行分段求导。首先考察 $\beta > 0$ 段, 目标函数为:

$$\frac{1}{2}\beta^2 - \frac{1}{n}\langle z, y \rangle\beta + \lambda\beta + 常数项$$

该目标函数的极值使得其关于 β 的一阶导数为零的等式成立, 即

$$\beta - \frac{1}{n}\langle z, y \rangle + \lambda = 0$$

因此有 $\hat{\beta} = \frac{1}{n}\langle z, y \rangle - \lambda$。

接下来考察 $\beta < 0$ 段, 目标函数为:

$$\frac{1}{2}\beta^2 - \frac{1}{n}\langle z, y \rangle\beta - \lambda\beta + 常数项$$

该目标函数的极值使得其关于 β 的一阶导数为零的等式成立, 即

$$\beta - \frac{1}{n}\langle z, y \rangle - \lambda = 0$$

因此有 $\hat{\beta} = \frac{1}{n}\langle z, y \rangle + \lambda$。

在 $\beta = 0$ 处, 有 $-\lambda \leqslant \frac{1}{n}\langle z, y \rangle \leqslant \lambda$。因此可以写出回归系数的解析解为:

$$\hat{\beta} = \begin{cases} \frac{1}{n}\langle z, y \rangle - \lambda, & \frac{1}{n}\langle z, y \rangle > \lambda \\ 0, & -\lambda \leqslant \frac{1}{n}\langle z, y \rangle \leqslant \lambda \\ \frac{1}{n}\langle z, y \rangle + \lambda, & \frac{1}{n}\langle z, y \rangle < -\lambda \end{cases}$$

也可简写为:

$$\hat{\beta} = S_\lambda\left(\frac{1}{n}\langle z, y \rangle\right)$$

式中, $S_\lambda(x) = \mathrm{sgn}(|x| - \lambda)_+$, 称为软阈算子, 它把 x 向 λ 拉近, 并且当 $|x| \leqslant \lambda$ 时, 令 $S_\lambda(x)$ 等于 0, 如图2.12所示。注意到, 当自变量经过标准化后, $\frac{1}{n}\sum_i z_i^2 = 1$, 求得的 Lasso 解是普通最小二乘解的软阈形式。

2. 多变量, λ 取值固定

仿照上述求解单变量 Lasso 问题的思路, 可以推广循环坐标下降法来求解完整的 Lasso 问题。具体地说, 我们按照某个固定的顺序重复对变量进行循环, 也就是在第 j

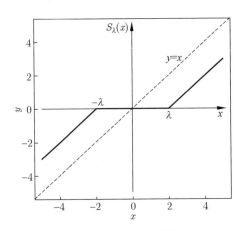

图 2.12　软阈值函数图

$(j = 1, 2, \cdots, p)$ 步时, 保持其他回归系数 $\hat{\beta}_k \ (k \neq j)$ 在当前值, 然后通过最小化目标函数来更新回归系数 β_j, 第 j 步的目标函数是:

$$\frac{1}{2n} \sum_{i=1}^{n} \left(y_i - \sum_{k \neq j} x_{ik}\hat{\beta}_k - x_{ij}\beta_j \right)^2 + \lambda|\beta_j|$$

可以看出, 利用偏残差 $r_i^{(j)} = y_i - \sum_{k \neq j} x_{ik}\hat{\beta}_k$ 来求解 β_j, 类似单变量求解 Lasso 问题, 可以得到更新方程式为:

$$\hat{\beta}_j \to S_\lambda \left(\hat{\beta}_j + \frac{1}{n} \langle x_j, r^{(j)} \rangle \right)$$

其中

$$r_i^{(j)} = y_i - \sum_{j=1}^{p} x_{ij}\hat{\beta}_j, \quad i = 1, 2, \cdots, n$$

是全残差。整个算法就是在重复交替地执行软阈更新。

算法流程如下:

for $j = 1, 2, \cdots, p$

for $i = 1, 2, \cdots, n$

$$r_i^{(j)} = y_i - \sum_{k \neq j} x_{ik}\hat{\beta}_k$$

end for

$$\hat{\beta}_j \to S_\lambda \left(\hat{\beta}_j + \frac{1}{n} \langle x_j, r^{(j)} \rangle \right)$$

end for

直到 $\hat{\beta}$ 前后变化很小时, 结束循环。

这个算法为什么有效? Lasso 问题的目标函数是 β 的凸函数, 因此没有局部最小值, 该算法从每个坐标方向最小化目标函数, 在相对温和的条件下, 这种循环坐标下降法将收敛到全局最优。

3. 多变量, λ 动态取值

在实际应用中, 我们不仅想得到单一固定 λ 下 Lasso 的解, 而且想要得到 Lasso 的路径解[1], 合理的方法就是从一个非常大的 λ 值出发, 这个值是

$$\lambda_{\max} = \max_j \left| \frac{1}{n} \langle x_j, y \rangle \right|$$

当 λ 取该值时, 所有回归系数全为零。然后逐渐减小 λ, 并且利用前一次求出的解作为此次求解的 "热启动" 来求解 Lasso。这种方法叫作路径循环坐标下降 (pathwise cyclic coordinate descent)。

实际操作时, 可以通过定义活跃集的方式加速算法的实现。具体思路如下: 以上一步的回归系数 $\hat{\beta}(\lambda_{L-1})$ 作为 "热启动", 略微缩小 λ, 当 λ 取新值 λ_L 时, 可以定义活跃集 A 为此时非零变量的索引集合。我们的想法是只使用活跃集中的变量进行算法迭代。在收敛过程中, 考察所有遗漏的变量, 如果它们都满足 $\frac{1}{n}|\langle x_j, r\rangle| < \lambda_L$, 其中, r 表示现在的残差, 则得到 p 个变量的解; 如果有不满足此条件的变量, 那么这些变量被重新包含在活跃集 A 中, 并且这个过程重复进行。

与上面的活跃集类似, 也可以定义强集。强集 S 定义为:

$$S = \left\{ j : \frac{1}{n}|\langle x_j, r\rangle| > \lambda_L - (\lambda_{L-1} - \lambda_L) \right\}$$

现在的求解过程仅需要考虑强集 S 中的变量。除了特殊情况, 强集将覆盖最优活跃集。强集规则是非常有用的, 尤其是当 p 非常大时。默认的 Lasso 公式对每个变量的惩罚是相同的, 都是 λ, 可以简单地利用相对惩罚强度 $\gamma_j \geqslant 0$ 改变对每个变量的惩罚, 使得全局惩罚变为:

$$\lambda \sum_{j=1}^p \gamma_j P_\alpha(\beta_j)$$

当某个 γ_j 被设置为零时, 相当于对变量 x_j 不加惩罚, 始终保留在模型中。

2.2.2　最小角回归

最小角回归 (least angle regression, LARS, Efron et al., 2004) 可以看作向前回归 (forward regression) 和分段向前回归 (stagewise forward regression) 的一个改进版, 并且与 Lasso 回归有着密切的联系。它提供了一种快速高效地求 Lasso 模型整个路径解的方法。也就是说, 不再是固定一个 λ 的值, 然后求解 β, 而是把 β 看作 λ 的函数。与求最小二乘解的算法复杂度类似, 改进的最小角回归算法可以得到关于 λ 的全部解 β。这开辟了广大学者研究各种模型的路径解的先河。

---

[1] 在 λ 的取值范围内的所有解的路径。

　　向前回归的步骤是每次挑选一个"最优"变量加入模型。最小角回归采用相同的策略, 不过每次每个变量只适当增加少部分。具体来讲, 首先, 挑选一个与因变量最相关的自变量加入活跃集。LARS 不是直接计算这个变量的最小二乘估计, 而是让估计值从零增加, 从而使得这个变量与新得的残差之间的相关性减小, 但不为零。恰好有另一个变量和新得的残差之间的相关性与这个变量和残差之间的相关性相同, 新的变量加入活跃集, 两个变量的估计系数再同时变动, 使得它们与残差的相关性继续下降。整个过程直到全部自变量加入活跃集才终止, 最后的估计值与最小二乘估计一致。下面是对该方法的详细介绍。

　　首先从几何角度, 以二元线性回归为例看向前回归、分段向前回归与 LARS 之间的关系。这里 X 为 $n \times 2$ 阶矩阵, y 为 n 维列向量, β 为 2×1 维向量, 把矩阵 X 的列看作 2 个 n 维空间中的向量 x_i $(i = 1, 2)$。

　　先来看向前回归中的估计轨迹, 如图2.13所示。

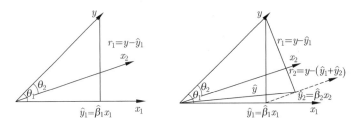

图 2.13　向前回归二元变量示例图

- 第一步选择和目标 y 最为接近 (夹角余弦值最大) 的特征 x_1, 用 x_1 来拟合 y, 即由 y 向 x_1 投影。这样得到第一个特征 x_1 的系数估计 $\hat{\beta}_1$。将投影得到的向量 $\hat{y}_1 = \hat{\beta}_1 x_1$ 作为对目标 y 的第一次逼近。记残差 $r_1 = y - \hat{y}_1$。

- 下一步的拟合以 r_1 为目标, 目的是进一步提取残差中的信息。由于 $\hat{y}_1$ 是投影, 易知 r_1 与 x_1 正交, 因此下一步以残差 r_1 为新目标的拟合过程不需要再考虑 x_1。平移 x_2 至虚线位置, 用 x_2 拟合 r_1, 即由 r_1 向 x_2 投影。同样可得到第二个特征 x_2 的系数估计 $\hat{\beta}_2$ 与第二步的拟合值 $\hat{y}_2 = \hat{\beta}_2 x_2$。新拟合的残差为 $r_2 = y - (\hat{y}_1 + \hat{y}_2)$。

　　此算法对每个变量只需要执行一次操作 (每次都正交), 效率高, 速度快。但也容易看出, 由于每次都是做正交投影, 所以算法只能给出一个局部近似解。

　　分段向前回归和向前回归类似, 也是选择和目标 y 最为接近 (夹角余弦值最大) 的一个特征 x_1, 用 x_1 来逼近 y, 如图2.14所示。但是, 分段向前回归算法不是简单地用投影 (一步走到底), 而是在最为接近的自变量 x_1 的方向上移动一小步 ε (ε 人为设定), 然后看残差 r_1 和哪个 x_i $(i = 1, 2)$ 最为接近。如果仍然与 x_1 更近, 那么还是沿着 x_1 的方向走。注意, 和向前回归算法不同, 这里并不会把 x_1 去掉。因为我们只是前进了一小步, 步长小于投影长度, x_1 与残差不正交, 这就意味着 x_1 还有提取剩余信息的能力。直到第 k 次后, 出现了另一个特征 x_2 和残差的夹角小于 x_1, 这时就转为沿着 x_2 的方向移动一小步 ε。

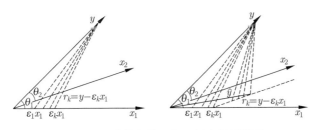

图 2.14　分段向前回归二元变量示例图

因此, 分段向前回归是在沿着坐标轴的方向形成阶梯形轨迹逼近 y。只要在目标函数是凸的情况下, 分段向前回归算法总能找到全局最优解。但是要求步长取值很小, 否则容易找不到最优解, 这样容易带来计算上的复杂度。

LARS 算法是向前回归和分段向前回归的折中。不用像向前回归 $\hat{y}_1 = \hat{\beta}_1 x_1$, 这里 $\hat{y}_1$ 为 y 在 x_1 方向上的投影; 也不用像分段向前回归一样小步小步地走, $\hat{y}_1 = \varepsilon x_1$, 这里 ε 人为设定。在最小角回归中, 将第一步前进步长定义为 $\hat{\gamma}_1$, 即 $\hat{y}_1 = \hat{\gamma}_1 x_1$。事实上, 沿着 x_1 的方向前进的同时, x_1 与残差 r_1 的相关系数逐渐减小。$\hat{\gamma}_1$ 的取值与另一个最相关的特征 x_2 有关, 满足使得 x_2 和残差 $r_1 = y - \hat{y}_1$ 的相关系数 (夹角余弦值) 与 x_1 和残差 r_1 的相关系数相等。也就是说, $\hat{\gamma}_1$ 的选择是要使 $y - \hat{y}_1$ 能够在 x_1 和 x_2 的角平分线方向上, 如图2.15所示。当 $p > 2$ 时, 接下来改变前进方向, 沿着一个折中的方向 x_1 和 x_2 的角平分线 u_2 的方向走, 得到新的估计 $\hat{y}_2 = \hat{y}_1 + \hat{\gamma}_2 u_2$。$\hat{\gamma}_2$ 的选择与最相关的第三个特征 x_3 有关。也就是说, $\hat{\gamma}_2$ 的取值同样是使 $y - \hat{y}_2$ 能够在 x_1, x_2, x_3 的角平分线方向上。

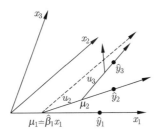

图 2.15　最小角回归三元变量示例图

接下来从代数角度介绍分段向前回归, 给定 X 为 $n \times p$ 阶矩阵, 已标准化, 使其列向量线性无关, y 为 $n \times 1$ 维向量。令当前回归预测为:

$$\hat{y} = \bar{y}$$

定义 $c(\hat{y})$ 为当前相关系数 (current correlations):

$$c = c(\hat{y}) = X^{\mathrm{T}}(y - \hat{y})$$

下一步是往相关系数最大的维度方向走一小步:

$$\hat{j} = \arg\max |\hat{c}_j|, \ \hat{y} \leftarrow \hat{y} + \varepsilon \cdot \mathrm{sgn}(\hat{c}_j) \cdot x_j \tag{2.9}$$

式中, ε 是一个很小的常数。"很小" 在这里很重要, 若 ε 很大, 可能会遗漏一些与 x_j 有

一定相关性但实际上又非常重要的变量, 当 $\varepsilon = |\hat{c}_j|$ 时, 即为经典的向前回归方法。分段向前回归方法简单、易于实现, 但主要问题是有大量迭代计算。

LARS 对分段向前回归的改进体现在前进方向及前进步长上。在前进方向上, LARS 将沿着回归变量角平分线的方向行进; 在前进步长上, LARS 将前进到恰好有一个新变量的相关系数的绝对值等于现有回归变量的相关系数的绝对值。

现给出 LARS 算法的具体过程。

定义符号:

- $\gamma_0 = y - \bar{y}$ 为初始残差;
- $\beta^0 = (\beta_1, \cdots, \beta_p) = 0$ 为初始回归系数;
- $\mathcal{A}$ 是活跃集, 为变量下标 $\{1, 2, \cdots, n\}$ 的子集, 初始化为空集;
- $p_{\mathcal{A}}$ 是 $\mathcal{A}$ 中元素的个数;
- $\hat{y}_{\mathcal{A}}$ 为回归预测值, 初始化为 $\bar{y}$。

第一步, 在 $\{x_1, x_2, \cdots, x_p\}$ 中找到与 γ_0 最相关的自变量 x_j, 更新 $\mathcal{A} = \{j\}$。

第二步, 令 $X_{\mathcal{A}} = (\cdots, s_j x_j, \cdots)_{j \in \mathcal{A}}$, 其中, $s_j = \mathrm{sgn}(c_j)$。

$$\mathcal{G}_{\mathcal{A}} = X_{\mathcal{A}}^{\mathrm{T}} X_{\mathcal{A}}, \quad A_{\mathcal{A}} = \left(1_{\mathcal{A}}^{\mathrm{T}} \mathcal{G}_{\mathcal{A}}^{-1} 1_{\mathcal{A}}\right)^{-\frac{1}{2}}$$

式中, $1_{\mathcal{A}}$ 表示全 1 向量, 长度是 $p_{\mathcal{A}}$。可见 $A_{\mathcal{A}}$ 是一个大于零的数。

令 $u_{\mathcal{A}}$ 为 $X_{\mathcal{A}}$ 的角平分线方向上的单位向量, 即 $u_{\mathcal{A}}$ 与 $\mathcal{A}$ 中每个 x_j 都有相同的角度, 则 $u_{\mathcal{A}}$ 满足如下性质 1。

性质 1:

$$u_{\mathcal{A}} = X_{\mathcal{A}} \omega_{\mathcal{A}}, \quad 其中, \quad \omega_{\mathcal{A}} = A_{\mathcal{A}} \mathcal{G}_{\mathcal{A}}^{-1} 1_{\mathcal{A}}, \quad 且 \quad X_{\mathcal{A}}^{\mathrm{T}} u_{\mathcal{A}} = A_{\mathcal{A}} 1_{\mathcal{A}}, \quad \|u_{\mathcal{A}}\|^2 = 1 \tag{2.10}$$

注: 当第一步 $\mathcal{A}$ 中仅有一个变量 j 时, $u_{\mathcal{A}}$ 的方向与 x_j 相同, 并且由于 x_j 已经标准化, 所以 $u_{\mathcal{A}} = x_j$。

第三步, 假设当前步骤下 LARS 的预测结果为 $\hat{y}_{\mathcal{A}}$, $\hat{c} = X^{\mathrm{T}}(y - \hat{y}_{\mathcal{A}})$ 表示当前所有 p 个变量（注: 不仅是 $\mathcal{A}$ 中变量）与残差的相关系数, 为 $p \times 1$ 维向量。对于活跃集 $\mathcal{A}$ 中所对应的变量, 它们与残差的相关系数的绝对值均相等, 且在所有变量中均为最大, 由角平分线的性质知:

$$\hat{C} = \max_j \{|\hat{c}_j|\}, \quad \mathcal{A} = \{j : |\hat{c}_j| = \hat{C}\}$$

性质 2: LARS 更新公式:

$$\hat{y}_{\mathcal{A}} \leftarrow \hat{y}_{\mathcal{A}} + \hat{\gamma} u_{\mathcal{A}}$$

变量系数的更新公式为:

$$\hat{\beta}_{\mathcal{A}} \leftarrow \hat{\beta}_{\mathcal{A}} + \hat{\gamma} s_{\mathcal{A}} \omega_{\mathcal{A}} \tag{2.11}$$

性质 3:

$$\hat{\gamma} = \min_{j \in \mathcal{A}^c}^{+} \left\{ \frac{\hat{C} - \hat{c}_j}{A_{\mathcal{A}} - a_j}, \frac{\hat{C} + \hat{c}_j}{A_{\mathcal{A}} + a_j} \right\}$$

式中, $a_j = x_j^{\mathrm{T}} u_{\mathcal{A}}$, $\min^+$ 表示取正数部分的最小值。

更新后, $\hat{\gamma}$ 对应的 j 添加到现有活跃集中, $\mathcal{A} = \mathcal{A} \cup \{\hat{j}\}$。

重复第二步。

以上三个性质的证明见本节附录。

最后讨论 LARS 与 Lasso 回归的关系。

LARS 与 Lasso 同解的一个充要条件为:

$$\operatorname{sgn}\left(\hat{\beta}_j\right) = \operatorname{sgn}\left(\hat{c}_j\right) = s_j$$

现假设当前 LARS 估计 $\hat{y}_{\mathcal{A}}$ 与 Lasso 估计 $\hat{y} = X\hat{\boldsymbol{\beta}}$ 一致, 不妨将式 (2.11)改写为:

$$\hat{\boldsymbol{\beta}}(\gamma) = \hat{\boldsymbol{\beta}}_{\mathcal{A}} + \gamma s_{\mathcal{A}}\omega_{\mathcal{A}}$$

随着 γ 取值从零开始增加, 当 $\hat{\beta}_j(\gamma)$ 变号时, 有:

$$\gamma_j = -\frac{\hat{\beta}_j}{s_j\omega_j}$$

记最早变号的步长为:

$$\tilde{\gamma} = \min_{\gamma_j > 0}\{\gamma_j\}$$

若 $\tilde{\gamma} < \hat{\gamma}$, 则意味着下一步更新前进步长 $\hat{\gamma}$ 时, $\hat{\beta}_j(\gamma)$ 与 $\hat{c}_j(\gamma)$ 异号。

故要使 LARS 与 Lasso 同解, LARS 算法应修改为:

当 $\tilde{\gamma} < \hat{\gamma}$ 时, 在 $\gamma = \tilde{\gamma}$ 处停止当前 LARS 更新, 并移除 $\tilde{j}$, 再计算下一步角平分线方向, 即

$$\hat{y}_{\mathcal{A}} = \hat{y}_{\mathcal{A}} + \hat{\gamma}\boldsymbol{u}_{\mathcal{A}} \quad 且 \quad \mathcal{A} = \mathcal{A} - \{\tilde{j}\}$$

这样, 在满足每次前进仅添加或剔除一个变量的前提下, 修改后的 LARS 算法可得到所有 Lasso 的解。

例 2.4 (糖尿病数据案例续) 图2.16展示的是用 LARS 算法求解 Lasso 的 20 折交叉验证结果, 可以看出与常规求解 Lasso 方法得到的最优 alpha 很接近。代码如下:

```
from sklearn.preprocessing import StandardScaler
t1=time.time()
model=LassoLarsCV(cv=20,normalize=False).fit(xdata,ydata)
t_lasso_lars_cv=time.time()-t1
m_log_alphas=-np.log10(model.cv_alphas_)
plt.figure()
plt.plot(m_log_alphas,model.mse_path_, ':')
plt.plot(m_log_alphas,model.mse_path_.mean(axis=-1),
        'k',label='Average across the folds',linewidth=2)
plt.axvline(-np.log10(model.alpha_),
          linestyle='--',color='k',label='alpha CV')
plt.legend()
plt.xlabel('-log(alpha)',fontdict={'size':8})
```

```
plt.ylabel('Mean square error',fontdict={'size':8})
plt.title('Mean square error on each fold: \
          Lars(training time:%.2fs)'%t_lasso_lars_cv,
          fontsize='x-small')
plt.axis('tight')
plt.ylim(ymin,ymax)
plt.show()
```

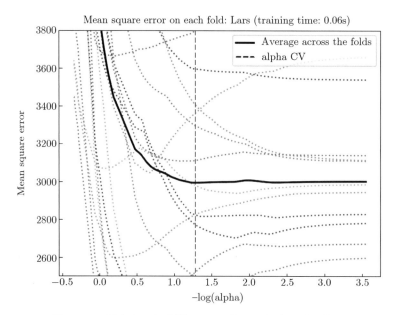

图 2.16　最小角回归求解 Lasso 的 20 折交叉验证结果

在得到最优的惩罚参数 alpha 后，可以用最优惩罚参数建立模型并拟合数据，利用 dir 方法查看模型属性。代码如下：

```
reg=linear_model.Lasso(alpha=model.alpha_,fit_intercept=False)
reg.fit(xdata,ydata)
dir(reg)
```

2.2.3　ADMM 算法

1. ADMM 简介

交替方向乘子法 (alternating direction method of multipliers, ADMM) 是 Glowinski 和 Marrocco 在 1975 年左右提出的一种优化算法 (Glowinski and Marrocco, 1975)。它是一种旨在混合对偶下降的可分解性与数乘方法的强收敛性的寻优算法。下面以一个带

等式约束的寻优问题为例来说明这个算法。要解决的问题是:

$$\min_{x,z} \ f(x) + g(z)$$

$$\text{s.t.} \ Ax + Bz = c$$

这里 $x \in \mathbf{R}^n$, $z \in \mathbf{R}^m$, $A \in \mathbf{R}^{p \times n}$, $B \in \mathbf{R}^{p \times m}$, 并且有 $c \in \mathbf{R}^p$。我们假设 f 和 g 是凸函数, 以保证该问题有解。该问题与一般的等式约束规划问题不一样的是, 这里的目标变量被分成了两部分——x 与 z, 对应的目标函数也有两部分。该问题的最优解记为:

$$p^* = \inf \left\{ f(x) + g(z) | Ax + Bz = c \right\}$$

ADMM 算法首先引入与等式约束条件有关的拉格朗日乘子求解原问题, 这些乘子构成向量 $\mu \in \mathbf{R}^p$。然后考虑增广的拉格朗日[①]函数为:

$$L_\rho(x, z, \mu) = f(x) + g(z) + \mu^{\mathrm{T}}(Ax + Bz - c) + (\rho/2) \parallel Ax + Bz - c \parallel_2^2$$

式中, ρ 是一个很小的固定参数。与 ρ 相关的二次项是一个增广的拉格朗日项, 它以较光滑的方式被强制靠近约束条件, 提高收敛速度。这里参数化的增广拉格朗日函数的最小化是对两个原始变量同时进行的。在 ADMM 算法中, x 和 z 以交替更新或顺序的方式来最小化目标函数。ADMM 可被视为数乘的一个版本, 对 x 和 z 交替使用单个高斯–赛德尔 (Gauss-Seidel) 法来实现通常的联合最小化。将最小化目标函数问题分解成分别最小化以 x 和 z 为变量的增广的拉格朗日函数, 两个步骤的前提是 f 和 g 是可分离的。

ADMM 算法由下面的迭代构成:

$$x^{k+1} = \arg \min_x L(x, z^k, \mu^k)$$

$$z^{k+1} = \arg \min_z L(x^{k+1}, z, \mu^k)$$

$$\mu^{k+1} = \mu^k + \rho(Ax^{k+1} + Bz^{k+1} - c)$$

$k = 0, 1, 2, \cdots$。上面第三式是对拉格朗日乘子向量 μ 进行更新, 也就是对对偶变量的上升进行更新。在相对宽松的条件下, 这个迭代过程收敛于原问题的最优解。

ADMM 的框架有几个优势。第一, 可将带不可微约束的凸问题的参数分离成 x 和 z, 从而使问题很容易处理。第二, ADMM 可将大规模问题分成较小的片。它可将有大量观测值的数据集分成多个块, 并对每个块进行优化。每个块都应该有约束条件, 以确保优化每个数据块得到的解向量与其他收敛方法得到的一致。同理, 可以将问题按变量分解, 并用分块坐标回溯方式求解。可见, ADMM 算法可以很容易地拓展到大规模问题, 并且采用并行运算完成最优解的求解。

2. 使用 ADMM 求解 Lasso

采用ADMM算法求解Lasso问题时, 首先将Lasso的目标函数写成等价的拉格朗日形式:

[①] 增广的拉格朗日方法是一种用于求解带约束的优化问题的算法。与带惩罚的方法类似, 它通过将约束问题转化成一系列带惩罚的无约束优化问题来求解。

$$\min_{\beta \in \mathbf{R}^p, \theta \in \mathbf{R}^p} \left\{ \frac{1}{2} \| y - X\beta \|_2^2 \right\} + \lambda \| \theta \|_1$$

$$\text{s.t.} \quad \beta - \theta = 0$$

该问题增广的拉格朗日函数为：

$$\frac{1}{2} \| y - X\beta \|_2^2 + \lambda \| \theta \|_1 + \mu^{\mathrm{T}}(\beta - \theta) + (\rho/2) \| \beta - \theta \|_2^2$$

此时的迭代公式为：

$$\beta^{k+1} = \arg\min_{\beta} L(\beta, \theta^k, \mu^k) = (X^{\mathrm{T}}X + \rho I)^{-1}(X^{\mathrm{T}}y + \rho\theta^k - \mu^k)$$

$$\theta^{k+1} = \arg\min_{\theta} L(\beta^{k+1}, \theta, \mu^k) = S_{\lambda/\rho}(\beta^{k+1} + \mu^k/\rho)$$

$$\mu^{k+1} = \mu^k + \rho(\beta^{k+1} - \theta^{k+1})$$

由上面的迭代过程可以看到，ADMM 算法实际上是对 β 采用岭回归更新，对 θ 采用软阈值更新，对 μ 采用简单线性更新的迭代过程。在这三个更新中，第一个更新的计算量最大，在最初完成 X 的奇异值分解后，接下来的迭代就会很快了。X 的奇异值分解的时间复杂度为 $O(p^3)$，但可以事先计算好。后面迭代的时间复杂度为 $O(Np)$。因此，在初始化后，每次迭代的时间复杂度与坐标下降法或者组合梯度法差不多。

在数据量大的情况下，可以采用 ADMM 算法实现分布式求解 Lasso 问题。这里将数据做如下分块：

$$X = \begin{pmatrix} X_1 \\ X_2 \\ \vdots \\ X_N \end{pmatrix}, \quad y = \begin{pmatrix} y_1 \\ y_2 \\ \vdots \\ y_N \end{pmatrix}$$

式中，$X_i \in \mathbf{R}^{m_i \times p}$，$y_i \in \mathbf{R}^{m_i}$，$\sum_{i=1}^{N} m_i = n$。$X_i$，$y_i$ 表示由第 i 个进程处理的数据块。此时的参数块更新公式为：

$$\beta_i^{k+1} = \arg\min_{\beta} L(\beta_i, \theta^k, \mu_i^k) = (X_i^{\mathrm{T}}X_i + \rho I)^{-1}(X_i^{\mathrm{T}}y_i + \rho\theta^k - \mu_i^k)$$

$$\theta^{k+1} = \arg\min_{\theta} L(\beta_i^k, \theta, \mu_i^k) = S_{\lambda/\rho N}(\bar{\beta}^{k+1} + \bar{\mu}^k/\rho)$$

$$\mu_i^{k+1} = \mu_i^k + \rho(\beta_i^{k+1} - \theta^{k+1})$$

式中，$\bar{\beta}^{k+1}$，$\bar{\mu}^k$ 分别表示所有块的 β_i^{k+1} 值与 μ_i^k 值的平均值。

2.2.4 附 录

性质 1 的证明如下。

因为 $\boldsymbol{u}_{\mathcal{A}}$ 为 $X_{\mathcal{A}}$ 的角平分线上的单位向量，故其可由 $X_{\mathcal{A}}$ 线性表出，不妨令

$$\boldsymbol{u}_{\mathcal{A}} = X_{\mathcal{A}}\omega_{\mathcal{A}}$$

其中, 向量 $\omega_{\mathcal{A}}$ 未知。

又因为 $\boldsymbol{u}_{\mathcal{A}}$ 平分 $X_{\mathcal{A}}$, 故 $X_{\mathcal{A}}^{\mathrm{T}}$ 与 $\boldsymbol{u}_{\mathcal{A}}$ 的积为一常数, 即

$$X_{\mathcal{A}}^{\mathrm{T}}\boldsymbol{u}_{\mathcal{A}} = X_{\mathcal{A}}^{\mathrm{T}}X_{\mathcal{A}} = z \cdot 1_{\mathcal{A}}$$

则 $\omega_{\mathcal{A}} = z\left(X_{\mathcal{A}}^{\mathrm{T}}X_{\mathcal{A}}\right)^{-1}1_{\mathcal{A}}$。

又因为 $\|\boldsymbol{u}_{\mathcal{A}}\|^2 = 1$, 故:

$$z^2 1_{\mathcal{A}}^{\mathrm{T}}\left(X_{\mathcal{A}}^{\mathrm{T}}X_{\mathcal{A}}\right)^{-1}X_{\mathcal{A}}^{\mathrm{T}}X_{\mathcal{A}}\left(X_{\mathcal{A}}^{\mathrm{T}}X_{\mathcal{A}}\right)^{-1}1_{\mathcal{A}} = 1$$

即

$$z = \left(1_{\mathcal{A}}^{\mathrm{T}}\left(\left(X_{\mathcal{A}}^{\mathrm{T}}X_{\mathcal{A}}\right)^{-1}1_{\mathcal{A}}\right)^{-\frac{1}{2}}\right)$$

整理即得

$$\omega_{\mathcal{A}} = A_{\mathcal{A}}\mathcal{G}_{\mathcal{A}}^{-1}1_{\mathcal{A}}$$

证毕。

性质 2 的证明如下。

由式(2.11)知 LARS 下一步的更新公式为:

$$\hat{y}_{\mathcal{A}} = \hat{y}_{\mathcal{A}} + \hat{\gamma}\boldsymbol{u}_{\mathcal{A}} \tag{2.12}$$

现定义

$$X_{[\mathcal{A}]} = (\cdots x_j \cdots)_{j\in\mathcal{A}}$$

则易得其与 $X_{\mathcal{A}}$ 的关系为:

$$X_{[\mathcal{A}]} = s_{\mathcal{A}}X_{\mathcal{A}}^{\mathrm{T}}$$

或

$$X_{\mathcal{A}} = s_{\mathcal{A}}X_{[\mathcal{A}]}^{\mathrm{T}}$$

其中

$$s_{\mathcal{A}} = \begin{pmatrix} \ddots & & \\ & s_j & \\ & & \ddots \end{pmatrix}_{j\in\mathcal{A}}$$

又因为

$$\hat{y}_{\mathcal{A}} = X_{[\mathcal{A}]}\hat{\boldsymbol{\beta}}_{\mathcal{A}}$$

则式(2.12)可写为:

$$X_{[\mathcal{A}]}\hat{\boldsymbol{\beta}}_{\mathcal{A}} = X_{[\mathcal{A}]}\hat{\beta}_{\mathcal{A}} + \hat{\gamma}X[\mathcal{A}]s_{\mathcal{A}}\omega_{\mathcal{A}}$$

即得 $\hat{\boldsymbol{\beta}}$ 的更新公式:

$$\hat{\boldsymbol{\beta}}_{\mathcal{A}} = \hat{\boldsymbol{\beta}}_{\mathcal{A}} + \hat{\gamma}s_{\mathcal{A}}\omega_{\mathcal{A}}$$

其含义为：在下一步系数更新中，系数值更新步长为 $\hat{\gamma}$，更新方向为 $s_{\mathcal{A}}\omega_{\mathcal{A}}$。

证毕。

性质 3 的证明如下。

已知当前步骤下 LARS 的预测结果为 $\hat{y}_{\mathcal{A}}$，重新定义下一步更新方程：

$$y(\gamma) = \hat{y}_{\mathcal{A}} + \gamma u_{\mathcal{A}}$$

式中，$\gamma > 0$。此时，$X_{\mathcal{A}}$ 中任意维度自变量 x_j 的相关系数为：

$$
\begin{aligned}
c_j(\gamma) &= x_j^{\mathrm{T}}(y - y(\gamma)) \\
&= x_j^{\mathrm{T}}\left(y - (\hat{y}_{\mathcal{A}} + \gamma u_{\mathcal{A}})\right) \\
&= \left(x_j^{\mathrm{T}}(y - \hat{y}_{\mathcal{A}})\right) + \gamma x_j^{\mathrm{T}} u_{\mathcal{A}} \\
&= \hat{c}_j - \gamma a_j
\end{aligned}
$$

式中，$a_j = x_j^{\mathrm{T}} u_{\mathcal{A}}$。

若 $j \in \mathcal{A}$，则有

$$
\begin{aligned}
a_{\mathcal{A}} &= s_{\mathcal{A}} X_{\mathcal{A}}^{\mathrm{T}} u_{\mathcal{A}} \\
&= s_{\mathcal{A}} A_{\mathcal{A}} 1_{\mathcal{A}}
\end{aligned}
$$

从而对于 a_j 有

$$
\begin{aligned}
a_j &= s_j A_{\mathcal{A}} 1_{\mathcal{A}} \\
&= s_j A_{\mathcal{A}} \\
&= \mathrm{sgn}\,(\hat{c}_j) A_{\mathcal{A}}
\end{aligned}
$$

可得

$$
\begin{aligned}
|c_j(\gamma)| &= |\hat{c}_j - \gamma a_j| \\
&= |\mathrm{sgn}\,(\hat{c}_j)\,(|(\hat{c}_j)| - \gamma A_{\mathcal{A}})| \\
&= \hat{C} - \gamma A_{\mathcal{A}}
\end{aligned}
\tag{2.13}
$$

由式(2.13)可以看出，在更新过程中，回归方程中变量当前的相关系数都等值地进行了衰减，且更新过程是分段线性的。

若 $j \in \mathcal{A}^c$，则在下一步更新中，j 可被选入活跃集的条件为：

$$|c_j(\gamma)| = \hat{C} - \gamma A_{\mathcal{A}}$$

此时可得

$$\hat{\gamma} = \min_{j \in \mathcal{A}^c}{}^{+}\left\{\frac{\hat{C} - \hat{c}_j}{A_{\mathcal{A}} - a_j}, \frac{\hat{C} + \hat{c}_j}{A_{\mathcal{A}} + a_j}\right\}$$

证毕。

2.3 损失函数加罚的建模框架

2.3.1 损失函数的概念

从统计决策的角度来看, 2.1 节岭回归和 Lasso 回归建模的过程可以归纳为损失函数加罚的框架。考虑回归问题, 即 Y 为连续型变量, 因变量为 X, 其联合分布为 $\Pr(X, Y)$。我们寻找一个函数 $f(X)$ 去预测 Y, 定义损失函数 $L(Y, f(X))$ 来惩罚预测的误差, 最常用的损失函数是平方损失 $L(Y, f(X)) = (Y - f(X))^2$。假设 $f(X) = \beta_0 + \left(\sum_{j=1}^{p} X_j \beta_j \right)$,

也就是式(2.1)的线性回归形式, 最小二乘估计即最小化训练集数据各数据点的平方损失之和。除了平方损失之外, 还有很多可以用于回归问题的损失函数, 其中之一就是 Huber 损失函数, 定义如下:

$$L(Y, f(x)) = \begin{cases} [Y - f(x)]^2/2, & |Y - f(x)| \leqslant \delta \\ \delta|Y - f(x)| - \delta^2/2, & \text{其他} \end{cases}$$

图2.17给出了各种损失的示意图, 横轴为 $Y - f$, 代表真实值与预测值的差异。可以看出这些损失曲线关于原点对称, 即相同程度的高估 ($f > Y$ 情形) 或低估 ($f < Y$ 情形), 损失相同。图中:

- 短虚线为平方损失, 是常用的回归损失。回归损失函数的一个基本要求是, 损失随 $|Y - f|$ 的增大而增大。
- 点虚线为 Huber 损失 ($\delta = 2$ 时)。Huber 损失相比平方损失对异常值更稳健一些, 因为它在 $|Y - f|$ 取值较大时的损失小于相同情况下的平方损失。
- 点长虚线是 ε-不敏感损失, 我们将在 5.3.4 节中进行介绍。
- 长虚线是 $\tau = 0.3$ 的分位损失。
- 黑色实线是绝对值损失。

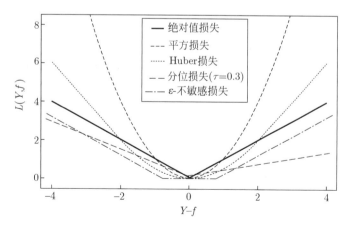

图 2.17   回归问题中不同的损失函数图

接下来详细介绍以分位损失、绝对值损失为目标的回归模型。

2.3.2　最小一乘回归与分位回归

如果把损失函数改为 $L(Y, f(X)) = |Y - f(X)|$（图2.17中的黑色实线），则称为最小一乘回归。最小一乘回归是分位回归的特例，一般的 τ 分位回归的损失函数为:

$$L(Y - f(X), \tau) = (Y - f(X))(\tau - I(Y - f(X) < 0))$$

图2.17中的长虚线对应 $\tau = 0.3$ 的分位损失。当 $\tau = 0.5$ 时, 就是绝对值损失对应的最小一乘回归 (相差一个 $1/2$ 因子)。最小二乘回归和最小一乘回归的损失函数是对称的, 而一般的 τ 分位回归的损失函数是不对称的, 是从原点出发的分别位于第一象限和第二象限的射线, 斜率比为 $\tau : (1 - \tau)$。这种损失函数适合预测值高估和低估有明显不同后果的情况, 比如预测某产品的销量, 高估会造成库存成本增加, 但低估会使利润明显下降, 此时我们使用这种不对称的损失函数。

图2.18给出了不同参数的分位损失情况下对相同数据的拟合曲线。图 (a) 是模拟 50 个正态分布产生的数据, 此时最小二乘回归 (图中粗实线) 和最小一乘回归 (图中细实线) 区别不大, 分位回归 ($\tau = 0.3$) 的拟合曲线在最下方 (长虚线), 因为它对高估情况 ($y - f < 0$) 施加更大的惩罚, 所以它更倾向低估一些。反之, 分位回归 ($\tau = 0.7$) 的拟合曲线 (短虚线) 在最上方。

图 (b) 在数据中增加了 10 个异常点, 可以看到, 异常值对最小一乘回归 (细实线) 和两种分位回归 (两种虚线) 的影响不大。但最小二乘回归受到较大影响, 其拟合曲线 (粗实线) 明显向异常点靠近。读者可自行编写模拟程序, 实现上述过程, 体会不同模型拟合数据的差异。实际应用时, 选用哪种损失还要根据数据的特点、问题的背景来决定。

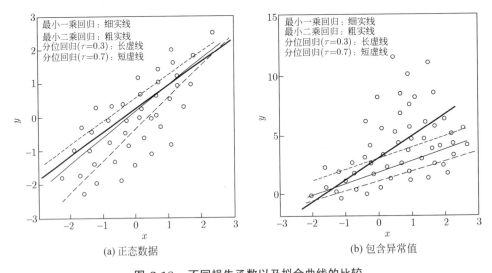

图 2.18　不同损失函数以及拟合曲线的比较

例 2.5 (恩格尔数据案例)　该数据在模块 sm.datasets.engel 中, 是一个关于比利时工薪阶层收入和食品花费的例子, 数据名为 engel。这里有两个变量 foodexp(食品花费)

和 income(收入)，共 235 个观测值。我们利用 Python 对恩格尔数据进行分析，研究收入变化对食品花费的影响。

步骤如下。

(1) 读取数据。代码如下：

```
import statsmodels.api as sm
import statsmodels.formula.api as smf
import matplotlib.pyplot as plt
import numpy as np
import pandas as pd
data=sm.datasets.engel.load_pandas().data
```

(2) 描述统计。代码如下：

```
fig=plt.figure()
ax=fig.add_subplot(1,1,1)
box=plt.boxplot((data['foodexp'],data['income']),notch=True,
                patch_artist=True,labels=['foodexp','income'])
colors=['lightblue','pink']
for patch,color in zip(box['boxes'],colors):
    patch.set_facecolor(color)
    patch.set_alpha(1)
plt.show()
```

图2.19展示了自变量与因变量的箱线图。

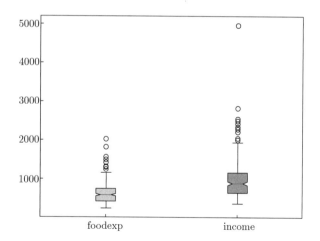

图 2.19　变量箱线图

(3) 分位回归和线性回归。

首先建立分位回归模型，分位数选取 0.05, 0.15, ···, 0.95。之后建立线性回归模型，并比较分位回归模型和线性回归模型。代码如下：

```
quantiles=np.arange(.05,.96,.1)
def fit_model(q):
    mod=smf.quantreg('foodexp~income',data)
    res=mod.fit(q=q)
    return([q,res.params['Intercept'],
            res.params['income']]+
            res.conf_int().loc['income'].tolist())

models=[fit_model(x) for x in quantiles]
models=pd.DataFrame(models,columns=['q','a','b','lb','ub'])

ols=smf.ols('foodexp~income',data).fit()
ols_ci=ols.conf_int().loc['income'].tolist()
ols=dict(a=ols.params['Intercept'],b=ols.params['income'],
        lb=ols_ci[0],ub=ols_ci[1])
```

（4）分位回归和线性回归的比较分析。代码如下：

```
x=np.arange(data.income.min(),data.income.max(),50)
get_y=lambda a,b:a+b*x

fig,ax=plt.subplots(figsize=(4,3))

for i in range(len(models)):
    y=get_y(models.a[i],models.b[i])
    ax.plot(x,y,linestyle='dotted',color='grey')

y=get_y(ols['a'],ols['b'])

ax.plot(x,y,color='red',label='OLS')
ax.scatter(data.income,data.foodexp,alpha=.2)
ax.set_xlim((240,3000))
ax.set_ylim((240,2000))
legend=ax.legend()
fontx={'family':'Times New Roman',
'weight':'normal',
'size':8,
}
fonty={'family':'Times New Roman',
'weight':'normal',
'size':8,
}
```

```
ax.set xlabel('Income',fonty)
ax.set_ylabel('Food expenditure',fontx)
plt.show()
```

图2.20展示了分位回归和线性回归的比较结果。

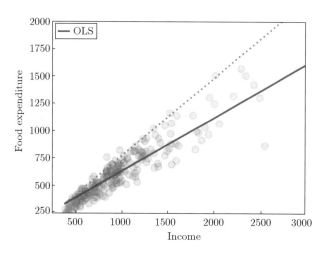

图 **2.20** 分位回归与线性回归比较图

```
ax=plt.figure()
n=models.shape[0]
p1=plt.plot(models.q,models.b,color='black',
        label='Quantile Reg.')
p2=plt.plot(models.q,np.array(models.ub),linestyle='dotted',
        color='black')
p3=plt.plot(models.q,np.array(models.lb),linestyle='dotted',
        color='black')
p4=plt.plot(models.q,[ols['b']]*n,color='red',label='OLS')
p5=plt.plot(models.q,[ols['lb']]*n,linestyle='dotted',
        color='red')
p6=plt.plot(models.q,[ols['ub']]*n,linestyle='dotted',
        color='red')
plt.ylabel('beta',fontsize=5)
plt.xlabel('Quantiles of the conditional \
        food expenditure distribution',fontsize=5)
plt.legend(prop={'size':5})
plt.show()
```

图2.21展示了不同分位回归的回归系数与线性回归的回归系数的比较, 图中虚线代表回归系数的置信区间上下界。

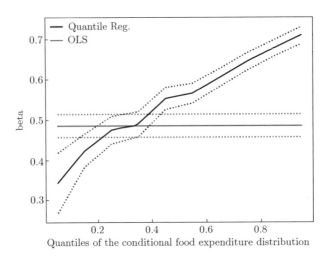

图 2.21　分位回归与线性回归的回归系数的置信区间图

2.3.3　其他罚函数

上面已经叙述, 使用平方损失的最小二乘估计时存在一些问题, 因此对参数空间施加了一定的约束 (惩罚, 或称为正则化), 得到了岭回归和 Lasso 回归。除了这些模型, 比较常用的罚函数还有弹性网 (Elastic Net) 惩罚 (Zou and Hastie, 2005) 和组 Lasso (Yuan and Lin, 2006)。在 $p > n$ 的问题中, Lasso 回归最多能选出 n 个变量; 在 $n > p$ 的问题中, 如果存在高度相关的变量, 岭回归会同时压缩这些变量的系数, 而 Lasso 回归在做变量选择时对变量是否相关并不敏感, 此时 Lasso 回归的表现不如岭回归。为克服这一局限, Zou 和 Hastie 在 2005 年提出了弹性网惩罚, 以使模型在进行变量选择的同时能将有关联的变量组选出来。

对任意给定的非负参数 λ_1, λ_2, Zou and Hastie (2005) 首先定义了带朴素弹性网 (naive elastic net) 惩罚的目标函数:

$$\min \parallel y - x\beta \parallel_2^2 + \lambda_1 \parallel \beta \parallel_1 + \lambda_2 \parallel \beta \parallel_2^2$$

令 $\alpha = \lambda_2/(\lambda_1 + \lambda_2)$, 则这一目标函数等价于:

$$\arg \min_{\beta} \parallel y - x\beta \parallel_2^2, \ 满足条件 (1 - \alpha) \parallel \beta \parallel_1 + \alpha \parallel \beta \parallel_2^2 \leqslant t$$

式中, $(1 - \alpha) \parallel \beta \parallel_1 + \alpha \parallel \beta \parallel_2^2$ 即为弹性网惩罚。当 $\alpha \in (0, 1)$ 时, 这一惩罚项是严格凸的; 而当 $\alpha = 0$ 或 1 时, 这一惩罚项变成 Lasso 回归或岭回归。从弹性网惩罚项中可以看到, 弹性网惩罚的思想就是要结合岭回归与 Lasso 回归的优点: 二范数的惩罚项使得模型同时压缩高度相关的变量, 一范数的惩罚项则使得这些同时被压缩的变量被压缩至零, 从而得到稀疏解。

图2.22给出了二维情况下弹性网惩罚的示意图。最外面的实线圆是岭回归约束, 里面的虚线正方形是 Lasso 约束, 中间的虚线图形是弹性网约束 ($\alpha = 0.5$ 时)。

朴素弹性网的求解等价于 Lasso 问题的求解。对于矩阵 (x, y) 和参数 (λ_1, λ_2), 定义

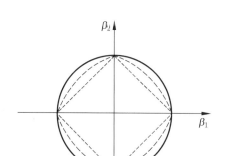

图 2.22　弹性网示意图

矩阵 (x^*, y^*) 为:

$$x^*_{(n+p)\times p} = (1+\lambda_2)^{-1/2}\begin{pmatrix} x \\ \sqrt{\lambda_2}I \end{pmatrix}, \quad y^*_{(n+p)} = \begin{pmatrix} y \\ 0 \end{pmatrix}$$

再定义 $\gamma = \dfrac{\lambda_1}{\sqrt{1+\lambda_2}}, \beta^* = \sqrt{1+\lambda_2}\beta$, 则带朴素弹性网惩罚的目标函数等价于:

$$\| y^* - x^*\beta^* \|_2^2 + \gamma \| \beta^* \|_1$$

其解记为 $\hat{\beta}^*$, 则原始问题的估计值为 $\hat{\beta}_{\text{naive}} = \dfrac{1}{\sqrt{1+\lambda_2}}\hat{\beta}^*$。显然, 上面的等价形式即
Lasso 问题的目标函数, 因此朴素弹性网继承了 Lasso 低成本运算的优点。由于 x^* 是一
个 $(n+p)\times p$ 阶矩阵, 意味着朴素弹性网可以最多保留全部 p 个变量, 这弥补了 Lasso
在 $p > n$ 时最多只能选择 n 个变量的不足; 又由于 $\alpha \in (0,1)$ 时弹性网惩罚严格凸, 这
就保证了在所有变量都一样的极端情况下, 这些变量的朴素弹性网估计系数也都是一样
的, 而在这种情况下, Lasso 是无解的。

不过, Zou and Hastie (2005) 发现, 朴素弹性网估计在数据分析中表现一般。另外,
朴素弹性网对系数 β 进行两次惩罚带来了额外的偏差。因此, Zou and Hastie (2005) 对
朴素弹性网估计进行了缩放, 得到弹性网估计:

$$\hat{\beta}_{\text{elastic net}} = (1+\lambda_2)\hat{\beta}_{\text{naive}} = \sqrt{1+\lambda_2}\hat{\beta}^*$$

式中, 缩放系数为 $1+\lambda_2$。从数据分析的角度来说, Zou and Hastie (2005) 通过比较弹性
网估计、 Lasso 估计和岭回归估计, 发现这样的弹性网估计的效果非常好; 从理论层面
来说, 当预测变量正交时, Lasso 问题能实现极小化极大值 (minimax) 准则下的最优, 乘
以缩放系数 $1+\lambda_2$ 后, 弹性网估计同样能实现极小化极大值准则下的最优。

有时, 自变量根据实际问题属于预先定义的一组, 这时我们希望分组对变量进行压
缩或选择。组 Lasso (Yuan and Lin, 2006) 是实现这个目标的一种方法。假定 p 个变量
被分成 M 组, 第 m 组有 p_m 个变量, x_m 和 β_m 代表相应的自变量矩阵及其系数。组
Lasso 估计可通过最小化下式求得:

$$\| y - \sum_{m=1}^{M} x_m \beta_m \|_2^2 + \lambda \sum_{m=1}^{M} \sqrt{p_m} \| \beta_m \|_2 \tag{2.14}$$

式中，$\sqrt{p_m}$ 代表每组的权重；$\| \cdot \|_2$ 是没有平方的欧几里得范数，即通常我们定义的 L_2 范数。可以看出对每组变量施加了 L_2 惩罚，各组之间的惩罚再加权求和。这样的惩罚可以使得整组变量同时被选中或者被删除 (整组的系数为 0)。假定现在有三个变量，其中前两个构成一组，对应的系数是一个二元向量 $\beta_1 = (\beta_{11}, \beta_{12})^T$，另一个变量的系数是 β_2。Yuan and Lin (2006) 在图2.23中比较了组 Lasso 与 Lasso 和岭回归间的差别。其中：

- 图 (a) 对应 Lasso 惩罚 (对参数空间的约束)，即 $|\beta_{11}| + |\beta_{12}| + |\beta_2| = 1$。
- 图 (e) 对应组 Lasso 惩罚，即 $\| \beta_1 \| + |\beta_2| = 1$。
- 图 (i) 对应岭回归，即 $\| (\beta_1, \beta_2)^T \| = 1$。
- 图 (b) 至图 (d)、图 (f) 至图 (h) 以及图 (j) 至图 (l) 分别对应 Lasso、组 Lasso 和岭回归下，$\beta_{11} = 0$ 或 $\beta_{12} = 0$，$\beta_2 = 0$ 以及 $\beta_{11} = \beta_{12}$ 时的约束区域。

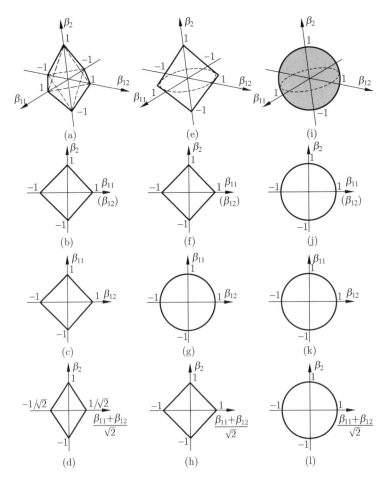

图 2.23　Lasso、组 Lasso 与岭回归示意图

显然, Lasso 使得 β_{11}, β_{12} 和 β_2 尽可能地被压缩至零, 图 (a) 至图 (d) 全部是由直线组成的约束区域, 有很多顶点。

岭回归同时压缩三个系数, 但不会压缩至零。图 (i) 至图 (l) 全部是由圆形曲线组成的约束区域, 非常光滑。

而组 Lasso 则尽可能压缩 β_1 和 β_2 至零, 使得 β_1 中的两个元素 β_{11} 和 β_{12} 只会同时为零或同时不为零。图 (g) 是圆形约束区域, 图 (f) 和图 (h) 是正方形约束区域, 图 (e) 则是由直线和圆共同组成的立体约束区域。

2.4 分类问题综述与评价准则

2.4.1 分类问题

假设 X 是 p 维空间的子集, Y 是取值为 K 个类别的分类变量, 通常用整数集合 $1, 2, \cdots, K$ 来表示, 但并不表示这些取值有大小顺序。特别地, 如果 $K = 2$, 则称为二分类问题; 如果 $K > 2$, 则称为多分类问题。对于二分类问题, 有时用 $1, 2$, 但更多时候用 $0, 1$ 或 $+1, -1$ 来表示, 这是为了更方便地讨论一些方法的理论性质。在此提醒读者, 在调用软件包的一些函数命令进行数据分析时, 应了解函数命令对因变量数据格式的要求是否与输入数据本身的编码一致, 避免不一致导致的分析结果错误。更糟糕的是, 有时程序并不报错, 分析人员自己也不知道结果已经错了。

对于分类模型, 我们的目的是构建从输入空间 X 到输出空间 Y 的映射 (函数): $f(X) \to Y$, 它将输入空间划分成几个区域, 每个区域对应一个类别。区域的决策边界 (decision boundaries) 可以是各种函数形式, 最重要、最常用的一类是线性函数。对于第 k 类, 记 $\hat{f}_k(x) = \hat{\beta}_{k0} + \hat{\beta}_k^{\mathrm{T}} x$ $(k = 1, 2, \cdots, K)$, 则第 k 类和第 m 类的决策边界为 $\hat{f}_k(x) = \hat{f}_m(x)$, 也就是所有使得 $(\hat{\beta}_{k0} - \hat{\beta}_{m0}) + (\hat{\beta}_k - \hat{\beta}_m)^{\mathrm{T}} x = 0$ 成立的点 x。需要说明, 实际上我们只需要 $K - 1$ 个边界函数。为了不失一般性, 可以假设第 K 个函数的系数为 $\beta_{K0} = -\sum_{k=1}^{K-1} \beta_{k0}$, $\beta_K = -\sum_{k=1}^{K-1} \beta_k$。此外, 对于每个类别 k, 我们也可以估计判别函数 (discriminant function) $\delta_k(x)$, 然后把 x 划分到判别函数取值最大的那个类。估计后验概率 $\Pr(Y = k | X = x)$ 的方法就属于这种情况。可以看出, 如果 $\delta_k(x)$ 或者 $\Pr(Y = k | X = x)$ 是 x 的线性函数, 则分类方法的边界函数也是线性的。

在回归分析中, 我们常用的损失函数是平方损失: $L = (Y - f(X))^2$。在分类中, 常用的损失函数为 0-1 损失:

$$L(Y = y, \hat{f}) = \begin{cases} 0, & \hat{f}(x) = y \\ 1, & \hat{f}(x) \neq y \end{cases}$$

0-1 损失实际上是分类器的分类误差。这时模型的估计为:

$$\hat{f} = \underset{k \in 1, \cdots, K}{\arg\min}[1 - \Pr(k | X = x)]$$

也可以写成

$$\hat{f} = k', \text{ 如果 } \Pr(k'|X = x) = \max_{k \in 1, \cdots, K} \Pr(k|X = x)$$

这个解叫作贝叶斯分类器 (Bayes classifier), 表明我们根据条件分布 $\Pr(Y|X = x)$ 将样本点判断为最可能 (概率最大) 的类别。贝叶斯分类器的误差称为贝叶斯误差 (Bayes error)。有些模型是专门针对二分类的, 对于多分类问题不能直接应用。这时要么放弃使用这样的模型, 选择可以直接进行多分类的模型; 要么使用以下两种方法。一种方法是 "一对一", 对于两两的类别组合, 我们建立 C_n^2 个二分类模型, 对于一个新的预测样本点, 最终的预测是选取这些模型中预测最多的那个类别; 另一种方法是 "一对其他", 为每个类别与其他非此类别的样本建立二分类模型, 一共是 K 个二分类模型, 最终的预测是选取概率最大、最有信心的那类。

2.4.2 分类问题评价准则

以二分类为例, 记 $Y \in \{1, -1\}$。二分类问题的预测结果可能出现四种情况:
- 如果一个点属于正类且被预测为正类, 称为真正类 (true positive, TP);
- 如果一个点属于负类但被预测为正类, 称为假正类 (false positive, FP);
- 如果一个点属于负类且被预测为负类, 称为真负类 (true negative, TN);
- 如果一个点属于正类但被预测为负类, 称为假负类 (false negative, FN)。

我们用表2.1表示这四类结果, 称为混淆矩阵 (confusion matrix)。

表 2.1　混淆矩阵

真实值	预测值	
	1	−1
1	真正类 (TP)	假负类 (FN)
−1	假正类 (FP)	真负类 (TN)

由表2.1可得, 模型的整体正确率为 accuracy = (TP + TN)/(TP + FP + FN + TN), 整体错误率为 1 − accuracy。很多时候我们更关心模型在每个类别上的预测能力, 尤其是在很多统计学习任务中, 训练集中可能会出现某个类别下的样本数远大于另一些类别下的样本数的情况, 即类别分类不平衡问题。此类问题中, 模型对不同类别点的预测能力可能差异很大, 如果只关注整体预测的准确性, 模型很有可能预测所有数据属于占比最多的那一类, 实际上这样的模型是没有用的。因此我们需要考虑模型在我们关心的类别上的预测准确性。我们定义以下评价标准 (见表2.2)。

从表2.2可以看出, 精确率和召回率越大越好, 但往往不能同时提高, 因此有一个综合指标 F 值: $F = 2 \times$ 召回率 $\times$ 精确率/(召回率 + 精确率)。针对二分类模型, 很多时候并不是给出每个样本预测为哪一类, 而是给出其中一类的概率预测, 因此我们需要选取一个阈值 (cutoff value), 比如 0.5, 当预测概率值大于这个阈值时, 我们就将该样本预测为这一类, 否则预测为另一类。不同的阈值对应不同的分类预测结果, 从而整体错误率

表 2.2　二分类问题中的一些评价标准

名称	定义式	含义	相同含义的其他名称
假阳率 (false positive rate, FPR)	$\dfrac{FP}{TN+FP}$	反映了实际是负类但被预测为正类的样本占总的负类样本的比重	第一类错误 (type 1 error) 1-特异度 (1-specificity)
真阳率 (true positive rate, TPR)	$\dfrac{TP}{FN+TP}$	反映了实际是正类且预测为正类的样本占总的正类样本的比重	1-第二类错误 (1-type 2 error) 灵敏度 (sensitivity) 召回率 (recall)
阳性预测值 (positive predicative value, PPV)	$\dfrac{TP}{FP+TP}$	反映了分类器预测为正类的所有样本中真正为正类的样本的比重	精确率 (precision)
阴性预测值 (negative predicative value, NPV)	$\dfrac{TN}{TN+FN}$	反映了分类器预测为负类的所有样本中真正为负类的样本的比重	

以及上述各评价指标的取值也不同。如何选择最优的阈值需要进行讨论。ROC 曲线是一个很好的对不同分类器分类效果进行比较的图形, ROC 的名字来自传播理论, 全称为 Receiver Operating Characteristic。它通过阈值从 0 到 1 移动, 获得多对 FPR 和 TPR, 以 FPR 为横轴、TPR 为纵轴, 连接各点绘制曲线, 展示不同阈值对应的所有两类错误。如图2.24所示, 曲线左下角点为原点, 对应 FPR=TPR=0, 此时阈值为 1, 所有点均预测为负类; 曲线右上角点为 (1,1), 对应 FPR=TPR=1, 此时阈值为 0, 所有点均预测为正类; 曲线中间的点对应不同阈值下的 FPR 和 TPR。

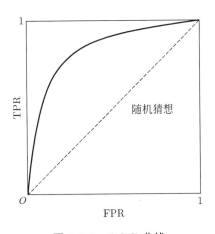

图 2.24　ROC 曲线

　　ROC 曲线下方的区域 (area under the ROC curve, AUC) 包含了分类器取不同阈值时所有可能的表现, 其面积用来衡量分类器的整体表现, AUC 越大, 表示模型分类效果越好, 因此可以将 AUC 作为模型选择的一个标准。最理想的分类器应覆盖图中左上角点 (TPR 为 1, FPR 为 0, 此时 FP=FN=0), AUC 为 1。图中虚线为随机猜测模型所对应的曲线, 为连接点 (0,0) 和点 (1,1) 的对角线, 其 AUC 为 0.5, 一个有效的分类器的 AUC 值应该大于 0.5。对于一个好的分类器, TPR 应接近 1 (表明 FN 接近 0), FPR 应接近 0 (表明 FP 接近 0), 即应靠近左上角。因此, 曲线上离左上角最近的点对应的阈值即为使得该分类器最优的阈值。实际中, 我们经常用约登指数 (Youden index) 来描述 ROC 曲线, 约登指数 = 灵敏度 + 特异度 − 1 = TPR − FPR, 显然, 约登指数越高的点越接近左上角, 分类器的分类效果越好。在一些实际问题的处理中, 最优阈值需要结合领域知识进行选定和解释。

对于多分类问题, 整体正确率定义为预测正确的样本数除以总样本数, 错误率 = 1 − 正确率。此外, 使用 "一对其他" 方法, 将每个类别 k $(k = 1, 2, \cdots, K)$ 看作一个二分类结果, 分别计算 TP_k, FN_k, FP_k, TN_k, 之后, 可以通过以下公式计算精确率和召回率:

$$\mathrm{precision} = \frac{\sum_k \mathrm{TP}_k}{\sum_k \mathrm{TP}_k + \sum_k \mathrm{FP}_k}$$

$$\mathrm{recall} = \frac{\sum_k \mathrm{TP}_k}{\sum_k \mathrm{TP}_k + \sum_k \mathrm{FN}_k}$$

类似二分类方法, 也可以画出 ROC 曲线, 求解 AUC 的面积。还有一些类似的评价指标, 读者可参阅其他文献。

2.5　Logistic 回归

2.5.1　基本模型

Logistic 回归模型在传统的统计学教材里是广义线性模型的一种, 是多元回归模型的推广, 针对的是数据的因变量取值不是连续的、分布不是正态的情况。在广义线性模型的理论框架下, 使用联系 (link) 函数对 $E(y|x)$ 进行变换, 然后建模。在现代统计学理论的框架下, 我们把 Logistic 回归称为一种分类模型, 通常它的因变量是二值变量, 它也可以推广到多分类情况。

接下来介绍二分类的 Logistic 回归。因变量 Y 为二元变量, 取值为 0 或 1, 一般我们将感兴趣的那一类取为 1。给定 X 的情况下, 因变量的条件期望实际上就是因变量在自变量的某种水平下取 "1" 的概率, 即我们所关心的事件发生的概率: $E(Y|X = x) = P(Y = 1|X = x)$, 因此 Logistic 模型表示为:

$$P(Y = 1|X = x) = p = \frac{\mathrm{e}^{\beta_0 + \beta^{\mathrm{T}} x}}{1 + \mathrm{e}^{\beta_0 + \beta^{\mathrm{T}} x}} \tag{2.15}$$

式中, p 表示我们感兴趣的事件发生的概率, 例如某个或某类客户购买某种产品的可能性。自变量与因变量之间的关系是非线性的 (通常称 Logistic 模型是线性模型, 指的是系数 β 和协变量 X 之间是线性的)。在这个简单的模型中, 假设自变量是连续的, 它与因变量之间的关系为如图2.25所示的 S 形曲线。

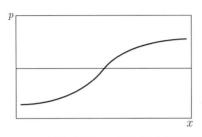

图 2.25 Logistic 回归自变量与因变量之间关系的 S 形曲线

这样的模型形式不仅可以满足因变量的概率值在 $[0,1]$ 之间的要求, 而且符合实际自变量与因变量之间的关系。在不同水平上, 自变量变动相同幅度给因变量带来的影响很可能是不同的, 特别是自变量达到一定水平后再增加所引起的因变量的变动会非常小, 例如, 学习时间达到一定长度以后, 测验的成功率就会接近上限。在做 Logistic 回归时, 为使模型的形式更清楚、解释更方便, 往往将式(2.15)转换为如下形式:

$$\ln \frac{p}{1-p} = \beta_0 + \beta^{\mathrm{T}} x \tag{2.16}$$

这个变换称为 Logit 变换。式(2.16)的左边是事件发生和不发生的概率之比 [称作发生比 (odds)] 的对数, 右边是通常的线性回归形式, 这预示着在解释系数时, 可以借鉴线性回归的经验, 具体做法在后面将会说明, 这就是 Logit 变换带来的好处。注意, 与线性回归不同的是, 此处并没有误差项 ε, 这是因为在因变量为连续型的多元线性回归模型中, 我们假设 y 的分布的均值为 $\beta_0 + \beta^{\mathrm{T}} x$, 方差为 σ^2。而在 Logistic 回归中, 因变量 y 是取值为 0 或 1 的二元变量, 我们假定它的分布实际上是参数为 $\dfrac{\mathrm{e}^{\beta_0+\beta^{\mathrm{T}} x}}{1+\mathrm{e}^{\beta_0+\beta^{\mathrm{T}} x}}$ 的二项分布, 因此没有误差项 ε。接下来要介绍的 Logistic 回归的参数估计方法也会使用这一分布的假定。

Logistic 回归模型的最终结果可以由式(2.16)化为更容易解释的形式:

$$\frac{p}{1-p} = \exp(\beta_0 + \beta^{\mathrm{T}} x) \tag{2.17}$$

该式的左边是我们所关心的事件发生比, 显然这个比值越大, 说明事件越容易发生, 它的取值范围在 $[0,+\infty)$ 之间。如果自变量 X_k 是连续的, 那么它前面的系数 β_k 就说明, 在控制其他变量不变的条件下, 当该自变量增大一单位时, 我们所关心的事件的发生比会变为原来的 $\exp(\beta_k)$ 倍。可以看出, 当 $\beta_k > 0$, 即 $\exp(\beta_k) > 1$ 时, 事件的发生比会变大, 说明该自变量对事件的发生起正向作用; 当 $\beta_k < 0$, 即 $\exp(\beta_k) < 1$ 时, 事件的发生比会减小, 说明该自变量对事件的发生起负向作用; 当 $\beta_k = 0$, 即 $\exp(\beta_k) = 1$ 时, 事件的发生比保持不变, 说明该自变量对事件的发生没有显著影响。如果自变量 X_k 是定性变量

或称作二元虚拟变量, 在定性变量处于某种水平时取值为 1, 其余情况下取值为 0, 系数 β_k 就表明, 在控制其他变量不变的条件下, 对比某定性变量的参照水平 (即反映该定性 变量水平的虚拟变量全部为 0 时表示的水平), 该水平对事件发生比的影响是使其变为 原来的 $\exp(\beta_k)$ 倍。同理, β_k 的正负号也反映了该水平对事件发生比的影响到底是正向 的还是负向的。当然, 我们在解释模型的结果时, 不仅要看数字所体现的数量关系, 还应 当结合数据的背景看它体现的深层含义, 这样构建的模型才有意义。

2.5.2 参数估计

Logistic 回归使用最大似然估计, 用迭代的方法计算参数值。上面已经叙述, 我们假 定总体服从二项分布, 这样每个观测值发生的概率可以表示为:

$$p(y_i) = p_i^{y_i}(1 - p_i)^{1-y_i}$$

其似然函数为:

$$L(\beta) = \prod_{i=1}^{n} p_i^{y_i}(1 - p_i)^{1-y_i}$$

两边取对数得到对数似然函数:

$$\mathcal{L}(\beta) = \sum_{i=1}^{n} \left[y_i \ln p_i + (1 - y_i) \ln(1 - p_i) \right] \tag{2.18}$$

$$= \sum_{i=1}^{n} \left[y_i \ln \left(\frac{p_i}{1 - p_i} \right) + \ln(1 - p_i) \right] \tag{2.19}$$

$$= \sum_{i=1}^{n} \left[y_i \beta^{\mathrm{T}} x_i - \ln(1 + \mathrm{e}^{\beta^{\mathrm{T}} x_i}) \right] \tag{2.20}$$

式中, β 包括截距项, x_i 的第一个分量为 1。为了使对数似然函数最大化, 我们令 式(2.20)关于 β 的一阶偏导等于 0:

$$\frac{\partial \mathcal{L}(\beta)}{\partial \beta} = \sum_{i=1}^{n} \left(y_i - \frac{\mathrm{e}^{\beta^{\mathrm{T}} x_i}}{1 + \mathrm{e}^{\beta^{\mathrm{T}} x_i}} \right) x_i = \sum_{i=1}^{n} (y_i - p_i) x_i = 0 \tag{2.21}$$

式(2.21)是 $p+1$ 个等式, 关于待估参数 β 是非线性的。因为 x_i 的第一个分量是 1, 所以 式(2.21)的第一个等式变为 $\sum_{i=1}^{n} y_i = \sum_{i=1}^{n} p_i$, 这个等式表明, 我们期望的类别是 1 的 y 的 个数 (等式右边) 和实际观测到的类别是 1 的 y 的个数 (等式左边) 相等。

为了求出待估参数 β, 我们利用牛顿–拉夫逊 (Newton-Raphson) 算法。首先对对数 似然函数关于系数 β 求二阶偏导:

$$\frac{\partial^2 \mathcal{L}(\beta)}{\partial \beta \partial \beta^{\mathrm{T}}} = -\sum_{i=1}^{n} x_i x_i^{\mathrm{T}} p_i (1 - p_i) \tag{2.22}$$

给出一个 $\hat{\beta}^{\mathrm{old}}$, 则一步牛顿迭代为:

$$\hat{\beta}^{\text{new}} = \hat{\beta}^{\text{old}} - \left(\frac{\partial^2 \mathcal{L}(\beta)}{\partial\beta\partial\beta^{\text{T}}}\right)^{-1}\frac{\partial\mathcal{L}(\beta)}{\partial\beta} \qquad (2.23)$$

将式(2.21)和式(2.22)表示成矩阵的形式:

$$\frac{\partial\mathcal{L}(\beta)}{\partial\beta} = X^{\text{T}}(y-p)$$

$$\frac{\partial^2\mathcal{L}(\beta)}{\partial\beta\partial\beta^{\text{T}}} = -X^{\text{T}}WX$$

式中, W 是一个 $n\times n$ 阶对角矩阵, 第 i 个元素取值为 $p(x_i,\hat{\beta}^{\text{old}})(1-p(x_i,\hat{\beta}^{\text{old}}))$。将上面两式代入式(2.23), 得

$$\hat{\beta}^{\text{new}} = \hat{\beta}^{\text{old}} + (X^{\text{T}}WX)^{-1}X^{\text{T}}(y-p)$$
$$= (X^{\text{T}}WX)^{-1}X^{\text{T}}W[X\hat{\beta}^{\text{old}} + W^{-1}(y-p)]$$
$$= (X^{\text{T}}WX)^{-1}X^{\text{T}}Wz$$

式中, $z = X\hat{\beta}^{\text{old}} + W^{-1}(y-p)$。这实际上是一个加权最小二乘, z 称作调整的因变量。但 z 不是真实存在的变量, 而是在不断更新, 当 p 改变时, W 和 z 都会有一个新的值, 从而得到一个新的 $\hat{\beta}$。这个算法也称为迭代重加权最小二乘 (iteratively reweighted least squares, IRLS), 因为实际上每一步迭代都解决了这样一个加权最小二乘问题:

$$\hat{\beta}^{\text{new}} \leftarrow \arg\min_{\beta}(z-X\hat{\beta})^{\text{T}}W(z-X\hat{\beta})$$

因为对数似然函数是一个凹函数, 所以这个算法是收敛的, 这样我们就得到了 β 的估计值。关于 Logistic 回归的更多的统计理论性质, 感兴趣的读者可以参考相关书籍。

2.5.3　正则化的 Logistic 回归

对于 Logistic 回归模型的变量选择问题, 可以通过传统的逐步回归方法来解决, 也可以根据 Lasso 惩罚回归的思想, 在损失函数 (负对数似然函数式(2.24)) 中对模型系数施加 L_1 范数惩罚项, 得到 L_1 正则化 Logistic 回归模型。当用于二分类问题时, 如果采用 0–1 编码, 那么带 L_1 罚的负对数似然函数为:

$$\mathcal{L}(\beta_0,\beta) = \sum_{i=1}^{n}\left[-y_i(\beta_0+\beta^{\text{T}}x_i)+\ln(1+\mathrm{e}^{\beta_0+\beta^{\text{T}}x_i})\right] + \lambda\left(\sum_{j=1}^{p}|\beta_j|\right) \qquad (2.24)$$

与 Lasso 中一样, 这里惩罚项的 β 不包括 β_0, 对 p 个变量均进行标准化处理。Friedman 等人认为该问题的求解采用坐标下降更加有效 (Friedman et al., 2010)。在二分类问题中, 外层循环是牛顿算法, 内层循环是加权最小二乘。外层循环可以看作以当前估计值 $\{\hat{\beta}_0,\hat{\beta}\}$ 为中心, 通过一个二次函数重复迭代逼近负对数似然函数 (Lee et al., 2014)。也就是说, 由当前的 $\{\hat{\beta}_0,\hat{\beta}\}$ 得到二次逼近:

$$Q(\hat{\beta}_0, \hat{\beta}) = \sum_{i=1}^{n} w_i(z_i - \hat{\beta}_0 - \hat{\beta}^{\mathrm{T}} x_i)^2 + C$$

式中, C 是一个与 $\{\hat{\beta}_0, \hat{\beta}\}$ 无关的常量, 并且

$$z_i = \hat{\beta}_0 + \hat{\beta}^{\mathrm{T}} x_i + \frac{y_i - \hat{p}(x_i)}{\hat{p}(x_i)(1 - \hat{p}(x_i))}, \quad w_i = \hat{p}(x_i)(1 - \hat{p}(x_i))$$

这里, $\hat{p}(x_i)$ 是 $P(Y = 1 | X = x_i)$ 的当前估计值。

$$\{\hat{\beta}_0, \hat{\beta}\} = \arg\min_{\beta_0, \beta} \sum_{i=1}^{n} \left[-y_i(\beta_0 + \beta^{\mathrm{T}} x_i) + \ln(1 + \mathrm{e}^{\beta_0 + \beta^{\mathrm{T}} x_i}) \right] + \lambda \left(\sum_{j=1}^{p} |\beta_j| \right) \quad (2.25)$$

每一次外层循环都意味着求解一个加权的 Lasso 回归。一般对每个 λ, 基于当前的参数估计 $\{\hat{\beta}_0, \hat{\beta}\}$ 计算部分二次逼近值。

Python 中关于 L_1 罚的求解考虑到运算速度与大规模数据上的适用性, 采用随机平均梯度下降 (stochastic average gradient descent) 一类的方法与近点投影梯度对式(2.25)进行求解。

例 2.6 (冠心病数据案例) 本案例所用的数据为 heart.data, 样本是 462 个南非人的身体健康状况指标, 用来研究哪些因素对是否患冠心病有影响。因变量 y 为二分类变量, 代表是否患有冠心病, 自变量包括 sbp (血压)、tobacco (累计烟草量)、ldl (低密度脂蛋白胆固醇)、adiposity (肥胖)、famhist (是否有冠心病家族史)、typea (A 型表现)、obesity (过度肥胖)、alcohol (当前饮酒)、age (发病年龄)。

(1) 描述统计。

首先加载数据并查看因变量的分布情况。代码如下:

```
# -*- coding: utf-8 -*-
# 加载一些必要的库
import os
from numpy import *
from scipy import *
from pandas import *
import matplotlib.pyplot as plt
import seaborn as sns

heart=read_csv('D:/bigdataMN-ML-master/data/heart.csv',sep=',')
heart.head()
heart.loc[:,'y'].value_counts()
```

绘制变量的散点图矩阵, 代码如下, 结果见图2.26。

```
fig,axes=plt.subplots(10,10,sharex=False,sharey=False)
for i in range(10):
```

```
    for j in range(10):
        if i==j:
            sns.kdeplot(heart.iloc[:,i],shade=True,ax=axes[i,i])
            axes[i,j].set_ylabel('')
        else:
            axes[i,j].scatter(heart.iloc[:,j],heart.iloc[:,i],s=5)
            axes[i,j].tick_params(axis='both',labelsize=7,
                                  pad=0.5,length=1)
plt.show()
```

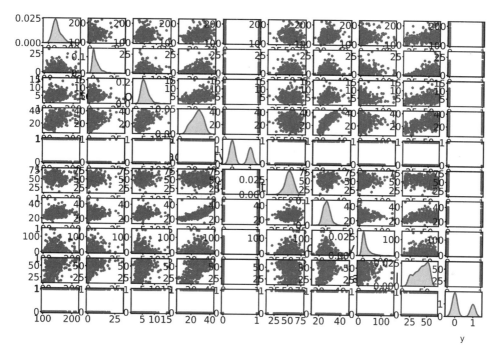

图 2.26　变量的散点图矩阵

```
from scipy.stats import chi2_contingency
contingency_table=heart.iloc[:,0].groupby([heart['y'],
                   heart['famhist']]).count().unstack()
chi2_contingency(contingency_table)[1]
```

程序运行结果显示 $p<0.05$，说明在 0.05 的显著性水平下，famhist 对 y 有显著影响。接着进行 y 与连续自变量的箱线图分析，代码如下，箱线图见图2.27。

```
fig,axes=plt.subplots(2,4,sharex=False,sharey=False)
for i in range(2):
    for j in range(4):
        temp=heart.iloc[:,[5*i+j,9]]
```

```
        temp.boxplot(by='y',ax=axes[i,j])
        axes[i,j].set_xlabel(xlabel='')
plt.show()
```

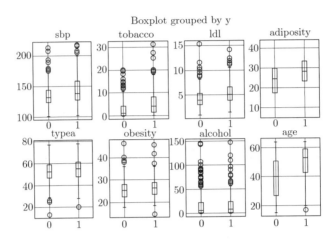

图 2.27 连续自变量与因变量的箱线图

(2) 模型分析。

我们建立三个 Logistic 回归模型，第一个使用所有自变量，第二个使用利用 AIC 准则挑选出的自变量，第三个使用利用 BIC 准则挑选出的自变量。代码如下：

```
# Logistic 回归
from time import time
from sklearn import datasets
from sklearn.svm import l1_min_c
from sklearn import linear_model
import numpy as np
import random

heart/=heart.max()
random.seed(1234)
train_index=random.sample(list(heart.index),
                          int(0.8*len(heart.index)))
test_index=list(set(list(heart.index))-set(train_index))
data_train=heart.iloc[train_index,:]
data_test=heart.iloc[test_index,:]
data_testc=data_test.copy()

X=data_train[['sbp','tobacco','ldl','adiposity',
              'famhist','typea','obesity','alcohol','age']]
y=data_train['y']
```

```
cs=l1_min_c(X,y,loss="log")*np.logspace(0,7,16)
start=time()
clf=linear_model.LogisticRegression(
    penalty="l1",
    solver="liblinear",
    tol=1e-6,
    max_iter=int(1e6),
    warm_start=True,
    intercept_scaling=10000.0,
)

coefs_=[]
for c in cs:
    clf.set_params(C=c)
    clf.fit(X,y)
    coefs_.append(clf.coef_.ravel().copy())
print("This took %0.3fs"%(time()-start))

coefs_=np.array(coefs_)
plt.figure()
plt.plot(np.log10(cs),coefs_,marker="o")
ymin,ymax=plt.ylim()
plt.xlabel("log(C)")
plt.ylabel("Coefficients")
plt.title("Logistic Regression Path")
plt.axis("tight")
plt.show()    # 见图 2.28

clf=linear_model.LogisticRegression(
    penalty="l1",
    solver="liblinear",
    tol=1e-6,
    max_iter=int(1e6),
    warm_start=True,
    intercept_scaling=10000.0,
    C=100
)
clf.fit(X,y)
clf.coef_
clf.intercept_
```

```
value=clf.predict(data_test[clf.feature_names_in_])
data_testc['logit_pred']=value
value=clf.predict_proba(data_test[clf.feature_names_in_])[:,1]
data_testc['logit_pred_prob']=value
data_testc.head()

# 基于AIC准则的Logistic回归
X=data_train[['tobacco','ldl','famhist',
             'typea','obesity','age']]
y=data_train['y']
X/=X.max()
clf.fit(X,y)
clf.coef_
clf.intercept_

data_testc['logit_aic_pred']=clf.predict(data_test[
   ['tobacco','ldl','famhist','typea','obesity','age']])
data_testc['logit_aic_pred_prob']=clf.predict_proba(data_test[
   ['tobacco','ldl','famhist','typea','obesity','age']])[:,1]
data_testc.head()

# 基于BIC准则的Logistic回归
X=data_train[['famhist','typea','age']]
y=data_train['y']
X/=X.max()

clf.fit(X, y)
clf.coef_
clf.intercept_

data_testc['logit_bic_pred']=clf.predict(
   data_test[['famhist','typea','age']])
data_testc['logit_bic_pred_prob']=clf.predict_proba(
   data_test[['famhist','typea','age']])[:,1]
data_testc.head()
```

三种回归系数的比较见表2.3。

(3) 模型比较。

下面绘制三种回归模型的 ROC 曲线、灵敏度曲线、特异度曲线以及约登曲线，代码如下：

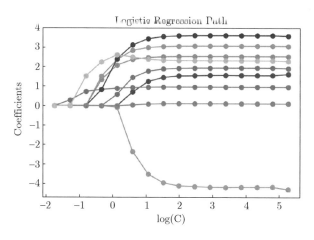

见彩图

图 2.28　L_1 罚路径图

表 2.3　三种回归系数的比较

	Logistic 回归	AIC	BIC
(Intercept)	−6.372 472 82	−5.888 977 9	−6.344 554 07
sbp	8.896 085 60e-03		
tobacco	8.123 792 54e-02	0.082 045 18	
ldl	1.999 189 29e-01	0.215 001 1	
adiposity	3.684 993 93e-02		
famhist	9.599 638 6e-01	0.931 765 55	0.892 793 58
typea	4.161 486 720e-02	0.043 094 56	0.045 002 81
obesity	−8.983 061 1e-04		
alcohol	7.657 306 11e-04		
age	3.617 078 63e-02	0.048 385 34	0.063 639 82

```
from sklearn import metrics
fpr,tpr,thresholds=metrics.roc_curve(y_true=
   data_testc['y'],y_score=data_testc['logit_pred_prob'])
fpr_aic,tpr_aic,thresholds_aic=metrics.roc_curve(y_true=
   data_testc['y'],y_score=data_testc['logit_aic_pred_prob'])
fpr_bic,tpr_bic,thresholds_bic=metrics.roc_curve(y_true=
   data_testc['y'],y_score=data_testc['logit_bic_pred_prob'])
sensitivity=tpr;specificity=1-fpr;youden=tpr-fpr
sensitivity_aic=tpr_aic;specificity_aic=1-fpr_aic;
youden_aic=tpr_aic-fpr_aic
sensitivity_bic=tpr_bic;specificity_bic=1-fpr_bic;
youden_bic=tpr_bic-fpr_bic
```

```python
# ROC 曲线
fig,axes=plt.subplots(2,2)
ax1=plt.subplot(221)
ax1.plot([0,1],[0,1])
ax1.plot(fpr,tpr,'--',label='logit')
ax1.plot(fpr_aic,tpr_aic,'-',label='logit_aic')
ax1.plot(fpr_bic,tpr_bic,':',label='logit_bic')
plt.yticks(fontsize=8)
plt.xticks(fontsize=8)

plt.legend(loc='lower right',prop={'size':8})
ax1.set_xlabel('FPR',fontsize=8)
ax1.set_ylabel('TPR',fontsize=8)
ax1.set_title('ROC Curve',fontsize=8)

# 灵敏度曲线
ax2=plt.subplot(222)
ax2.plot(thresholds,sensitivity,'--',label='logit')
ax2.plot(thresholds_aic,sensitivity_aic,'-',
        label='logit_aic')
ax2.plot(thresholds_bic,sensitivity_bic,':',
        label='logit_bic')
plt.yticks(fontsize=8)
plt.xticks(fontsize=8)

plt.legend(loc='upper right',prop={'size':8})
ax2.set_xlabel('Critical Value',fontsize=8);
ax2.set_ylabel('Sensitivity',fontsize=8);
ax2.set_title('Sensitivity',fontsize=8)

# 特异度曲线
ax3=plt.subplot(223)
ax3.plot(thresholds,specificity,'--',label='logit')
ax3.plot(thresholds_aic,specificity_aic,'-',
        label='logit_aic')
ax3.plot(thresholds_bic,specificity_bic,':',
        label='logit_bic')
plt.yticks(fontsize=8)
plt.xticks(fontsize=8)

plt.legend(loc='lower right',prop={'size':8})
```

```
ax3.set_ylabel('Critical Value',fontsize=0);
ax3.set_ylabel('Specificity',fontsize=8);
ax3.set_title('Specificity',fontsize=8)

# 约登曲线
ax4=plt.subplot(224)
ax4.plot(thresholds,youden,'--',label='logit')
ax4.plot(thresholds_aic,youden_aic,'-',label='logit_aic')
ax4.plot(thresholds_bic,youden_bic,':',label='logit_bic')
plt.yticks(fontsize=8)
plt.xticks(fontsize=8)

plt.legend(loc='upper right',prop={'size':8})
ax4.set_xlabel('Critical Value',fontsize=8);
ax4.set_ylabel('Youden',fontsize=8);
ax4.set_title('Youden',fontsize=8)
plt.show()
```

最终模型比较见图2.29。

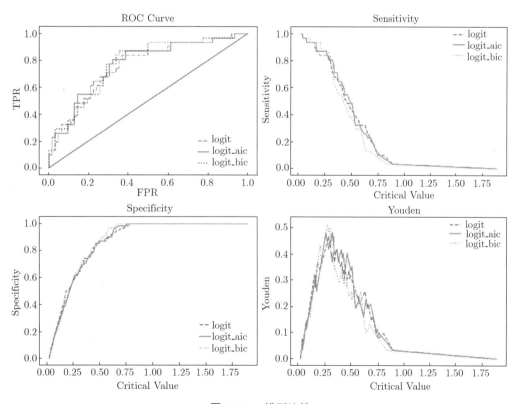

图 2.29 模型比较

下面使用 Logistic-AIC 模型进行建模, 并通过最大化约登指数来寻找最优参数, 得到最优模型, 最后进行预测效果测试。代码如下:

```
youden_aic
max(youden_aic)
loc_best=np.where(youden_aic==max(youden_aic))[0][0]
youden_aic[loc_best]
tpr_aic[loc_best]
fpr_aic[loc_best]
thresholds_best=thresholds_aic[loc_best]
data_testc['logit_aic_best_pred']=0
data_testc['logit_aic_best_pred'][
    data_testc['logit_aic_pred_prob']>=thresholds_best]=1

# 混淆矩阵
data_testc.iloc[:,0].groupby([data_testc[
    'logit_aic_best_pred'],data_testc['y']]).count().unstack()
```

最优模型预测结果见表2.4, 得到 TPR = 0.871, FPR = 0.387, 正确率 R = 0.699。

表 **2.4**　**Logistic** 回归模型预测结果

y 预测值	y 实际值		行和
	0	1	
0	62	13	75
1	3	15	18
列和	65	28	93

我们也可以使用上述函数建立带 L_1 或 L_2 罚函数的 Logistic 回归模型, 只需要在 "LogisticRegression(penalty="l1", C=100, tol=1e-6)" 中调整罚函数 "penalty" 和惩罚力度 "C" (C 越小, 惩罚越严厉) 即可。

第3章

模型评价与选择

一个学习模型的泛化 (推广) 能力也就是它对一个独立测试集的预测准确性, 这种能力是非常重要的。评价模型在实际中的表现很重要, 可以指导如何在无数可能的备选模型中选择一个优秀的模型。本章介绍与此相关的非常重要的模型评价和模型选择。3.1 节介绍基本概念, 包括各种误差的定义以及偏差–方差分解。3.2 节介绍理论方法, 包括 Cp 统计量、AIC 准则和 BIC 准则。3.3 节介绍数据重利用的交叉验证法。

3.1　基本概念

3.1.1　各种误差的定义

首先考虑回归问题, 训练集 T 包括输入向量 X 和连续型因变量 Y。拟合训练集 T 得到模型 $\hat{f}(X)$。那么如何评价不同回归模型的优劣呢? 我们从下面这些概念入手。

- 损失函数 (loss function): 用来衡量预测的准确性, 例如 $L(Y, \hat{f}(X)) = (Y - \hat{f}(X))^2$ 或 $|Y - \hat{f}(X)|$。

- 测试误差 (test error): 也叫作泛化误差 (generalization error), 定义为 $\mathrm{Err}_T = E[L(Y, \hat{f}(X))|T]$。这是一个条件期望, 是给定训练集 T 之后, 对 (X, Y) 的联合分布取期望。

- 期望预测误差/期望测试误差 (expected prediction error/expected test error): 定义为 $\mathrm{Err} = E[L(Y, \hat{f}(X))] = E[\mathrm{Err}_T]$, 这个期望对所有随机性 (包括由特定训练集拟合模型带来的随机性) 取平均。值得注意的是, 这两个量都是体现模型预测能力的指标, 是未知的常数, 也可称为数字特征。我们要通过对它们进行准确的估计来实现模型的评价和选择。

- 训练误差 (training error): 是训练样本点损失的平均, 定义为 $\overline{\mathrm{err}} = \dfrac{1}{n}\sum_{i=1}^{n} L(y_i, \hat{f}(x_i))$。

这是一个统计量, 有了训练数据的观测值 (或称实现值) 后, 可以计算得到具体数值。通过后面的叙述, 我们将知道它不是 Err_T 和 Err 的好的估计值。

当模型变得越来越复杂时 (比如线性回归增加自变量个数, 或者由线性模型变为非线性模型), 模型可以利用更多的训练数据信息, 训练误差随着模型复杂度的增加一直减小, 通常可以降到零 (最后的模型就是逐点拟合), 如图3.1下方曲线所示 (注: 图形纵坐标"预测误差"为泛指, 根据不同情况, 代表各种特定的误差)。因此训练误差并不是期望测试误差很好的估计。模型的测试误差如图3.1上方曲线所示, 通常在模型过于简单时, 测试误差偏高, 模型欠拟合。随着模型复杂度增加, 测试误差先下降后升高 (此时模型过拟合), 不论是欠拟合还是过拟合, 模型推广预测的能力都很差。因此存在一个中等复杂度的最优模型使得期望测试误差达到最小, 我们的目标就是找到这个最优模型。

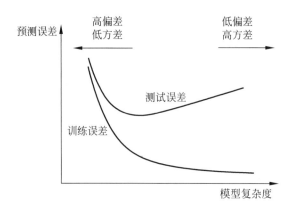

图 3.1　模型复杂度与模型的预测误差

对于分类问题, 情况是一样的。因变量 $Y \in \{1, 2, \cdots, K\}$。通常我们拟合一个概率 $p_k(X) = \Pr(Y = k|X)$ $(k = 1, 2, \cdots, K)$, 最终的预测值 $\hat{Y}(X) = \arg\max_k \hat{p}_k(X)$。常用的损失函数有:

- 0–1 损失: $L(Y, \hat{Y}(X)) = I(Y \neq \hat{Y}(X))$。
- 负对数似然损失: $L(Y, \hat{p}(X)) = -2\sum_{k=1}^{K} I(Y = k) \log \hat{p}_k(X)$。该式右端又称为离差, 它等于 -2 乘以对数似然函数。

测试误差与回归问题相同, 定义为 $\mathrm{Err}_T = E[L(Y, \hat{Y}(X))|T]$, 训练误差是 $\overline{\mathrm{err}} = -\frac{2}{n}\sum_{i=1}^{n} \log \hat{p}_{y_i}(x_i)$。任何分布的负对数似然函数都可以看作损失函数。有时在前面乘以 2, 是为了使得正态分布的该种损失和平方损失相同。

本章主要介绍一些估计模型期望预测误差的方法, 通常我们的模型有一个调节参数或者系数 α, 所以把模型写成 $\hat{f}_\alpha(x)$。调节参数的大小控制着模型的复杂度, 我们希望选取合适的 α, 从而最小化误差。需要强调的是, 我们有以下两个目的:

- 模型评价: 对于已选择的模型, 估计它在新的数据集上的泛化误差。
- 模型选择: 估计不同模型的表现, 从中选择最好的模型。

如果数据量很大, 最好的办法是把数据集随机分成三部分, 即训练集、验证集、测试集。训练集用于拟合模型, 验证集用于估计预测误差和模型选择, 测试集用于评价选中的模型的泛化误差。测试集应该只在最后的模型评价阶段使用。通常这三部分数据集的数据比例设定为 2 : 1 : 1。实际上, 我们很难判断有多少样本量的训练集是合适的, 因为这与要研究的问题的信噪比以及所拟合模型的复杂度有关。3.2 节和 3.3 节介绍的方法的作用近似验证集, 或者是采用理论方法 (Cp, AIC, BIC), 或者是采用交叉验证法或者自助法。在此之前, 我们先介绍重要的偏差–方差分解的概念。

3.1.2 偏差–方差分解

假定 $Y = f(X) + \varepsilon$, 其中, $E(\varepsilon) = 0$, $\mathrm{Var}(\varepsilon) = \sigma_\varepsilon^2$。这里我们假定 $f(X)$ 是一个未知但确定的函数, 因此在 $X = x_0$ 点, $f(x_0)$ 是一个未知常数。我们通过训练数据对它的估计是 $\hat{f}(x_0)$, 这是一个统计量, 它有抽样分布。如果我们可以得到多次样本数据 (多个实现值), 则可以有多个 $\hat{f}(x_0)$ 的估计值。因此我们对 $\hat{f}(x_0)$ 的评价是计算它的理论期望值 $E(\hat{f}(x_0))$ 与真值 $f(x_0)$ 的差异 (偏差), 以及 $\hat{f}(x_0)$ 的方差。可以得到 $\hat{f}(X)$ 在 $X = x_0$ 点的期望预测误差 (平方损失下):

$$\mathrm{Err}(x_0) = E[(Y - \hat{f}(x_0))^2 | X = x_0]$$

$$= [E(\hat{f}(x_0)) - f(x_0)]^2 + E[\hat{f}(x_0) - E(\hat{f}(x_0))]^2 + \sigma_\varepsilon^2$$

$$= \mathrm{Bias}^2(\hat{f}(x_0)) + \mathrm{Var}(\hat{f}(x_0)) + \sigma_\varepsilon^2$$

式中, 等号右侧第一项是偏差的平方, 偏差是指估计值的平均 $E(\hat{f}(x_0))$ 与真值 $f(x_0)$ 的差异; 第二项是估计值 $\hat{f}(x_0)$ 的方差; 最后一项是目标值围绕其真值 $f(x_0)$ 的方差, 这是不能避免的, 不论我们用什么函数估计 $f(x_0)$。

通常模型越复杂, 偏差越小, 方差越大, 如图3.1所示。图3.2给出了模型复杂度与模型偏差、方差的进一步解释。图3.2中各条曲线分别表示的是:

- 黑色二次曲线是真实的 $f(x)$。
- 黑色圆圈是一次数据的实现值。
- 黑色实线是线性回归模型的拟合直线。

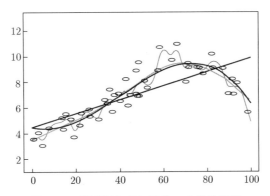

图 3.2　模型复杂度与偏差、方差的解释

- 波动较小的浅色曲线是使用二次曲线拟合数据的结果。
- 有很多波峰和波谷的浅色曲线是五次拟合模型。

二次曲线拟合是无偏估计。也就是说，如果我们有多次数据的实现值，那么每次估计得到的二次曲线都围绕真实的黑色曲线波动，没有系统偏差。但是因为通常我们不知道真实模型，如果使用线性回归模型（复杂度低的模型）拟合数据，图3.2中黑色的直线就是得到的拟合模型。设想我们有多次数据的实现值，因为线性回归模型较简单，只能是直线形式，对训练数据的波动不会很敏感，所以拟合的直线与图中的黑色直线不会有太大差别，也就是说，它的方差比较小，但是它的均值与黑色真实二次曲线的距离较大，即偏差较大。如果使用复杂的模型来拟合这个数据，图中有很多波峰和波谷的浅色曲线就是拟合模型。设想我们有多次数据的实现值，因为模型较复杂，对训练数据的波动很敏感，所以拟合的曲线与图中有很多波峰和波谷的浅色曲线会有较大的差别，也就是说，它的方差比较大，但是它的均值与黑色真实二次曲线的距离较小，即偏差较小。

图3.3从另一个角度阐述了模型复杂度与偏差、方差的关系。图中左侧大圆的圆心代表真实值，大圆的半径代表总体分布的方差，因此实现值是大圆内右上角这个点。图中黑色曲线及其右侧的区域代表模型空间，曲线上与实现值距离最近的点表示拟合实现值得到的估计模型（最优拟合 (closest fit)）。曲线上与真实值距离最近的这个点表示估计模型的期望，也可以说是总体上的最优拟合 (closest fit in population)，这两个点（真实值与总体上的最优拟合）之间的差距就是模型偏差 (model bias)。如果再有一个实现值，那么拟合模型会是黑色曲线上与这个实现值最近的点，因此拟合模型的方差用图中虚线大圆表示。如果我们约束拟合模型的空间使其更简约一些，用图中浅色曲线及其右侧的区域表示，则浅色曲线与实现值距离最近的点是拟合模型，称为压缩估计。与真实值最近的点是总体上的最优拟合，两个总体上的最优拟合（大的深色模型空间与小的浅色模型空间上的两个拟合值）的差称为估计偏差。可以看出，模型简约后，偏差增大，但是方差会减小（图中虚线小圆的半径），所以在均方误差（偏差平方加方差）的准则下，需要寻找一个复杂度适中的模型。

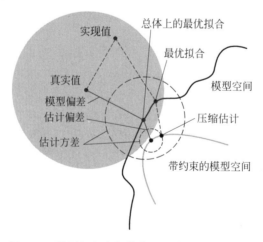

图 3.3　模型复杂度与偏差、方差的另一种解释

3.2　理论方法

3.2.1　Cp 统计量

特别需要强调的是, 讨论误差的估计有时候会引起混淆, 我们必须弄清楚哪个量是固定的 (给定哪些变量的条件期望), 哪个量是变化的 (对哪个分布取期望)。Err_T 可以看作样本外误差, 因为测试样本的输入变量不需要和训练样本的取值一致。讨论训练误差的乐观度 (optimism) 时, 我们关心的是样本内误差。

1. 样本内误差

样本内误差定义为:

$$\mathrm{Err}_{\mathrm{in}} = \frac{1}{n}\sum_{i=1}^{n} E_{Y^0}[L(Y_i^0, \hat{f}(x_i))|T]$$

式中, Y_i^0 表示观测到的 n 个新的因变量的取值, 其对应的自变量的取值还是原来训练样本的 x_i。通常样本内误差并不是我们真正关心的量, 因为未来新的观测不一定和训练样本有相同的自变量值。但是为了模型的比较和选择, 我们关心的是相对的取值, 所以样本内误差可以看作一个非常好的评价标准。

2. 乐观度

我们定义乐观度为 $\mathrm{Err}_{\mathrm{in}}$ 和训练误差 $\overline{\mathrm{err}}$ 的差:

$$op = \mathrm{Err}_{\mathrm{in}} - \overline{\mathrm{err}}$$

式中, op 是大于零的, 因为通常训练误差是低估的。

3. 平均乐观度

乐观度的期望称为平均乐观度。定义为:

$$\omega \equiv E_y(op)$$

因为训练样本的输入变量是固定的, 这里的期望是关于所有可能的 Y 的取值的, 所以我们使用 E_y 而不是 E_T。通常只能估计期望误差 ω 而不是 op, 就像我们通常是估计期望测试误差 Err 而不是测试误差 Err_T。关于这一点, 有兴趣的读者可以参考Hastie et al. (2008), 阅读更多相关的讨论。对于平方损失和 0–1 损失以及其他损失, ω 的一般表达式可以写为:

$$\omega = \frac{2}{n}\sum_{i=1}^{n}\mathrm{Cov}(\hat{Y}_i, y_i)$$

因此, $\overline{\mathrm{err}}$ 低估样本内误差的程度取决于 y_i 和它的预测值 $\hat{Y}_i$ 的相关程度。模型拟合越充分, y_i 和它的预测值 $\hat{Y}_i$ 的相关程度就越大, 乐观度的值也就越大。因此, 我们得到以下重要公式:

$$E_y(\mathrm{Err}_{\mathrm{in}}) = E_y(\overline{\mathrm{err}}) + \frac{2}{n}\sum_{i=1}^{n}\mathrm{Cov}(\hat{Y}_i, y_i)$$

因此, 估计 Err_{in} 需要先估计 ω, 然后加上 $\overline{\text{err}}$。本节介绍的 Cp, AIC, BIC 都采用这样的思路。下一节介绍的交叉验证法和自助法则是直接估计样本外误差。

如果线性回归模型含有 p 个自变量, 可得

$$\sum_{i=1}^{n} \text{Cov}(\hat{Y}_i, y_i) = p\sigma_\varepsilon^2$$

通过前面的叙述可以看出, 样本内误差估计的一般公式为:

$$\hat{\text{Err}}_{\text{in}} = \overline{\text{err}} + \hat{\omega}$$

使用这个公式对平方损失拟合有 p 个自变量的模型, 定义 Cp 统计量为:

$$\text{Cp} = \overline{\text{err}} + \frac{2p}{n}\hat{\sigma}_\varepsilon^2$$

式中, $\hat{\sigma}_\varepsilon^2$ 是随机误差项方差的估计。使用这个方法, 我们实际上是在调整训练误差对真实误差的低估, 增加的值 (上式右侧第二项) 与拟合模型的复杂度 (变量个数) 成正比。在模型选择时, Cp 统计量取值越小越好。

3.2.2　AIC 准则

AIC 与 Cp 近似但应用更为广泛, 它基于负对数似然损失, 一般公式是:

$$\text{AIC} = -2\log L(\hat{\theta}) + 2p \tag{3.1}$$

与 Cp 相比, 上式等号右边第一项是负对数似然损失, 第二项是对模型参数个数 (模型复杂度) 的惩罚。实际应用时, 选择 AIC 取值最小的模型。它的推导是从 KL 距离的角度考虑的, 接下来我们详细介绍。

KL 距离是 Kullback-Leibler 差异 (Kullback-Leibler divergence) 的简称, 也叫作相对熵 (relative entropy)。它衡量的是相同事件空间里两个概率分布的差异情况。对于连续型随机变量, 其概率分布 P 和 Q 的 KL 距离为:

$$D_{\text{KL}}(P \parallel Q) = \int_\omega P(x) \log \frac{P(x)}{Q(x)} \mathrm{d}x$$

对于离散型随机变量, 其概率分布 P 和 Q 的 KL 距离为:

$$D_{\text{KL}}(P \parallel Q) = \sum_i P(i) \log \frac{P(i)}{Q(i)}$$

KL 距离的值非负, 当且仅当 $P = Q$ 时, $D_{\text{KL}}(P \parallel Q) = 0$。因此可以用 $D_{\text{KL}}(P \parallel Q)$ 来度量概率分布 Q 与 P 之间的差异。

假设 $P(x)$ 是真实的分布, $Q(x)$ 是它的估计, 取值空间为一些可接受的分布集合 Z。

$$\begin{aligned} D_{\text{KL}}(P \parallel Q) &= \int_\omega P(x) \log \frac{P(x)}{Q(x)} \mathrm{d}x \\ &= \int_\omega P(x) \log P(x) \mathrm{d}x - \int_\omega P(x) \log Q(x) \mathrm{d}x \end{aligned}$$

因此最好的估计会使上式右边第二项取值最大化, 满足

$$\max_{Q \in Z} E[\log Q(x)]$$

如果用最大似然估计量 $\hat\theta$ 来估计分布 $Q(x)$ 的参数 θ，当样本量足够大时，上式近似为：

$$\log L(\hat\theta) - p$$

式中，L 是似然函数；$\hat\theta$ 是参数 θ 的最大似然估计量；p 是估计的参数个数。因此在评价估计概率分布 Q 的好坏时，可以直接利用 $\log L(\hat\theta) - p$ 来进行分析。它的取值越大越好，乘以 -2 可得到评价标准 AIC (见式 (3.1))。使用 AIC 选择模型时，选择取值最小的那个，对于非线性或者更复杂的模型，要用衡量模型复杂度的值代替 p。

3.2.3 BIC 准则

BIC 与 AIC 相似，都是用于最大化似然函数的拟合。BIC 的一般公式为：

$$\text{BIC} = -2\log L(\hat\theta) + p\log n \tag{3.2}$$

式中，L 是似然函数，$\hat\theta$ 是参数 θ 的最大似然估计量，p 是参数个数。BIC 统计量乘以 $1/2$ 也叫作施瓦茨准则。

可以看出，BIC 与 AIC 非常类似，只是把 AIC 中的 2 换成了 $\log n$。当 $n > e^2 = 7.4$ 时，BIC 对复杂模型的惩罚更大，更倾向于选取简单的模型。尽管与 AIC 形式相似，但 BIC 是从贝叶斯的角度推导出来的。假定有一个模型的候选集 M_m $(m = 1, 2, \cdots, M)$，对应的参数为 θ_m，我们的目标是从中挑选一个最优模型。假定每个模型参数的先验分布为 $\Pr(\theta_m|M_m)$，则后验分布为：

$$\Pr(M_m|Z) \propto \Pr(M_m)\Pr(Z|M_m)$$
$$\propto \Pr(M_m)\int \Pr(Z|\theta_m, M_m)\Pr(\theta_m|M_m)\mathrm{d}\theta_m$$

式中，Z 是训练集数据 $\{x_i, y_i\}_1^n$。比较两个模型 M_m 和 M_l，我们得到后验概率的比：

$$\frac{\Pr(M_m|Z)}{\Pr(M_l|Z)} = \frac{\Pr(M_m)}{\Pr(M_l)}\frac{\Pr(Z|M_m)}{\Pr(Z|M_l)}$$

如果这个比值大于 1，我们就选择模型 m，否则选择模型 l。最右侧的比值

$$\text{BF}(Z) = \frac{\Pr(Z|M_m)}{\Pr(Z|M_l)}$$

称作贝叶斯因子。

通常我们假定先验分布是均匀分布，因此 $\Pr(M_m)$ 是常数。我们需要估计 $\Pr(Z|M_m)$。由拉普拉斯近似可以得到：

$$\log\Pr(Z|M_m) = \log\Pr(Z|\hat\theta_m, M_m) - \frac{p_m}{2}\log n + O(1)$$

式中，$\hat\theta_m$ 是最大似然估计，是 p_m 模型的参数个数。上式乘以 -2 得到式 (3.2) 的 BIC。因此选择最小 BIC 值的模型等价于选择最大后验概率的模型。如果我们计算了每个模型的 BIC 值，则第 m 个模型的后验概率为：

$$\frac{e^{-\frac{1}{2}\text{BIC}_m}}{\sum_{l=1}^{M} e^{-\frac{1}{2}\text{BIC}_l}}$$

这样我们不只得到了最优模型，而且得到了每个模型的相对重要性。

3.3 交叉验证法

估计预测误差最常用、最简单的方法是交叉验证法。这一方法直接估计的是期望样本外误差。交叉验证法的思路是使用一部分数据作为训练集建立模型，留下另外的数据测试模型的表现。比如，将数据 K 等分 (或近似 K 等分)，对于 $k = 1, 2, \cdots, K$，留出第 k 份数据，使用另外的 $K - 1$ 份数据建立模型，用 $\hat{f}^{-k}(x)$ 表示。然后应用建立好的模型测试它在预留的第 k 份数据上的表现。交叉验证的预测误差为：

$$\mathrm{CV}(\hat{f}) = \frac{1}{n} \sum_{i=1}^{n} L(y_i, \hat{f}^{-k(i)}(x_i))$$

对于使用 α 作为索引变量的一组模型 $f(x, \alpha)$，用 $\hat{f}^{-k}(x, \alpha)$ 表示留出第 k 份数据之后建立的模型，定义

$$\mathrm{CV}(\hat{f}, \alpha) = \frac{1}{n} \sum_{i=1}^{n} L(y_i, \hat{f}^{-k(i)}(x_i, \alpha))$$

是测试误差的估计，我们可以选择使得这个误差最小的 $\hat{\alpha}$ 作为 α 的估计。我们最终选择的模型是 $\hat{f}(x, \hat{\alpha})$，之后还需要使用全部数据再估计一次模型的其他参数来作为最终的模型估计。

怎样确定 K 呢? 当 $K = n$ 时，就是留一交叉验证。但此时模型的估计会有问题，因为我们建立的 n 个训练模型使用的样本相似度太高，并且一共建立了 n 个模型，计算成本很高。因此通常使用 $K = 5$ 或 10。

正确使用交叉验证法非常重要。对于一个回归或者分类问题，我们可能会按以下步骤进行分析:

(1) 变量初步筛选: 使用全部数据，从 p (通常 p 比较大) 个自变量中挑选出 m (m 较小) 个与因变量最相关的变量。

(2) 使用挑选出来的 m 个变量建立预测模型。

(3) 使用交叉验证法估计调节参数和模型的预测误差。

实际结果表明这不是一种正确的分析方法，Hastie et al. (2008) 使用模拟的方法证明了这样操作会大大低估测试误差。问题出在哪里呢? 原因是挑选出来的 m 个变量有了不公平的优势——在第 (1) 步挑选变量时是使用全部数据挑选的。挑选完变量之后再留出样本进行交叉验证有悖测试样本需要完全独立于训练样本的原则。正确使用交叉验证法的步骤应该是:

(1) 随机将数据分成 K 份。

(2) 对于 $k = 1, 2, \cdots, K$:

① 使用除了第 k 份以外的数据挑选与因变量最相关的 m 个变量;

② 使用除了第 k 份以外的数据以及挑选出来的 m 个变量建立模型;

③ 使用上一步建立的模型测试它在第 k 份数据上的表现。

上述③在所有 K 个模型上的平均误差是交叉验证的最终误差。总的来讲，在一个多步骤建模过程中，交叉验证必须应用于建模的每个步骤。

例 3.1 (模拟数据交叉验证例 1)　本例是为了说明交叉验证的正确使用方法。随机

生成一组数据, 样本量为 50。响应变量为取值 0 或 1 的一分类变量, 其中一半是 0, 另一半是 1。同时生成 5 000 个服从标准正态分布的连续型随机变量作为解释变量, 解释变量之间以及解释变量与响应变量之间是相互独立的, 相关系数为 0。在这个问题中, 使用任一分类器得到的真实测试误差应为 50%。

(1) 生成数据。首先生成自变量和因变量。代码如下:

```python
import random
import numpy as np
import matplotlib.pyplot as plt
from sklearn.neighbors import KNeighborsClassifier


nq=5000
Q=np.empty((50,nq))
for i in range(50):
    for j in range(nq):
        Q[i,j]=random.gauss(0,1)
N1=np.zeros(25)
N2=np.ones(25)
N=np.hstack((N1,N2))
random.shuffle(N)    # 打乱数组或列表
```

(2) 交叉验证。首先使用全部数据从这 5 000 个解释变量中挑选出 100 个与响应变量最相关的变量, 利用交叉验证法将全部样本随机排列并分成 5 折, 其中 1 折数据作为测试集, 剩余数据作为训练集建立 1 最近邻分类器 [1], 然后计算交叉验证得到的误差, 整个过程模拟 50 次, 最终得到交叉验证的平均误差。最后从全部数据中随机选择 10 个, 计算其响应变量与预先挑选的 100 个解释变量的相关系数。代码如下:

```python
b=np.empty(nq)
nc=100
for i in range(nq):
    b[i]=np.corrcoef(N,Q[:,i])[0,1]
Index=np.argsort(-b)[:nc]    # -b 表示降序排列
vnames=['V'+str(i) for i in np.arange(2,102)]
nnames=['N']+vnames
mydata=np.hstack((np.array([N]).T,Q[:,Index]))
N=mydata[:,0]
tt=np.arange(50).reshape((5,10))
cv_error=np.zeros(50)
cv_true=np.zeros(5)
```

---

① K 最近邻 (KNN) 方法是最简单的预测方法, 既可以用于分类问题, 又可以用于回归问题。我们认为与一个点距离最近的 K 个点是这个点的近邻 (计算距离时只利用协变量 X 的信息)。对这个点的目标变量 Y 的预测为它的 K 个近邻类别的众数 (分类问题) 或因变量的平均 (回归问题)。本例中选取 $K = 1$, 通常 K 可以通过交叉验证法来选择。

```
final_cv=np.zeros(50)
final_corr=np.zeros((nc,5,50))
rowIndex=np.arange(len(mydata))
for t in range(50):
    random.shuffle(rowIndex)
    mydata=mydata[rowIndex,:]
    for j in range(5):
        test_row=np.zeros(len(mydata),dtype=bool)
        test_row[tt[j,:]]=1
        train=mydata[~test_row,1:]
        test=mydata[test_row,1:]
        testN=mydata[test_row,0]
        knn=KNeighborsClassifier(n_neighbors=1)
        knn.fit(train,mydata[~test_row,0])
        knn_pred=knn.predict(test)
        cv_true[j]=np.mean(knn_pred==testN)
        for k in range(nc):
            final_corr[k,j,t]=np.corrcoef(testN,test[:,k])[0,1]
    final_cv[t]=np.mean(cv_true)


1-np.mean(final_cv)     # 0.028000000000000025
np.mean(final_corr)     # 0.33660313986593321
a,b,c=final_corr.shape
ax=plt.figure()
plt.hist(final_corr.reshape((a*b*c)),color='c',edgecolor='k')
plt.ylabel('Frequency')
plt.xlabel('Correlations of Selected Predictors with Outcome')
plt.title('Wrong way')
plt.show()                    # 见图 3.4
```

从上述输出结果可以看出，利用交叉验证得到的平均误差仅为 2.8%，远低于真实误差 50%；而从图3.4以及输出结果可以看出，解释变量和响应变量的平均相关系数为 0.336 6，远高于真实值 0。这说明，进行交叉验证时，要采用正确的方法选取变量，否则会高估分类器的预测效果。下面展示用正确方法选取变量得到的结果。代码如下：

```
mydata=np.hstack(((np.array([N]).T,Q)))
N=mydata[:,0]
tt=np.arange(50).reshape((5,10))
cv_error=np.zeros(50)
cv_true=np.zeros(5)
final_cv=np.zeros(50)
final_corr=np.zeros((nc,5,50))
```

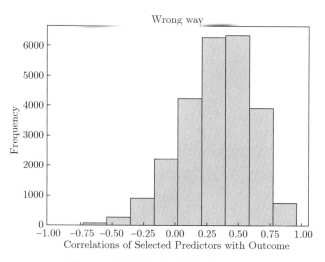

图 3.4　采用错误方法进行交叉验证

```
rowIndex=np.arange(len(mydata))
for t in range(50):
    random.shuffle(rowIndex)
    mydata=mydata[rowIndex,:]
    for j in range(5):
        test_row=np.zeros(len(mydata),dtype=bool)
        test_row[tt[j,:]]=1
        b=np.empty(nq)
        for i in range(nq):
            b[i]=np.corrcoef(mydata[~test_row,0],
                    mydata[~test_row,i+1])[0,1]
            Index=np.argsort(-b)[:nc]
            train=mydata[~test_row,1:][:,Index]
            test=mydata[test_row,1:][:,Index]
            testN=mydata[test_row,0]
            knn=KNeighborsClassifier(n_neighbors=1)
            knn.fit(train,mydata[~test_row,0])
            knn_pred=knn.predict(test)
            cv_true[j]=np.mean(knn_pred==testN)
            for k in range(nc):
                final_corr[k,j,t]=np.corrcoef(testN,test[:,k])[0,1]
    final_cv[t]=np.mean(cv_true)

1-np.mean(final_cv)    # 0.46879999999999999
np.mean(final_corr)    # 0.0098115502614143073
a,b,c=final_corr.shape
plt.figure()
```

```
plt.hist(final_corr.reshape((a*b*c)),color='c',edgecolor='k')
plt.ylabel('Frequency')
plt.xlabel('Correlations of Selected Predictors with Outcome')
plt.title('Right way')
plt.show()    # 见图 3.5
```

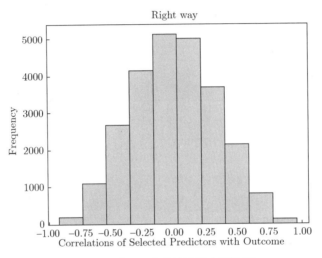

图 3.5　采用正确方法进行交叉验证

　　输出结果显示, 通过正确方法获得的交叉验证平均误差为 46.88%, 接近真实误差 50%; 从图 3.5 以及输出结果可以看出, 解释变量与响应变量之间的平均相关系数仅有 0.009 8, 接近真实值 0。由此可以看出, 只有通过正确的方法划分数据集以及选取解释变量, 才能得到真实的结果。

　　交叉验证可能存在的问题是因训练集数量减少而引起偏差。图3.6给出了一种理论的假想情况, 用于讨论训练集样本量与模型准确性之间的关系。模型的表现随着样本量的增加而变好, 当样本量达到 100 时, 模型已经很好; 当样本量增加到 200 时, 模型的改善有限。如果样本量是 200, 那么使用 5 折交叉验证, 每次建模的样本量是 160, 可以看到模型的效果和全数据差不多, 交叉验证法不会带来太大的偏差。但是如果只有 50 个

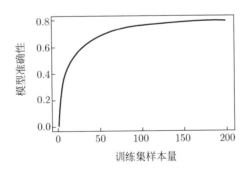

图 3.6　训练集样本量与模型准确性的关系示意图

样本点, 5 折交叉验证使用 40 个数据建模, 则估计的准确性会降低, 模型偏差会增大。但问题是在实际数据分析中, 我们并不知道用多大的样本量拟合模型是充分的, 因此较难评估交叉验证法是否由于少使用样本而导致估计准确性降低。

例 3.2 (模拟数据交叉验证例 2) 在此我们展示如何使用 Python 自带的交叉验证功能进行试验。本例生成含有 20 个样本的数据集, 每个样本的自变量是二值变量, 取值为 Yes 或 No, 其中一半是 Yes, 一半是 No; 自变量由 500 个相互独立的标准正态分布样本组成, 并且自变量与因变量是独立的。

(1) 生成数据。代码如下:

```
from sklearn.tree import DecisionTreeClassifier
from sklearn.model_selection import cross_val_score
nq=500
Q=np.empty((20,nq))
for i in range(20):
    for j in range(nq):
        Q[i,j]=random.gauss(0,1)
N1=['No']*10
N2=['Yes']*10
N=N1+N2
random.shuffle(N)    # 打乱数组或列表
```

(2) 进行模拟。在整个数据集上, 每次只使用一列数据建立决策树[①], 对每个决策树进行 5 折交叉验证, 并从中选出分类效果最好的决策树, 查看最优决策树对新生成的 50 个模拟数据集的检验效果。代码如下:

```
cv_scores=[]
for i in range(nq):
    clf=DecisionTreeClassifier(random_state=14)
    clf.fit(Q[:,i].reshape(20,1),N)
    cv_scores.append(np.mean(cross_val_score(clf,Q[:,i].reshape(20,1),
                    N,scoring='accuracy',cv=5)))
plt.plot(cv_scores,'.')
plt.xlabel('Predictors')
plt.ylabel('Accuracy')
plt.title('Accuracy of Different Tree')
plt.show()    # 见图 3.7
```

图3.7展示了 500 棵决策树的交叉验证正确率, 可以看出, 这些决策树的正确率在 50% 两侧大体呈均匀分布。接下来随机生成另外 50 个数据集, 代入最优决策树进行预测分析。代码如下:

```
loc=np.where(cv_scores==np.max(cv_scores))[0][0]
err_test=[]
```

---

① 决策树方法参见第 4 章。

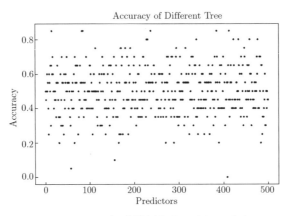

图 **3.7** 500 棵决策树的交叉验证正确率

```
for i in range(50):
    random.shuffle(N)
    clf=DecisionTreeClassifier(random_state=14)
    err_test.append(1-np.mean(cross_val_score(clf,Q[:,loc].reshape(20,1),
                    N,scoring='accuracy',cv=5)))


import seaborn as sns
sns.boxplot(err_test,orient='v')
plt.ylabel('CV Errors')
plt.title('CV Errors of Different Response Variables')
plt.show()
```

最优的决策树是使用第 364 列数据构建的决策树, 我们将随机模拟生成的 50 个新数据集代入这棵决策树, 得到交叉验证平均误差为 50% (见图3.8), 表明在训练集中通过交叉验证得到的最优结果用于与训练集无关的测试集, 得到的预测效果与随机猜测基本没有区别。

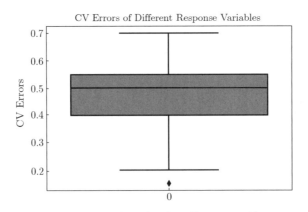

图 **3.8** 随机模拟生成新数据集的预测误差图

第4章

决策树与组合方法

本章介绍决策树以及基于决策树模型的组合方法 (Bagging、Boosting、随机森林),属于回归和分类问题的非线性方法的范畴。

4.1 决策树

4.1.1 决策树的基本知识

决策树方法最早产生于 20 世纪 60 年代, 是 Hunt 等人研究概念建模时建立的概念学习系统 (concept learning system, CLS)。70 年代末, Quinlan 提出了 ID3 算法, 引进了信息论中的有关思想, 提出了用信息增益 (information gain) 作为特征判别能力的度量, 选择属性作为决策树的节点, 并将建树的方法嵌在一个迭代的程序之中。当时他的主要目的在于减少树的深度, 却忽略了对叶子数目的研究。1984 年 Breiman 等人提出了分类和回归树 (classification and regression tree, CART) 算法。1986 年, Schlinner 提出了 ID4 算法。1988 年, Utgoff 提出了 ID5R 算法。1993 年, Quinlan 以 ID3 算法为基础, 研究出了 C4.5 算法, 新算法在预测变量的缺失值处理、剪枝技术、派生规则等方面做出了较大的改进, C5.0 是 C4.5 的商业改进版。

决策树既可以应用于分类问题, 又可以应用于回归问题, 分别称为分类树和回归树。利用决策树技术发现数据模式和规则的核心是归纳算法, 这是一种逼近离散函数值的方法, 因最终结果的图形看似一棵倒长的树而得名。建模之初, 全部数据组成一个节点, 称为根节点。决策树的建模过程就是依据某些指标寻找一个最优变量, 根据这个变量取值的某个条件, 把数据分成两个 (二叉树) 或多个 (多叉树) 纯度更高的数据子集, 依此递推, 直到预先设定的某个条件停止。不再继续分枝的节点称为决策树的叶节点。根节点和叶节点之外的节点都称作中间节点。为了防止决策树过度生长, 出现过拟合现象, 有些方法允许生成一棵较大的决策树, 再对决策树进行剪枝。接下来我们会详细介绍。

4.1.2 决策树的建模过程

对于分类问题, 假定数据 $(x_i, y_i)(i = 1, 2, \cdots, n)$ 包含 p 个输入变量和一个类别型的

因变量 $y \in \{1, 2, \cdots, K\}$, 样本量为 n。分类树的建模过程就是自动选择分枝变量以及根据这个变量进行分枝的条件。假定我们想把数据分成 M 个区域 (或称为节点), 第 m 个区域 R_m 的样本量为 n_m $(m = 1, 2, \cdots, M)$。令 $\hat{p}_{m,k} = \dfrac{1}{n_m} \sum\limits_{x_i \in R_m} I(y_i = k)$, 表示在节点 m 中第 k 类样本点的比例, 最终我们预测节点 m 的类别为 $k(m) = \arg\max\limits_{k} \hat{p}_{m,k}$, 即节点 m 中类别最多的一类。最优的分枝方案是使得 M 个节点的不纯度达到最小。衡量节点 m 不纯度 Q_m 的指标有:

- 错分率:

$$\frac{1}{n_m} \sum_{x_i \in R_m} I(y_i \neq k(m)) = 1 - \hat{p}_{m,k(m)}$$

- Gini 指数:

$$\sum_{k \neq k'} \hat{p}_{m,k} \hat{p}_{m,k'} = \sum_{k=1}^{K} \hat{p}_{m,k}(1 - \hat{p}_{m,k})$$

- 熵 (entropy):

$$-\sum_{k=1}^{K} \hat{p}_{m,k} \log \hat{p}_{m,k}$$

对于二分类情况, 如果 p 表示节点 m 包含其中一类的比例, 那么这三个指标的取值分别是 $1 - \max(p, 1-p)$, $2p(1-p)$, $-p \log p - (1-p) \log(1-p)$。图4.1给出了图示, 其中熵的取值乘以 $1/2$, 使其经过点 $(0.5, 0.5)$。这三种情况很类似, 但 Gini 指数和熵是光滑可导的, 因此经常使用。

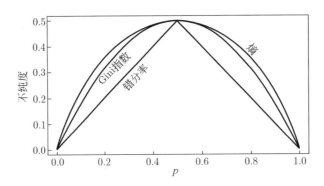

图 4.1 度量二分类节点不纯度的三个指标

如果因变量是连续型变量, 则称为回归树。这时每个节点的预测值为:

$$\hat{c}_m = \frac{1}{n_m} \sum_{x_i \in R_m} y_i$$

节点的不纯度为节点内样本的残差平方和的平均:

$$C(T) = \frac{1}{n_m} \sum_{x_i \in R_m} (y_i - \hat{c}_m)^2$$

有了节点不纯度的定义后, 为了得到 m 个最优节点, 决策树采用一种逐步寻优的策略来逼近全局最优。以二叉树为例, 从根节点开始, 首先生成最优的两个子节点, 然后生成下一层的最优子节点, 依此类推。每次生成新的子节点时, 一般选择局部不纯度下降最快的方向, 可以是信息增益下降最快的方向, 也可以是 Gini 指数下降最快的方向, 或者是错分率下降最快的方向, 等等。信息增益一般定义为该节点划分前后熵的变化量。这里用 I_T 来表示划分前的熵。如果以变量 A 对节点 T 进行划分, 划分后生成的新的节点的熵定义为:

$$I_{T,A} = \sum_{i=1}^{m} \frac{n_i}{n} I_i$$

式中, I_i 表示划分后的每个子节点的熵, n_i 表示落入该子节点的样本量。那么, 以变量 A 对节点 T 进行划分的信息增益为:

$$\text{gain}_{T,A} = I_T - I_{T,A}$$

实际上这是划分前的熵与给定变量 A 下的条件熵之差。

决策树的建模是一个迭代递归的过程, 从根节点开始, 第一次分成若干个子节点, 之后对每个子节点再次进行分枝。因此, 算法何时停止, 也就是最终的树有多少叶节点, 需要由数据来决定, 并且数据决定了模型的复杂度。通常的做法是先生成一棵最大的树 T_0, 比如说每个叶节点至少包含 5 个观测值, 然后使用代价–复杂度准则进行剪枝。下面以 CART 为例来说明剪枝的过程。

定义一棵子树 $T \subset T_0$, 可以通过对 T_0 进行剪枝得到, 也就是减去 T_0 某个中间节点的所有子节点, 使其成为 T 的叶节点。用符号 m 表示叶节点 R_m, $|T|$ 表示子树 T 的叶节点数目, n_m 表示叶节点 R_m 的样本量, 则代价–复杂度的定义为:

$$C_\alpha(T) = \sum_{m=1}^{|T|} n_m Q_m(T) + \alpha|T|$$

我们的目标是确定 α, 使得子树 T_α $(T_\alpha \subseteq T_0)$ 最小化 $C_\alpha(T)$。尽管 α 的取值是连续的, 但 T_0 的子树是取值有限的。因此, 剪枝的过程可以用具有更小终结点的有限子树序列 $T_1, T_2, T_3, \cdots$ 来表达。

对于固定的 α, 一定存在使代价–复杂度最小的唯一最优子树 T_α。因为如果增大 α, 最优子树可能会比 T_α 更小。如果减小 α, 最优子树可能会比 T_α 更大。当 $\alpha = 0$ 时, 对应的最优子树就是 T_0。当 $\alpha \to +\infty$ 时, 由根节点组成的一层的树桩是最优的。

通过下面的策略来判断是否剪枝。

首先计算以该节点 (这里记为第 t 个节点) 作为叶节点的子树的代价–复杂度: $C_\alpha(T) = \sum_{m=1}^{|T|} n_m Q_m(T) + \alpha|T|$, 这里 T 表示以第 t 个节点作为叶节点的子树。然后计算该节点带有分枝子树时的代价–复杂度: $C_\alpha(T_t) = \sum_{m=1}^{|T_t|} n_m Q_m(T_t) + \alpha|T_t|$, 这里 T_t 表示第 t 个节点带有分枝子树时的子树。这里 $|T| + |\tilde{T}_t| - 1 = |T_t|$, 其中 $|\tilde{T}_t|$ 表示以第 t 个叶节点作为根节点的子树的叶节点数目。

如果:

- $C_\alpha(T) > C_\alpha(T_t)$, 则应保留子树, 此时 $\alpha < \dfrac{C(T) - C(T_t)}{|\tilde{T}_t| - 1}$;

- $C_\alpha(T) = C_\alpha(T_t)$, 则应剪掉子树, 此时 $\alpha = \dfrac{C(T) - C(T_t)}{|\tilde{T}_t| - 1}$;

- $C_\alpha(T) < C_\alpha(T_t)$, 则应剪掉子树, 此时 $\alpha > \dfrac{C(T) - C(T_t)}{|\tilde{T}_t| - 1}$。

可以看到, 调节参数 α 控制着模型对数据的拟合与模型的复杂度 (树的大小) 之间的平衡。α 取值越大, 树就越小, 模型也就越简单。得到子树序列后, 可以通过上一章介绍的交叉验证法选择最优的 α。

CART 剪枝算法（以二叉树为例）的步骤如下:

输入: CART 算法生成复杂树 T_0。

输出: 最优决策树 T_α。

(1) 设 $k = 0$, $T = T_0$。

(2) 设 $\alpha_k = +\infty$。

(3) 自下而上地对节点 t 进行计算。

$$g_k(t) = \frac{C(T) - C(T_t)}{|\tilde{T}_t| - 1}$$

$$\alpha_{k+1} = \min\{\alpha_k, g_k(t)\}$$

式中, T 表示以第 t 个节点作为叶节点的子树, T_t 表示第 t 个节点带有分枝子树时的子树, $|\tilde{T}_t|$ 表示以第 t 个叶节点作为根节点的子树的叶节点数目。

(4) 对 $g_k(t) = \alpha_{k+1}$ 的分枝进行剪枝, 并对叶节点 t 以多数表决法决定其类别, 得到树 T_{k+1}。

(5) 如果 T_{k+1} 不是由根节点及两个叶节点构成的树, 则回到步骤 (2); 否则令 $T_{k+1} = T_n$, $k = k + 1$。

(6) 采用交叉验证法在子树序列 $T_0, T_1, \cdots, T_n$ 中选取最优子树 T_α。

4.1.3　需要说明的一些问题

1. 二叉树还是多叉树

除了每次分枝只有两个子节点 (即生成二叉树) 之外, 还可以建立多叉树 (每次分枝有多个子节点)。这样做有时是有好处的, 但并不提倡, 原因是每次分枝节点过多, 容易使数据很快被分到每个节点, 没有足够的数据进行下一层的分枝, 有些变量的作用可能体现不出来。此外, 多叉树也可以通过多层的二叉树来实现。

2. 自变量的进一步处理方法

当分枝变量为类别型变量, 并且一共有 q 个水平时, 有 $2^{q-1} - 1$ 种可能将其分成两部分。如果 q 取值较大, 会使得计算量激增, 对于因变量是 0–1 二分类的情况, 计算可以简化。我们可以把预测变量的类别按照它在 1 类中的比例排序, 然后将其视为一个顺序变量, 可以证明, 在 Gini 指数或者熵的标准下, 这样做得到的结果和从 $2^{q-1}-1$ 种可能中选取的最优结果是一致的。这个结论对于连续型变量的回归树 (平方损失) 也成立, 这时类别型变量按照各类别样本的因变量的均值的增加排序。对于多分类的分类树, 这样的结论不成立。q 过大时容易使得决策树模型过拟合, 因此建议在建模之前进行预处理。

当自变量中有一些缺失数据时, 一般模型的处理方法是剔除这些观测, 或者使用均值、众数等对缺失值进行插补。对于决策树模型, 有两种特殊的处理方法。一是对于类别型自变量, 可以将缺失数据看作增加的一个类别 (比如, 性别变量有缺失, 则性别可分为三类: 男、女、未知), 这样我们可能看到缺失数据这一类别体现出的和已知类别不同的规律。另一种更一般的方法是构建替代变量 (surrogate variable)。考虑选取分枝变量时, 我们只使用没有缺失的那些观测。选择最优的分枝变量以及分枝变量的取值后, 接下来寻找一系列替代变量, 第一个替代变量是可以最好地近似最优变量的分枝效果的变量, 第二个替代变量是近似效果次之的变量, 依此类推。应用这个决策树模型时 (不论是训练集数据的回代还是测试集数据的预测), 如果这个观测在这个分枝的最优变量的取值是缺失的, 那么我们依次使用替代变量。这种方法充分利用了变量之间的相关性来减少缺失变量的影响。缺失变量与其他变量之间的相关性越高, 越可以减少因为缺失而产生的信息损失。

此外, 除了每次分枝时只选择一个变量 $X_j \leqslant s$, 也可考虑变量的线性组合 $\sum a_j X_j \leqslant s$。系数 a_j 和分枝阈值 s 可以通过最小化相关标准得到。这样做可以提高模型的预测能力, 但是降低了模型的可解释性, 增加了计算难度。

3. 其他决策树算法

上面叙述更多的是 CART 模型。其他比较有名的决策树模型还包括 ID3 及其以后的版本 C4.5 和 C5.0。这些方法开始只适用于类别型解释变量, 从上向下建立决策树, 不进行剪枝。现在 C5.0 和 CART 非常相似。C5.0 一个独有的特征是: 它侧重于产生一系列规则集, 决策树生成后, 每个叶节点的分枝规则可以简化 (甚至可能不是树形结构), 对于使用者来讲比较方便。

4. 决策树的一些问题

决策树模型的最大问题是方差很大, 不稳定。数据很小的扰动或变动会得到完全不同的分枝结果, 有可能是完全不同的决策树, 使得模型的解释产生问题。产生这种不稳定性的主要原因是决策树建立过程中层次迭代的贪婪方法, 通常不太容易消除。接下来要介绍的组合算法通过组合多棵决策树来降低方差。

决策树的另一个问题是预测曲面是不平滑的。对于 0–1 二分类的分类树, 这个问题还不算严重, 但是对于回归树, 我们可能认为真实的预测函数是光滑的。多元自适应回归样条可以解决这个问题。

从变量选择的角度来看, 决策树每次划分时都在做一次变量选择。第一层的划分

是在主效应中选择最重要的变量, 第二层的划分则是在第一层选中的变量与其他变量
的交叉或者自身的二次项中选择最优, 更深的层继续在更多的交叉与高次项中选择最
优。可以看到, 在决策树的构建中, 很可能无法将多个重要的相关性低的主效应选出来。
另外, 决策树每次都是采用平行于坐标轴的划分, 这也会形成层数更深的树, 从而难以
解释。

例 4.1 (乳腺癌数据案例)　乳腺癌 (Biopsy) 数据集是从美国威斯康星大学麦迪逊
分校医院获得的, 包括 699 个病人乳腺肿瘤切片的诊断信息。数据集中共有 11 个变量,
除不纳入分析的病人 ID 和输出变量 (即是否为恶性肿瘤) 外, 还有 9 个与判别是否为恶
性肿瘤相关的检验指标, 如肿块厚度、细胞大小均匀性等, 每个病人在这些检验指标上都
有一个 1~10 的得分, 1 为接近良性, 10 为接近病变。数据分析的目的是根据这 9 个检
验指标的得分预测病人是否患有恶性肿瘤。

本案例采用 Python 模块 sklearn.datasets 中自带的乳腺癌数据, 该数据读取后以字
典的形式保存, 字典的键包括 DESCR (简介)、data (自变量)、feature_names (自变量
名称)、target (因变量)、target names (因变量名称)。数据集共包含 569 个样本、30 个
自变量, 我们利用这 30 个自变量来预测病人是否患有恶性肿瘤。

(1) 读入数据。代码如下:

```
from sklearn import datasets
from sklearn.tree import DecisionTreeClassifier
from sklearn.model_selection import train_test_split
from sklearn.metrics import confusion_matrix
import numpy as np
import pandas as pd
from collections import OrderedDict
import matplotlib.pyplot as plt
biopsy=datasets.load_breast_cancer()          # 数据集是一个字典
X=biopsy['data']
Y=biopsy['target']
X_train,X_test,Y_train,Y_test\
  =train_test_split(X,Y,random_state=14)       # 划分为训练集和测试集
```

(2) 决策树。代码如下:

```
clf=DecisionTreeClassifier(random_state=14)
clf.fit(X_train,Y_train)
Y_test_pred_onetree=clf.predict(X_test)
accuracy_onetree=np.mean(Y_test_pred_onetree==Y_test)*100
print("The test accuracy is {:.1f}%".format(accuracy_onetree))    # 93.0%
def show_table(y_true,y_pred):
    from sklearn.metrics import confusion_matrix
    import numpy as np
```

```
import pandas as pd
matrix=confusion_matrix(y_true,y_pred)
level=np.unique(y_true).tolist()
Index=['True_'+str(content) for content in level]
columns=['pred_'+str(content) for content in level]
return(pd.DataFrame(matrix,index=Index,columns=columns))
confusion_matrix(Y_test,Y_test_pred_onetree)
```

输出结果为：

```
array([[46,  7],
       [ 3, 87]], dtype=int64)
```

```
show_table(Y_test,Y_test_pred_onetree)
```

输出结果为：

	pred_0	pred_1
True_0	46	7
True_1	3	87

自定义函数 show_table 用于将混淆矩阵展示出来, 该函数也可以用于多分类数据。预测准确率为 93%, 混淆矩阵如上所示。由混淆矩阵可以看出, 预测结果令人满意。

例 4.2 (CPU 数据案例)　cpus 数据集中有 209 个 CPU 的 9 种性能指标, 包括型号与制造商 (name)、循环时间 (syct)、最小主内存 (mmin)、最大主内存 (mmax)、缓冲区大小 (cach)、最小通道数 (chmin)、最大通道数 (chmax)、与基准比较的性能 (perf)、估计性能 (estperf)。

(1) 描述统计。

我们以 "与基准比较的性能" 为因变量, 以 "循环时间" "最小主内存" "最大主内存" "缓冲区大小" "最小通道数" "最大通道数" 6 个变量为自变量。从 R 中将 CPU 数据保存到 cpus.csv 文件中, 将该文件放至工作目录下, 读取数据并进行分析。代码如下：

```
import pandas as pd
import numpy as np
import matplotlib.pyplot as plt
import seaborn as sns
data=pd.read_csv('cpus.csv',index_col=0)
Y=data['perf']
Xnames=data.columns
X=data[Xnames[0:6]]
```

利用 np.corrcoef 函数计算各个变量之间的相关系数, 代码如下 (结果不进行展示)：

```
COR=np.corrcoef(np.hstack((X,Y.values.reshape(len(Y),1))).T)
# corrcoef 的参数 X 每一行是一个变量
```

```
plt.figure()
plt.hist(Y,color='red',edgecolor='k')
plt.xlabel('range of perf')
plt.ylabel('Frequency')
plt.title('Histogram of perf')
plt.show()    # 见图4.2(a)

plt.figure()
sns.distplot(np.log(Y),color='red')
plt.xlabel('range of ln(perf)')
plt.ylabel('Frequency')
plt.title('Histogram of ln(perf)')
plt.show()    # 见图4.2(b)
```

图4.2(a) 展示了因变量 perf 的直方图, 可以看出 perf 近似服从幂律分布, 经过对数变换后大体服从正态分布, 如图4.2(b) 所示, 故在此对因变量 Y 做对数化处理。

```
y=np.log(Y)
```

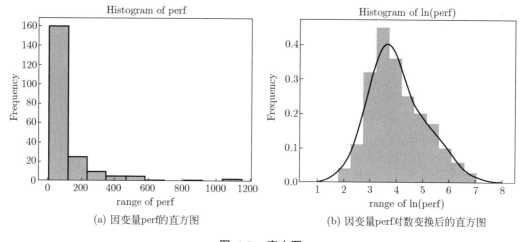

(a) 因变量perf的直方图　　　　　　　(b) 因变量perf对数变换后的直方图

图 4.2　直方图

(2) 回归树。

我们利用 10 折交叉验证比较不同深度回归树的拟合效果, 评价指标使用均方误差 (MSE), 不同深度意味着不同的拟合程度。代码如下, 图4.3展示了实验的结果。

```
from sklearn.model_selection import train_test_split
from sklearn.tree import DecisionTreeRegressor
# 比较不同深度回归树的拟合效果
from sklearn.model_selection import cross_val_score
mse=[]
for depth in np.arange(2,12):
    reg=DecisionTreeRegressor(max_depth=depth)
```

```
        mse.append(np.mean(abs(cross_val_score(reg,X,y,
                    scoring='neg_mean_squared_error',cv=10))))
plt.figure()
plt.plot(np.arange(2,12),mse,'o-')
plt.title('MSE of different max_depth')
plt.xlabel('max_depth')
plt.ylabel('MSE')
plt.show()
```

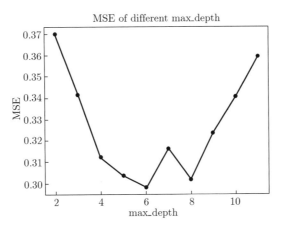

图 4.3　不同深度的均方误差

从图4.3中可以看出，当深度取值为 6 时，回归树几乎达到最小的 MSE。之后我们将选取最大深度为 6 进行建模。代码如下：

```
X_train,X_test,y_train,y_test=train_test_split(X,y,random_state=14)
reg=DecisionTreeRegressor(max_depth=6)
reg.fit(X_train,y_train)
pred=reg.predict(X_test)
MSE=np.mean((y_test-pred)**2)      # 0.16582110346294854
SCORE=reg.score(X_test,y_test)     # 0.83947791495193402
def feature_importance(importance,feature_names,
                        color='red',height=1):
    plt.figure()
    Index=np.argsort(importance)
    plt.xlim(0,importance.max())
    plt.barh(y=np.arange(len(importance)),
            width=importance[Index],
            left=0,color=color,
            height=height,edgecolor='k',
            tick_label=feature_names[Index])
```

```
    plt.title('Importance of Variables')
    plt.show()
importance_reg=reg.feature_importances_
feature_names=X.columns
feature_importance(importance_reg,feature_names,height=0.5)
```

在此, 我们划分训练集和测试集, 利用训练集训练回归树, 在测试集上得到拟合结果, 得到的 MSE 为 0.16, 变量重要性如图4.4所示。

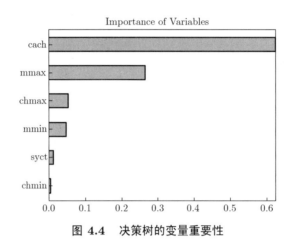

图 4.4　决策树的变量重要性

从图4.4中可以看出, cach 是最重要的变量。

4.2　Bagging 和随机森林

组合算法即通过聚集多个学习器 (分类或回归模型) 来提高效果。它根据训练数据构建一组基学习器, 然后对基学习器进行组合得到最终模型。在实际操作中, 组合算法的效果通常比单个模型好。目前, 常用的组合算法主要包括 Bagging、Boosting 和随机森林。Boosting 算法中最为常用的是 AdaBoost 算法, 它是由 Freund 和 Schapire 于 1996 年通过改进之前的 Boosting 算法提出的一种分类算法 (Freund and Schapire, 1996)。此后, 人们不断探求其背后真正的原理, 又提出了许多基于 Boosting 思想的新的 Boosting 算法, 丰富了 Boosting 算法的内容。目前看来, 它是与 Bagging 和随机森林内涵不完全一样的一类算法。因此, 本节将主要介绍 Bagging 算法与随机森林, 下一节介绍 Boosting 算法。

4.2.1　Bagging 算法

Bagging 是 Bootstrap aggregating 的缩写, 指的是利用 Bootstrap (Efron and Tibshirani, 1994) 抽样方法对训练集进行抽样, 得到一系列新的训练集, 对每个训练集构建一个预测器, 称为基预测器 (base predictor), 组合所有的基预测器得到最终的预测模型。

假定有一组训练数据 $Z = (z_1, z_2, \cdots, z_n)$，其中，$z_i = (x_i, y_i)$。自助法的基本原理是从训练集中等概率、有放回地重新抽取样本，得到 Bootstrap 数据集 Z^*。一般来讲，自助法抽样的样本量也是 n。等概率是指每次抽取新样本时，原来每个样本被抽中的概率都为 $1/n$。有放回是指每次样本被抽中之后，并不从初始的训练集中移除，下次仍有机会被抽中，所以在 Bootstrap 数据集中，原始训练集中的某个样本点可能多次出现，也可能一次都不出现。样本点 i 出现在 Z^* 中的概率是 $\Pr((x_i, y_i) \in Z^*) = 1 - (1 - 1/n)^n \approx 1 - \mathrm{e}^{-1} = 0.632$。可以将 Bootstrap 样本理解成从数据 Z 的经验分布 $\hat{f}$ 中抽样。我们可以多次重复上述步骤，得到 B 个 Bootstrap 数据集，对每个数据集建立一个预测模型。

对于分类问题，最终的预测模型是所有基预测器"投票"的结果；也就是说，所有基预测器预测结果中最多的那类为最终的预测结果。对于回归问题，最终的预测模型则是所有基预测器"平均"的结果；也就是说，所有基预测器预测结果的平均作为最终的预测结果。如果生成基预测器的算法是不稳定的，那么通过 Bagging 算法得到的最终预测模型的预测精度往往大大高于单个基预测器的预测精度。这里所说的"不稳定"指的是Breiman (1996c) 所定义的：当训练样本集有很小的变动时，由此生成的预测器会有很大的变化。数据挖掘中的大量算法都是不稳定的，比如决策树、神经网络、多元自适应回归样条 (multivariate adaptive regression splines, MARS) 和子集回归 (subset regression) 等。稳定的算法包括岭回归、K 最近邻 (K-nearest neighbor) 方法和线性判别 (linear discriminant) 方法等。

1. 基本算法

设训练集 T 为 (x_i, y_i) $(i = 1, 2, \cdots, n)$，其中，x_i 为 p 维向量，是预测变量；y_i 为因变量，是取值为 $\{1, 2, \cdots, K\}$ 的分类变量。对此数据集，我们可以构建一棵决策树 $h_B(x; T)$（也可以使用其他不稳定的分类算法）来预测 y。假设有一系列与 T 有同样分布的训练集 T_m $(m = 1, 2, \cdots, M)$，每个训练集 T_m 都包含 n 个独立样本。我们可以构建 M 棵决策树 $h_B(x; T_m)$，目的是组合这 M 棵决策树得到最终分类器 H_{agg}，以提高预测精度。一种自然而然可以想到的组合方法是"投票"。令

$$N_j = \sum_{m=1}^{M} I(h_B(x; T_m) = j)$$

式中，$I(\cdot)$ 为示性函数，在 $h_B(x; T_m) = j$ 时取值为 1，其他情况下取值为 0。那么 N_j 表示所有 M 棵决策树中预测 x 属于类 j 的总个数；$H_{\mathrm{agg}}(x) = \arg\max_j N_j$，即最终组合的分类器 H_{agg} 预测 x 属于使得 N_j 取最大值的第 j 类。通常只有一个训练集 T，那么我们如何得到与其具有相同分布的训练集 T_m 呢？答案是对 T 进行 Bootstrap 抽样，即对 (x_i, y_i) $(i = 1, 2, \cdots, n)$ 中 n 个样本点进行概率为 $\dfrac{1}{n}$ 的等概率、有放回的抽样，样本量为 n。通过这样的抽样方法得到的最终组合分类器 H_{agg} 记为 H_B，该预测方法称为 Bagging 算法。

综上所述, 分类问题的 Bagging 算法如下:

(1) $m = 1, 2, \cdots, M$。对 T 进行 Bootstrap 抽样, 得到样本量为 n 的训练集 T_m, 对 T_m 构建分类器 (决策树) $h_B(x; T_m)$。

(2) 组合 M 棵决策树 $h_B(x; T_m)$ 得到最终分类器 H_B, H_B 对 x 的预测为 $\arg\max_j N_j$, 即 x 属于使得 N_j 取最大值的第 j 类。其中, $N_j = \sum_{m=1}^{M} I(h_B(x; T_m) = j)$, $I(\cdot)$ 为示性函数。

如果训练集 $T = \{(x_i, y_i), i = 1, 2, \cdots, n\}$ 中因变量 y_i 为连续型变量, 则是一个回归问题。对此数据集, 我们可以构建一棵回归决策树 $f_B(x; T)$ 来预测 y。与分类问题的 Bagging 算法一样, 对训练集 T 进行 Bootstrap 抽样得到新的训练集 T_m, 然后对 T_m 构建回归决策树 $f_B(x; T_m)$ $(m = 1, 2, \cdots, M)$。组合这 M 棵决策树得到最终预测器 f_B, 其对样本 (x, y) 的预测为 M 棵决策树预测的均值, 即

$$f_B(x) = \frac{1}{M} \sum_{m=1}^{M} f_B(x; T_m)$$

综上所述, 回归问题的 Bagging 算法如下:

(1) $m = 1, 2, \cdots, M$。对 T 进行 Bootstrap 抽样, 得到样本量为 n 的训练集 T_m, 对 T_m 构建预测器 (回归决策树) $f_B(x; T_m)$。

(2) 组合 M 棵决策树 $f_B(x; T_m)$ 得到最终预测器 $f_B(x)$, $f_B(x)$ 对 (x, y) 的预测为 M 棵决策树预测的均值, 即 $f_B(x) = \frac{1}{M} \sum_{m=1}^{M} f_B(x; T_m)$。

2. Out-of-bag 估计

上面介绍的 Bagging 算法中, 我们注意到在对训练集 $T = \{(x_i, y_i), i = 1, 2, \cdots, n\}$ 进行 Bootstrap 抽样 (样本量为 n) 以获得新的训练集 T_m $(m = 1, 2, \cdots, M)$ 时, 鉴于 Bootstrap 抽样的性质, T 中每次大约有 37% 的样本点不在 T_m 中, 对于应用 T_m 构建的分类器 $h_B(x; T_m)$ 或预测器 $f_B(x; T_m)$ 来说, 这些样本点可以看作未被使用的测试样本点。假设 $M = 100$, 则对于某个固定的样本点 (x_i, y_i), 大概有 37 个 $h_B(x; T_m)$ 或 $f_B(x; T_m)$ 没有使用该样本点。我们称这些样本点为 Out-of-bag 样本点, 对这些样本点的预测可以用来准确估计某些重要指标。比如在分类树中, 可以用 Out-of-bag 估计每个样本点属于第 j $(j = 1, 2, \cdots, K)$ 类的概率, 也可以估计节点概率; 应用到回归树中, 可以估计节点均方误差。Out-of-bag 的预测值可以用来构建更准确的回归树, 也可以用来估计组合预测器的泛化误差。接下来我们介绍应用 Out-of-bag 估计组合预测器的泛化误差。更详细的 Out-of-bag 估计参见 Breiman (1996d)。

我们想估计 Bagging 算法 (分类问题或者回归问题) 的泛化误差, 如果使用交叉验证法, 则需要花费大量的计算时间; 如果使用 Out-of-bag 方法, 因为每次计算都是在同一次迭代中进行的, 所以几乎不需要额外的时间。

假定对于训练集 $T = \{(r_i, y_i), i = 1, 2, \cdots, n\}$, 无论是分类问题还是回归问题, 构建一个预测函数 $H(x; T)$, 定义损失函数 $L(y; H)$ 来度量使用 $H(x; T)$ 估计 y 的损失。对于 Bootstrap 训练集 T_m, 构建预测函数 $h_B(x; T_m)$, 并且组合所有的 $h_B(x; T_m)$ 得到 Bagging 预测函数 $H_B(x)$。对于训练集中的样本点 (x, y), 组合那些 T_m 中不包含 x 的 $h_B(x; T_m)$, 定义这个 Out-of-bag 预测函数为 $H_{OB}(x)$, 则 Out-of-bag 方法估计的泛化误差为所有训练集中样本点 $L(y; H_{OB}(x))$ 的平均。

对分类问题取损失函数为 0–1 损失, 对回归问题取均方误差。记 e^{TS} 为测试集误差估计, e^{OB} 为 Out-of-bag 误差估计。Breiman (1996d) 对模拟和实际数据的分析表明, Out-of-bag 估计十分准确, e^{OB} 的平均几乎等于 e^{TS} 的平均。

3. 讨论

本节介绍了分类和回归问题的 Bagging 算法以及 Out-of-bag 估计方法。可以看到, 对于不稳定的基预测器 (比如决策树), 使用 Bagging 算法虽然使我们失去了一个简单的可解释的树形结构, 却大大提高了预测的准确度。但是它也有局限性, 在应用该算法时应该注意以下几点:

(1) Bagging 算法在基预测器不稳定的情况下很有用, 而当基预测器稳定时, Bagging 算法并不有效。感兴趣的读者可应用 K 最近邻作为基预测器, 可以看到 Bagging 算法并没有使其预测精度提高。

(2) Bagging 算法可以让好的分类器 (错分率 $e < 0.5$) 效果更好, 但也会让坏的分类器 (错分率 $e > 0.5$) 效果更坏。假设对所有的 x, 其真实分类为 $Y = 1$, 而分类器 $h(x)$ 预测 $Y = 1$ 的概率为 0.4, $Y = 0$ 的概率为 0.6, 那么 $h(x)$ 的错分率 $e = 0.6$, 而组合后的分类器的错分率会趋于 1。

(3) Breiman (1996a) 建议, 对于回归问题, M 的取值可以小一些; 而对于分类问题, 尤其是当 y 的类别比较多的时候, M 的取值应该大一些。M 取值的大小对于 Bagging CART 的影响并不明显, 因为相对来讲构建 CART 决策树比较快。但是下一章要介绍的神经网络算法是一种不稳定的预测器, 可以作为基预测器进行 Bagging 组合, 因为其耗时较长, 所以如果 M 取值很大的话, 通常需要等很久才能得到结果。

(4) 每次进行 Bootstrap 抽样时, 我们选择的样本量都应等于原始训练集的样本量 n。因为 Bootstrap 是有放回的重复抽样, 所以有些样本点被抽中的次数超过一次, 有些样本点一次都没有被抽中。根据 Bootstrap 抽样理论, 当样本量为 n 时, 大约有 37% 的样本点没有被抽中。增加 Bootstrap 抽样样本量 (我们知道, Bootstrap 抽样一般是按照原始数据集的样本量 n 进行的, 但从理论上讲, Bootstrap 抽样的样本量既可以大于 n, 也可以小于 n) 是否可以提高 Bagging 算法的精度呢? 对这个问题的经验回答是否定的, 当 Bootstrap 抽样的样本量增至 $2n$ 后, 大约有 14% 的样本点没有被抽中, 但是 Bagging 算法的精度并没有提高。

(5) 从偏差–方差分解的角度理解 Bagging 算法, 它可以提高不稳定基预测器的预测精度, 实质上是减少了预测的方差, 但并没有降低偏差。从这个角度出发, Breiman (2001b) 提出了迭代 Bagging 算法, 它可以同时减少预测的偏差及方差。Buhlmann and

Yu (2002) 进一步从理论上探讨了 Bagging 方法对偏差及方差的降低, 提出了 Subbagging 算法, 与 Bagging 算法相比, 它有相同的预测精度, 但却可以大幅缩短计算时间。

　　例 4.3 (乳腺癌数据案例续)　接下来我们使用决策树提升算法 Bagging 进行建模, Bagging 通过 Bootstrap 多次重抽样得到多棵决策树, 然后依据少数服从多数的原则进行投票, 通常情况下, 结果会优于单棵决策树, 但也有例外, 如本例的展示。代码如下:

```
from sklearn.ensemble import BaggingClassifier
bagging=BaggingClassifier(
  DecisionTreeClassifier(random_state=14),random_state=14)
bagging.fit(X_train,Y_train)
Y_test_pred_bagging=bagging.predict(X_test)
accuracy_bagging=np.mean(
  Y_test_pred_bagging==Y_test)*100
print("The test accuracy is {:.1f}%".format(accuracy_bagging))
```

　　输出结果为:

```
The test accuracy is 92.3%
```

```
show_table(Y_test,Y_test_pred_bagging)
```

　　输出结果为:

	pred_0	pred_1
True_0	45	8
True_1	3	87

　　如上所示, BaggingClassifier 类默认选取 10 棵决策树进行投票, 读者也可以根据参数 n_estimators 来控制决策树的个数。相比单棵决策树, 10 棵决策树的结果反而多判错一个样本, 这是由于 Bagging 在重抽样时具有随机性, 如果抽样效果较差, 那么建立的多棵决策树不一定比单棵决策树效果好, 但通常情况下还是优于单棵决策树。

　　例 4.4 (CPU 数据案例续)　下面给出 Bagging 建立回归树的代码, 运行结果不再进行过多展示, 感兴趣的读者可以自己对结果进行解释。

```
# Bagging
from sklearn.ensemble import BaggingRegressor
bagging=BaggingRegressor(random_state=14)
bagging.fit(X_train,y_train)
bagging_pred=bagging.predict(X_test)
MSE=np.mean((y_test-bagging_pred)**2)
SCORE=bagging.score(X_test,y_test)
```

4.2.2　随机森林

　　随机森林 (random forest) 由 Breiman (2001a) 提出, 是他在深入研究了 Bagging 与 Boosting 的工作机制后提出的一种快速有效的组合算法。

1. 基本算法

与 Bagging 算法类似, 随机森林算法首先建立若干互不相关的决策树, 再对各决策树的结果进行平均。由于这一算法在训练、调参等方面简单有效, 因此是目前相当流行的一种算法, 在很多软件包中都有涉及。

如前所述, 在 Bagging 算法中, 每棵决策树都是同分布的, 因此 Bagging 的期望误差与单棵决策树的期望误差是一致的。若想提高算法的表现, 只能采用方差缩减 (variance reduction) 技术。具体来说, 对于 B 棵独立同分布的决策树, 设每棵的方差都为 σ^2, 则组合 B 棵决策树的方差是 $\frac{1}{B}\sigma^2$。如果只是同分布, 树间的成对正相关系数为 ρ, 则 B 棵决策树的平均方差为 $\rho\sigma^2 + \frac{1-\rho}{B}\sigma^2$。显然, 当决策树的数量 B 增加时, ρ 的存在使得树间的平均方差仍然很大, 这样就失去了取平均的意义。为解决这一问题, 随机森林算法在构造单棵决策树时, 随机选取全部 p 个随机变量中的 m ($m \leqslant p$) 个。这样, 随机森林算法就可以降低树与树之间的相关系数, 同时尽可能地控制平均方差。

随机森林算法的基本步骤如下:

(1) 对于每棵决策树 $b = 1, 2, \cdots, B$, 有:

① 从全部训练样本单元中, 采用 Bootstrap 方法抽取 n 个样本单元构成 Bootstrap 数据集 Z^*。

② 基于数据集 Z^* 构造一棵决策树 H_b, 对树上的每个节点重复以下步骤, 直到节点的样本数达到指定的最小限定值 $n_{\min}$:

- 从全部 p 个随机变量中随机选取 m ($m \leqslant p$) 个;
- 从 m 个随机变量中取最佳分枝变量;
- 在这一节点上分裂成两个子节点。

(2) 输出组合后的 B 棵决策树。

对于分类问题, 随机森林算法在构造每棵决策树时默认使用 $m = \sqrt{p}$ 个随机变量, 节点最小样本数为 1。在预测中, 随机森林算法首先用每棵决策树对新样本点 x 的类别做一次预测, 记第 b 棵决策树对样本点 x 的预测为 $\hat{f}_b(x)$, 则随机森林算法对这一样本点 x 的最终预测结果为 $\hat{f}_{rf}^B(x) = majority\ vote\{\hat{f}_b(x)\}_1^B$。

对于回归问题, 随机森林算法在构造决策树时默认使用 $m = \frac{p}{3}$ 个随机变量, 节点最小样本数为 5。类似地, 它对新样本点 x 的预测结果为 $\hat{f}_{rf}^B(x) = \frac{1}{B}\sum_{b=1}^{B}H_b(x)$。

Breiman 指出, 随机森林可以很容易给出变量重要性的度量。这里的重要变量指的是更能提高预测精度的变量。当使用 Bootstrap 样本构建随机森林时, 每颗决策树都对应有 Out-of-bag 样本。Out-of-bag 样本的第 m 个变量的变量值被随机打乱, 使用构建的模型在 Out-of-bag 样本上计算预测误差, 可以从预测误差的增加程度看出变量的重要性。

Hastie et al. (2008) 给出了预测变量的相对重要性 (relative importance of predictor variables) 以及偏依赖图 (partial dependence plots) 两种方法。对于单棵决策树, 定义

$I_l(T)$ 为第 l 个变量 X_l 的相对重要性, 计算方法为Breiman et al. (1984):

$$I_l^2(T) = \sum_{t=1}^{J} \hat{\tau}_t^2 I(v(t) = l)$$

具体地, 在所有 J 个非叶节点的某个节点 t 处选择用于分割的变量 $X_v(t)$, 使得分割后这一节点的纯度为 $\hat{\tau}_t^2$。这样, 变量 X_l 的相对重要性就是在所有的非叶节点中, 选择 X_l 作为分割变量的节点纯度 $\hat{\tau}_t^2$ 的和。这样, 对于由 M 棵决策树组成的组合算法, 变量重要性可以扩展为:

$$I_l^2 = \frac{1}{M} \sum_{m=1}^{M} I_l^2(T_m)$$

当输入矩阵维数较高时, 要在二维平面上表现出因变量对自变量的依赖关系, 可以用一组图来表示, 其中每一幅子图表示因变量对某几个自变量的偏依赖关系。具体地, 对于输入矩阵 $X^{\mathrm{T}} = (X_1, X_2, \cdots, X_p)$, 令其某个子集的角标集为 $S \subset \{1, 2, \cdots, p\}$, 这一子集的补集的角标集为 C, 即 $S \cup C = \{1, 2, \cdots, p\}$, 则模型可表示为 $f(X) = f(X_S, X_C)$, 定义 $f(X)$ 对变量子集 X_S 的偏依赖为:

$$f_S(X_S) = E_{X_C} f(X_S, X_C)$$

偏依赖 $f_S(X_S)$ 在 X_S 与 X_C 间相关性不强时尤其有用。这种方法可以用来评价任何 "黑盒子" 模型自变量对因变量的重要性。我们可以通过

$$\bar{f}_S(X_S) = \frac{1}{n} \sum_{i=1}^{n} f(X_S, x_{iC})$$

来估计偏依赖 $f_S(X_S)$。其中, $\{x_{1C}, x_{2C}, \cdots, x_{nC}\}$ 是训练集中出现的补集 X_C 中的元素。

此外, 邻近图是随机森林算法的一个结果展示。邻近 (proximity) 是指任意两个 Out-of-bag 样本点出现在同一棵树的同一个终端节点上。这样, 我们就可以构造一个 $n \times n$ 阶邻近矩阵, 第 (i,j) 元素为对第 i 个观测和第 j 个观测在决策树同一叶节点的频率的一种度量。从邻近矩阵中就能看出哪些样本点在随机森林中是邻近的。我们也可以对这个 $n \times n$ 阶邻近矩阵做降维, 通过二维的邻近图来表示。

2. 理论分析

下面, 我们着重从方差的角度讨论回归问题 (平方损失) 中的随机森林。

当决策树的个数 $B \to +\infty$ 时, 随机森林的回归估计可以写为:

$$\hat{f}_{rf}(x) = E_{\Theta|T} H(x; \Theta(T))$$

式中, $H(x; \Theta(T))$ 表示基于训练集 T 拟合的决策树, $\Theta(T)$ 刻画决策树的分枝、取值等特征。这样, 对于某一训练样本点 x 来说, 其估计值 $\hat{f}_{rf}(x)$ 的方差为:

$$\mathrm{Var}\hat{f}_{rf}(x) = \rho(x)\sigma^2(x)$$

式中, $\rho(x)$ 表示随机森林中任意两棵决策树间的相关性:

$$\rho(x) = \mathrm{corr}[H(x; \Theta_1(T)), H(x; \Theta_2(T))]$$

$\sigma^2(x)$ 表示任意一棵决策树的方差.

$$\sigma^2(x) = \operatorname{Var}H(x;\Theta(T))$$

在 $\operatorname{Var}\hat{f}_{rf}(x)$ 的表达式中, 决策树之间的相关性 $\rho(x)$ 会随着用于估计的变量数 m 的减少而降低, 因为如果每棵决策树在构造过程中用到的变量不同, 这两棵决策树就不太可能相似. 而单棵决策树的方差 $\sigma^2(x)$ 可以展开为:

$$\operatorname{Var}_{\Theta,T}H(x;\Theta(T)) = \operatorname{Var}_T E_{\Theta|T}H(x;\Theta(T)) + E_T\operatorname{Var}_{\Theta|T}H(x;\Theta(T))$$

式中, 右侧第一项可以理解成给定不同的训练集 T 所构造的决策树之间的方差, 它是由于随机森林对样本进行抽样而产生的, 此时所用的变量数 m 越少, 这一方差越小; 第二项为给定训练集 T 所构造的不同决策树之间的方差, 显然所用的变量数 m 越少, 这一方差就越大. 这样, 当变量数 m 不变时, 单棵决策树的方差并不会剧烈波动. 综上所述, $\operatorname{Var}\hat{f}_{rf}(x)$ 比单棵树的方差小得多.

例 4.5 (乳腺癌数据案例续) 我们利用 RandomForestClassifier 类并且设置参数 n_estimators=20 来建立拥有 20 棵决策树的随机森林. 随机森林与 Bagging 类似, 也是通过重抽样方法生成多棵决策树, 区别在于 Bagging 在生成决策树时利用所有变量训练决策树, 而随机森林是随机从自变量中选取一部分训练决策树, 以提高决策树之间的独立性和分类器的泛化能力. 此处我们默认自变量个数为 "auto", 相当于选取的变量个数是总数的平方根. 代码如下:

```
from sklearn.ensemble import RandomForestClassifier
rf=RandomForestClassifier(random_state=14,
                          n_estimators=20)
rf.fit(X_train,Y_train)
Y_test_pred_rf=rf.predict(X_test)
accuracy_rf=np.mean(Y_test_pred_rf==Y_test)*100
print("The test Accuracy:
    {0:.1f}%".format(accuracy_rf))
```

输出结果为:

```
The test Accuracy: 94.4%
```

```
def feature_importance(importance,feature_names,
                       color='red',height=1):
    plt.figure()
    Index=np.argsort(importance)
    plt.xlim(0,importance.max())
    plt.barh(y=np.arange(len(importance)),
            width=importance[Index],
            left=0,color=color,
            height=height,edgecolor='k',
            tick_label=feature_names[Index])
    plt.title('Importance of Variables')
```

```
    plt.show()
importance_rf=rf.feature_importances_
feature_names=biopsy.feature_names
feature_importance(importance_rf,feature_names)
show_table(Y_test,Y_test_pred_rf)
```

输出结果为:

	pred_0	pred_1
True_0	47	6
True_1	2	88

自定义函数 feature_importance 将变量重要性展示在图4.5中, 可以看出变量 worst concave points 是最重要的, 混淆矩阵如上所示。

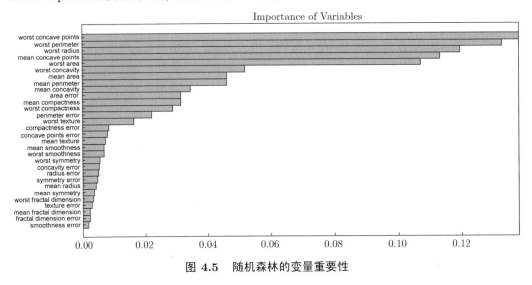

图 4.5　随机森林的变量重要性

可以看出, 随机森林通过提高泛化能力, 降低过拟合程度, 使得预测效果更令人满意。

例 4.6 (CPU 数据案例续)　下面给出随机森林建立回归决策树的代码, 运行结果不再进行过多展示, 感兴趣的读者可以自己对结果进行解释。

```
# 随机森林
from sklearn.ensemble import RandomForestRegressor
rf=RandomForestRegressor(random_state=14)
rf.fit(X_train,y_train)
rf_pred=rf.predict(X_test)
MSE=np.mean((y_test-rf_pred)**2)
SCORE=rf.score(X_test,y_test)
importance_rf=rf.feature_importances_
feature_names=X.columns
feature_importance(importance_rf,feature_names,height=0.5)
```

4.3 Boosting

4.3.1 AdaBoost 算法

对于分类问题, 设训练集 T 为 $\{(x_i, y_i), i = 1, 2, \cdots, n\}$, 其中, x_i 为 p 维向量, 是预测变量; y_i 为因变量, 是取值为 $\{1, 2, \cdots, K\}$ 的分类变量。上一节介绍的 Bagging 算法使用 Bootstrap 抽样方法得到训练集 T_m ($m = 1, 2, \cdots, M$), 然后构建 M 棵决策树 $h_B(x; T_m)$, 最后以 "投票" 的方式组合这 M 棵决策树得到组合分类器 H_B。Freund and Schapire (1996, 1997) 提出的 AdaBoost 算法与 Bagging 最大的不同是, 只有训练集 T_1 应用 Bootstrap 方法抽样得到, 在接下来的过程中, 重新抽样 T_m ($m = 2, 3, \cdots, M$) 的概率根据之前构建的分类器的错分率重新调整, 即自适应重抽样 (adaptive resample) 方法。具体步骤如下:

(1) 对于 $m = 1$, 以 Bootstrap 方法 (即等概率 ($p_1(i) = 1/n$) 有放回地重复抽样) 对训练集 $T = \{(x_i, y_i), i = 1, 2, \cdots, n\}$ 进行抽样得到新的训练集 T_1, 样本量为 n。对 T_1 构建决策树 $h_B(x; T_1)$。应用 $h_B(x; T_1)$ 预测训练集 T 中所有样本点 $(x_i, y_i)(i = 1, 2, \cdots, n)$, 如果 $h_B(x; T_1)$ 对 (x_i, y_i) 预测错误, 则令 $d_1(i) = 1$, 否则 $d_1(i) = 0$。计算

$$\varepsilon_1 = \sum_i p_1(i) d_1(i)$$

$$\beta_1 = \frac{1 - \varepsilon_1}{\varepsilon_1}$$

$$C_1 = \log \beta_1$$

(2) 对于 $m = 2, 3, \cdots, M$, 更新第 m 次抽样概率为:

$$p_m(i) = p_{m-1}(i) \beta_{m-1}^{d_{m-1}(i)}; \quad \sum_i p_{m-1}(i) \beta_{m-1}^{d_{m-1}(i)}$$

以概率 $p_m(i)$ 对训练集 T 有放回地重复抽样得到新的训练集 T_m, 并对 T_m 构建决策树 $h_B(x; T_m)$。应用 $h_B(x; T_m)$ 预测训练集 T 中所有样本点 $(x_i, y_i)(i = 1, 2, \cdots, n)$, 如果 $h_B(x; T_m)$ 对 (x_i, y_i) 预测错误, 则令 $d_m(i) = 1$, 否则 $d_m(i) = 0$。计算

$$\varepsilon_m = \sum_i p_m(i) d_m(i)$$

$$\beta_m = (1 - \varepsilon_m) / \varepsilon_m$$

$$C_m = \log \beta_m$$

(3) 计算 $W_m = \dfrac{C_m}{\sum\limits_m C_m}$, 组合 M 棵决策树得到最终分类器 $H_A(x)$, 使得

$$H_A(x) = \arg \max_{y \in 1, \cdots, K} \sum_m W_m I(h_B(x; T_m) = y)$$

式中, $I(\cdot)$ 为示性函数。

以上介绍的 AdaBoost 分类算法应用于实际数据集的结果表明, 该算法可以大幅降低泛化误差, 这引起了许多学者的兴趣, 他们纷纷尝试用各种理论进行解释。Breiman (1996b) 从偏差–方差分解的角度讨论了这个问题, 认为 AdaBoost 算法同 Bagging 一样降低了分类的方差, 从而提高了精度。但是, Schapire et al. (1998) 指出, AdaBoost 算法最初的提出是为了减少估计的偏差, 很多实验表明, AdaBoost 算法有时增大了方差, 却总体上降低了泛化误差。此外, AdaBoost 算法一般来讲只要组合很少棵决策树就可以使训练误差降到很低, 继续增大 M, 最后组合的分类器仍然可以大幅降低泛化误差。这个现象是偏差–方差分解方法所不能解释的。Schapire et al. (1998) 从提升边际 (boosting the margin) 的角度理解 AdaBoost。下面是 AdaBoost 算法中训练集样本点的边际的定义:

$$mg(i) = \sum_m W_m I(h_B(x_i; T_m) = y_i) - \max_{y' \neq y} \sum_m W_m I(h_B(x_i; T_m) = y')$$

式中, W_m 表示组合 M 个分类器时的权重。从定义中可以看出, 边际就是 M 个分类器对 x_i 预测正确的权重的总和减去预测错误最多的一类的权重的总和。Schapire et al. (1998) 的主要结论是, AdaBoost 算法可以大大提高训练集样本点的边际, 从而降低泛化误差的上限。但是对于实际应用, 该文章中给出的泛化误差的上限太宽松了, 实际计算的泛化误差都远远小于这个上限。Breiman (1999) 从预测博弈的角度对这个理论进行了进一步探讨, 首次证明 AdaBoost 算法实际上是一种优化算法, 并从提升边际的角度提出了最优的 Arc-gv 算法。应用模拟和实际数据, 与 AdaBoost 算法比较的结果表明, Arc-gv 算法产生了比 AdaBoost 算法更大的边际, 但总的来讲, AdaBoost 算法的泛化误差要小于 Arc-gv 算法。这与前面的理论结论 (提升边际可以降低泛化误差) 是相悖的。这使我们怀疑是不是边际直接决定了泛化误差的上限。当我们努力提升边际时, 算法却出现了过拟合的现象。不过, Reyzin and Schapire (2006) 的研究表明, Arc-gv 算法没有控制决策树的复杂度, 这使得它在更大范围内选取基预测器, 从而倾向于过拟合。

目前统计界普遍认可的是用 Friedman et al. (2000) 和 Hastie et al. (2008) 提出的可加模型 (additive models) 的理论来解释 AdaBoost。一般来说, 可加模型可以写成如下形式:

$$f(x) = \sum_{m=1}^{M} \beta_m b(x; \gamma_m)$$

式中, β_m 是展开式系数, $b(x; \gamma_m)$ 是参数为 γ_m 的基函数 (分类或者回归)。通常这种可加模型的拟合是通过最小化训练集样本上的损失函数来求解参数:

$$\min_{\{\beta_m, \gamma_m\}_1^M} \sum_{i=1}^{n} L(y_i, \sum_{m=1}^{M} \beta_m b(x_i; \gamma_m))$$

对于大多数损失函数和基函数, 上式的最优解一般很难求得。通常可以使用分步向前的方式拟合。也就是给定初始函数 $f_0(x)$, 对于第 m 步迭代, 寻找最优的基函数 $b(x; \gamma_m)$ 和展开式系数 β_m:

$$(\beta_m, \gamma_m) = \arg\min_{\beta, \gamma} \sum_{i=1}^{n} L(y_i, f_{m-1}(x_i) + \beta b(x_i; \gamma))$$

然后令 $f_m(x) = f_{m-1}(x) + \beta_m b(x; \gamma_m)$。

性质 1: AdaBoost 算法是最小化指数损失 $L(y, f(x)) = \exp(-yf(x))$ 的分步向前可加模型。

该性质的证明见本节附录。在第 2 章的讨论中，我们介绍了损失函数加罚的建模框架，这同样适用于分类问题。只是鉴于数据的特点，使用不同的损失函数。此处我们假定二分类问题的因变量 y 的取值为 1 或 −1，预测模型 $f(x)$ 的输出为实数，最终预测结果为 $\hat{y} = \text{sgn}(f(x))$。$|f(x)|$ 的大小表明模型预测的把握程度，取值越大，表明越有把握。因此 $yf(x)$ 大于零 (y 与 $f(x)$ 同号) 时，模型预测正确; 反之，$yf(x)$ 小于零 (y 与 $f(x)$ 异号) 时，模型预测错误，并且此时 $|yf(x)|$ 值越大，错误越大，损失也越大。在图4.8 中，横轴为 $yf(x)$，长虚线为指数损失，它是单调递减函数，$yf(x)$ 取值越小 (负数)，判断越错误，损失越大; 反之，$yf(x)$ 取值越大 (正数)，判断越正确，损失趋于 0。

例 4.7 (乳腺癌数据案例续) AdaBoost 是对 Bagging 的又一改进，它通过不等概率抽样，增大上一次错判样本被抽中的概率，使得分类器对错判样本也能有一个很好的预测效果。一般 AdaBoost 是对决策树最好的提升。接下来我们将展示如何实现 AdaBoost，以及 AdaBoost 的变量重要性。代码如下:

```
from sklearn.ensemble import AdaBoostClassifier
ada=AdaBoostClassifier(n_estimators=20,random_state=14)
ada.fit(X_train,Y_train)
Y_test_pred_ada=ada.predict(X_test)
accuracy_ada=np.mean(Y_test_pred_ada==Y_test)*100
print("The test Accuracy:
    {0:.1f}%".format(accuracy_ada))    # 97.9%
importance_ada=ada.feature_importances_
feature_names=biopsy['feature_names']
feature_importance(importance_ada,feature_names)
show_table(Y_test,Y_test_pred_ada)
```

输出结果为:

	pred_0	pred_1
True_0	51	2
True_1	1	89

结果显示，使用 AdaBoost 算法改进的分类器的预测准确率高达 97.9%，混淆矩阵如上所示，说明 AdaBoost 确实使分类器得到了很大的改进。变量重要性如图4.6所示，可以看出，AdaBoost 的变量重要性与随机森林的有差异。

下面比较 Bagging、随机森林、AdaBoost 算法。

我们对每种算法进行 50 次试验，每次试验采用 5 折交叉验证计算平均准确率。每次试验中，Bagging、随机森林和 AdaBoost 都建立 20 棵决策树的分类器，代码如下，比较结果如图4.7所示。

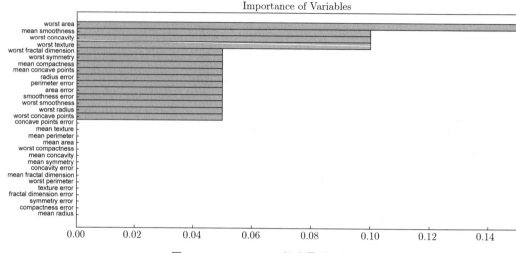

图 4.6　AdaBoost 的变量重要性

```
from sklearn.model_selection import cross_val_score
n=50
accuracy_onetree=[]
accuracy_bagging=[]
accuracy_rf=[]
accuracy_ada=[]
for i in range(n):
    clf=DecisionTreeClassifier()
    accuracy_onetree.append(np.mean(
        cross_val_score(clf,X,Y,scoring='accuracy',cv=5)))
    bagging=BaggingClassifier(
        DecisionTreeClassifier(),n_estimators=20)
    accuracy_bagging.append(np.mean(
        cross_val_score(bagging,X,Y,scoring='accuracy',cv=5)))
    rf=RandomForestClassifier(n_estimators=20)
    accuracy_rf.append(np.mean(
        cross_val_score(rf,X,Y,scoring='accuracy',cv=5)))
    ada=AdaBoostClassifier(n_estimators=20)
    accuracy_ada.append(np.mean(
        cross_val_score(ada,X,Y,scoring='accuracy',cv=5)))
fig=plt.figure()
box=plt.boxplot([accuracy_onetree,accuracy_bagging,
                accuracy_rf,accuracy_ada],notch=True,
                patch_artist=True,labels=['DecisionTree',
                'Bagging','RandomForest','AdaBoost'])
colors=['lightblue','lightgreen','tan','pink']
for patch,colorinzip(box['boxes'],colors):
```

```
    patch.set_facecolor(color)
    patch.set_alpha(1)
plt.title('Accuracy of Different Methods')
plt.show()
```

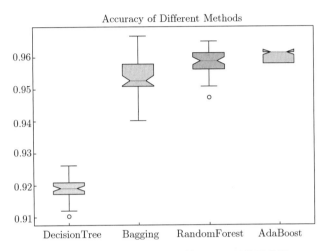

图 4.7　决策树与不同组合算法的预测结果比较

从图4.7中可以看出, 各种算法都对单棵决策树有一定的提升, 其中提升最大的是随机森林和 AdaBoost, 它们在测试集上的表现比 Bagging 更优秀。

例 4.8 (CPU 数据案例续)　接下来将给出 AdaBoost 建立回归树的代码, 运行结果不再进行过多展示, 感兴趣的读者可以自己对结果进行解释。

```
# AdaBoost
from sklearn.ensemble import AdaBoostRegressor
ada=AdaBoostRegressor(random_state=14)
ada.fit(X_train,y_train)
ada_pred=ada.predict(X_test)
MSE=np.mean((y_test-ada_pred)**2)
SCORE=ada.score(X_test,y_test)
importance_ada=ada.feature_importances_
feature_names=X.columns
feature_importance(importance_ada,feature_names,height=0.5)
```

4.3.2　分类问题的不同损失函数

通过上面的介绍可知, 二分类 AdaBoost 算法可以看作拟合最小化指数损失的可加模型, 指数损失对于统计来讲并不是一个常用的损失函数, 我们有必要进一步讨论该损失函数的性质并将它与其他损失函数做比较, 从而更深刻地了解 AdaBoost 算法并对其进行改进。

性质 2：在指数损失下，总体最优估计是：

$$f^*(x) = \arg\min_{f(x)} E_{y|x} e^{-yf(x)} = \frac{1}{2} \log \frac{\Pr(y=1|x)}{\Pr(y=-1|x)} \tag{4.1}$$

或者等价为：

$$\Pr(y=1|x) = \frac{1}{1 + e^{-2f^*(x)}}$$

证明见本节附录。

也就是说，AdaBoost 算法所得的总体最优估计实际上是估计优势比 (odds ratio) 对数的一半，这也证明了用它的符号作为最终分类标准的合理性。

统计上常用的一个损失函数是负二项分布对数似然函数，它和指数损失具有相同的总体最优估计。令

$$p(x) = \Pr(y=1|x) = \frac{e^{f(x)}}{e^{-f(x)} + e^{f(x)}} = \frac{1}{1 + e^{-2f(x)}} \tag{4.2}$$

定义 $y' = (y+1)/2 \in \{0,1\}$，二项分布的对数似然函数为：

$$\ell(y, p(x)) = y' \log p(x) + (1 - y') \log(1 - p(x))$$

取负值等价于下式 (因为 $y = \pm 1$)：

$$\ell(y, f(x)) = \log(1 + e^{-2yf(x)}) \tag{4.3}$$

因为对数似然函数的最大值在 $p(x) = \Pr(y=1|x)$ 处取得，通过式(4.2)我们可以看到，最小化指数损失和最小化负二项分布对数似然函数损失所得的最优解是一致的。但需要注意，$e^{-yf(x)}$ 本身并不是一个恰当的对数似然。

尽管在总体上最小化指数损失和最小化负二项分布对数似然函数损失所得的最优解是一致的，但是应用于样本数有限的训练集时，结果可能会不同。在二分类问题中 (响应变量取值 $-1, 1$)，边际 $yf(x)$ 的作用类似回归中的残差 $(y - f(x))$，分类准则 $G(x) = \mathrm{sgn}(f(x))$ 表示拥有正的边际 $(y_i f(x_i) > 0)$ 的点被正确分类，拥有负的边际 $(y_i f(x_i) < 0)$ 的点被错误分类，区分边界是 $f(x) = 0$，分类的目标是产生更多更好的正的边际。任何损失函数都应该在正的边际点取值较小，在负的边际点取值较大，从而惩罚分类错误的点。

图4.8给出了指数损失 (长虚线) 和负二项分布对数似然函数损失 (点虚线，图中对应负二项损失) 作为 $yf(x)$ 的函数的图形。为了使所有损失函数都通过点 $(0,1)$，式(4.3)负二项分布对数似然函数以 2 为底，类似于式(4.1)的证明，我们可以得到基于二项分布似然函数的负对数似然损失的总体最优估计为 $f(x) = \log \dfrac{\Pr(y=1|x)}{\Pr(y=-1|x)}$。同时也得到了误判损失 (misclassification loss) 函数 $L(y, f(x)) = I(yf(x) < 0)$ 的图形，这个损失函数实际上是 0–1 损失 (黑色实线)：分类正确的点 (边际 > 0) 损失为 0，分类错误的点 (边际 < 0) 损失为 1。指数损失和负二项分布对数似然函数损失都可以看作对 0–1 损失的一个单调连续的函数近似：当负边际的绝对值逐渐增大时，损失随之增大；当正边际逐渐增大时，损失逐渐减少。两者的区别是当负边际的绝对值逐渐增大时，负二项分布对数

似然函数损失呈线性增长, 而指数损失呈指数增长, 也就是说, 指数损失对训练集中这样的点影响更大。当数据集噪声较大时, 负二项分布对数似然函数损失比指数损失更稳健 (Hastie et al.,2008)。

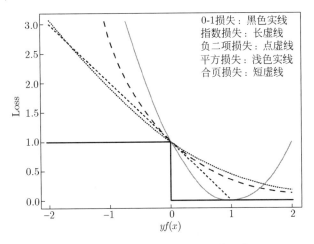

图 4.8　二分类问题的几种损失函数

图4.8同时给出了合页损失 (hinge loss), 这将在第 5 章介绍; 也给出了平方损失 $L(y, f(x)) = (y - f(x))^2 = 1 - 2yf(x) + [yf(x)]^2$ (因为 $y = \pm 1$), 该损失下总体 $f(x)$ 的最优估计是 (此处证明同式(4.1)的证明):

$$f^*(x) = \arg\min_{f(x)} E_{y|x}(y - f(x))^2$$

$$= E(y|x) = 2\mathrm{Pr}(y = 1|x) - 1$$

同前面一样, 分类准则是 $G(x) = \mathrm{sgn}(f(x))$。但我们看到平方损失在分类问题上不是一个很好的对 0–1 损失的近似, 因为它对边际较大的点 (分类正确) 给予较大的惩罚。

4.3.3　梯度下降 Boosting 算法

从可加模型的角度看, AdaBoost 给我们提供了一个新的视野, 就是函数空间的优化问题。将分步向前拟合可加模型与最速下降最小化方法 (steepest-descent minimization) 相联系, 可以得到一般梯度下降 Boosting 算法 (Friedman, 2001; Buhlmann and Hothorn, 2007)。

考虑预测问题 (分类或者回归), 我们有训练集样本点 $(x_i, y_i)(i = 1, 2, \cdots, n)$。我们的目标是得到函数 $F^*(x)$ 的估计, 其中, $F^*(x)$ 对于某一损失函数 $L(y, F(x))$ 满足:

$$F^* = \arg\min_F E_{y,x} L(y, F(x)) = \arg\min_F E_x[E_y(L(y, F(x)))|x]$$

一种常用的方法是假定 $F(x)$ 是一个参数函数 $F(x; P)$, 其中, $P = \{P_1, P_2, \cdots\}$ 是一个有限的参数集合。当 $F(x)$ 是可加模型时, 可以写成如下形式:

$$F(x; \{\beta_m, a_m\}_1^M) = \sum_{m=1}^M \beta_m h(x; a_m) \tag{4.4}$$

式中, $h(x; a_m)$ 是一个简单的参数函数, 称为基函数, 如果它是决策树, 那么它的参数 a_m 表示节点分枝变量、分枝规则、根节点的数目等。

当使用参数函数 $F(x; P)$ 时, 优化问题可以转换成寻找最优的参数 P^*, 使得

$$P^* = \arg\min_P E_{y,x} L(y, F(x; P))$$

从而得到 $F^*(x) = F(x; P^*)$。对于绝大多数 $F(x; P)$ 和 L, 我们需要使用数值算法寻找 P^*, 通常将 P^* 写成 $P^* = \sum_{m=0}^{M} p_m$, 其中, p_0 是初始值, $p_m \ (m = 1, 2, \cdots, M)$ 是步长。

最速下降法是寻找 $p_m \ (m = 1, 2, \cdots, M)$ 最简单、最常用的方法之一。它的求解过程如下。

首先, 计算当前的梯度 g_m:

$$g_m = \left\{ \left[\frac{\partial \Phi(P)}{\partial P} \right]_{P = P_{m-1}} \right\}$$

式中, $\Phi(P) = E_{y,x} L(y, F(x; P))$, $P_{m-1} = p_0 + p_1 + \cdots + p_{m-1}$。然后取步长 $p_m = -\rho_m g_m$, 其中, $\rho_m = \arg\min_\rho \Phi(P_{m-1} - \rho g_m)$。

这里负梯度 $(-g_m)$ 用来定义最速下降的方向, 而 ρ_m 是指沿着这个方向线性搜索 (line search) 的步长。

如果优化问题不是在参数空间, 而是在函数空间, 也就是说, 我们把在某一点 x 的函数 $F(x)$ 视为一个参数, 则考虑最小化下面的损失函数:

$$\Phi(F) = E_{y,x} L(y, F(x)) = E_x [E_y (L(y, F(x))) | x]$$

或等价地, 在某一固定点 x, 有

$$\Phi(F(x)) = E_y [L(y, F(x)) | x]$$

根据上述优化方法, 取 $F^*(x) = \sum_{m=0}^{M} f_m(x)$, 其中, $f_0(x)$ 是初始值, $f_m(x) \ (m = 1, 2, \cdots, M)$ 是优化方法得到的步长。应用最速下降法可得

$$f_m(x) = -\rho_m g_m(x) \tag{4.5}$$

式中

$$g_m(x) = \left[\frac{\partial \Phi(F(x))}{\partial F(x)} \right]_{F(x) = F_{m-1}(x)}$$

$$= \left[\frac{\partial E_y [L(y, F(x)) | x]}{\partial F(x)} \right]_{F(x) = F_{m-1}(x)}$$

$$F_{m-1}(x) = \sum_{i=0}^{m-1} f_i(x)$$

假定积分和微分可以互换的条件成立, 我们有

$$y_m(x) = E_y \left[\frac{\partial L(y, F(x))}{\partial F(x)} \bigg| x \right]_{F(x) = F_{m-1}(x)}$$

其次, 通过线性搜索可以进一步得到乘子:

$$\rho_m = \arg\min_{\rho} E_{y,x} L(y, F_{m-1}(x) - \rho g_m(x))$$

当使用有限的样本点 $(y_i, x_i)(i = 1, 2, \cdots, n)$ 来估计 (y, x) 的联合分布时, 上述方法并不适用, 因为条件分布 $E_y[\cdot|x]$ 在每个样本点 x_i 处并不能得到准确的估计。即使可以, 它也不能估计 $F^*(x)$ 在样本点 x_i 以外的 x 上的取值。一种解决办法是假定 $F(x)$ 具有某种参数形式, 如式(4.4), 然后得到如下的最优参数估计:

$$\{\beta_m, a_m\}_1^M = \arg\min_{\{\beta_m', a_m'\}_1^M} \sum_{i=1}^{n} L\left(y_i, \sum_{m=1}^{M} \beta_m' h(x_i; a_m')\right)$$

当不能直接求解上式时, 我们可应用分步向前方法, 即对于 $m = 1, 2, \cdots, M$, 有

$$(\beta_m, a_m) = \arg\min_{\beta, a} \sum_{i=1}^{n} L(y_i, F_{m-1}(x_i) + \beta h(x_i; a)) \tag{4.6}$$

然后令

$$F_m(x) = F_{m-1}(x) + \beta_m h(x; a_m) \tag{4.7}$$

需要注意, 这种分步向前方法与通常所说的可加模型的逐步向前并不相同, 因为此方法在第 m 步并不调整前 $m-1$ 步的计算。

如果对于给定的损失函数 L 和基函数 $h(x; a)$, 式(4.6)不易求解, 对于式(4.6)和式(4.7)中给定的 $F_{m-1}(x)$, 我们可以将 $\beta_m h(x; a_m)$ 看作估计 $F^*(x)$ 的第 m 步的步长 (相当于式(4.5)中的 $f_m(x)$)。只不过这一步中确定方向的项 $h(x; a_m)$ 带有约束: 它是式(4.5)中无约束的函数 $f_m(x)$ 的参数函数形式, 在样本点 x_i 处的负梯度可以写成:

$$-g_m(x_i) = -\left[\frac{\partial L(y_i, F(x_i))}{\partial F(x_i)} \bigg| x \right]_{F(x_i) = F_{m-1}(x_i)}$$

虽然 $-g_m = \{-g_m(x_i)\}_1^n$ 给出了 $F_{m-1}(x)$ 在 n 维数据点上的最速下降方向, 但是这个梯度仅在 $x_i(i = 1, 2, \cdots, n)$ 这 n 个点上有定义, 很难将其推广到整个 x 的取值空间。一种可行的方法是通过下式寻找最近似 $-g_m$ 的 $h_m = \{h(x_i; a_m), i = 1, 2, \cdots, n\}$:

$$a_m = \arg\min_{\beta, a} \sum_{i=1}^{n} [-g_m(x_i) - \beta h(x_i; a)]^2 \tag{4.8}$$

用 $h(x; a_m)$ 代替式(4.5)中的 $-g_m(x)$, 并且调整相应的乘子 ρ_m 的计算:

$$\rho_m = \arg\min_{\rho} \sum_{i=1}^{n} L(y_i, F_{m-1}(x_i) + \rho h(x_i; a_m)) \tag{4.9}$$

从而得到 $F^*(x)$ 估计的更新为 $F_m(x) = F_{m-1}(x) + \rho_m h(x; a_m)$。

可以看到, 基于梯度的方法每次迭代时朝着期望损失函数下降最快的方向 (即其负梯度方向) 来寻优。从变量选择的角度看, 感兴趣的是在这个方向上自变量的信息对其

贡献有多大。因此通过将梯度方向向自变量张成的空间投影, 可以获得与该最优方向相关性最大的自变量信息。

总结上述方法可以看到, 为了得到式(4.6)的解, 我们拟合 $h(x;a)$ 与伪响应变量 $\{\tilde{y}_i = -g_m(x_i)\}_1^n$。这使得较困难的最小化问题转变成用较容易的最小二乘法求解式(4.8)以及用线性搜索法求解式(4.9)。这样对于可以使用最小二乘法求解式(4.8)的所有基函数 $h(x;a)$, 我们可以应用上述分步向前方法来最小化任意一个可微的损失函数 L, 从而得到可加模型的最优拟合。这启发我们得到下面一般意义上的梯度下降提升算法:

(1) 给定初始估计 $F_0(x) = \arg\min_\rho \sum_{i=1}^n L(y_i, \rho)$。

(2) 对于 $m = 1, 2, \cdots, M$, 计算

$$\tilde{y}_i = -\left[\frac{\partial L(y_i, F(x_i))}{\partial F(x_i)}\right]_{F(x_i)=F_{m-1}(x_i)}, \ i = 1, 2, \cdots, n$$

$$a_m = \arg\min_{a,\beta} \sum_{i=1}^n \left[\tilde{y}_i - \beta h(x_i; a)\right]^2$$

$$\rho_m = \arg\min_\rho \sum_{i=1}^n L(y_i, F_{m-1}(x_i) + \rho h(x_i; a_m))$$

$$F_m(x) = F_{m-1}(x) + \rho_m h(x; a_m)$$

基于梯度下降的 Boosting 算法中, 目前最常用的是由陈天奇等人开发的 XGBoost 算法 (Chen and Guestrin, 2016) 和由微软亚洲研究院的 Guolin Ke 等人开发的 LightGBM 算法 (Ke et al., 2017)。XGBoost 算法将在 4.3.4 节详细介绍。LightGBM 算法在 XGBoost 的基础上对数值型特征寻找最优分枝点时采用直方图算法, 减少排序的计算量, 并且在每步迭代中采用决策树拟合样本点梯度时, 首先对样本点的梯度进行排序, 然后通过单边梯度采样方法减少入样数目, 从而降低计算量。这在理论上能保证采样后的决策树划分节点前后的方差减少量与全样本点下寻优的方差减少量之差控制在与样本量的倒数同阶的水平上。在决策树的构建中, 将寻找最优分枝变量看作图的着色问题, 通过互斥捆绑算法批量选择特征变量, 从而提高算法运行速度。在 Python 中, 可以通过 "from sklearn.ensemble import HistGradientBoostingRegressor" 加载此包实现 LightGBM 算法。Liudmila Prokhorenkova 等人在 2018 年基于 ordered boosting 算法提出了 CatBoost 算法 (Categorical Boosting, Prokhorenkova et al., 2018), 可以修正 LightGBM 在处理分类变量时计算量大的问题。

4.3.4 XGBoost

XGBoost 是 2014 年 2 月提出的基于决策树模型的提升算法, 因其优良的学习效果以及较快的训练速度获得了广泛的关注。它有开源的程序包, 适用于大规模的稀疏数据, 具有运算速度快、准确率高等优点。在 2015 年 Kaggle 竞赛获胜的 29 种算法中, 有 17 种使用了 XGBoost 库, 作为对比, 有 11 种使用了近年来大热的深度神经网络方法。在

KDDCup 2015 竞赛中, 排名前十的队伍全部使用了 XGBoost 库。

XGBoost 算法是对前几小节介绍的梯度提升决策树 (gradient boosting decision tree, GBDT) 方法的改进, 并且在计算机程序实现时增加了对提升计算速度和节省硬盘空间的考虑。从可加模型的角度来看, 一个基于决策树的组合模型可以写成 K 个可加函数的形式:

$$\hat{y}_i = \Phi(x_i) = \sum_{k=1}^{K} f_k(x_i), \ f_k \in F$$

式中, $F = \{f(x) = w_q(x)\}$ 是决策树函数的集合。字母 q 代表树的分枝结构, w 代表叶节点的权重值。XGBoost 算法优化的目标函数如下:

$$L(\phi) = \sum_i l(\hat{y}_i, y_i) + \sum_k \Omega(f_k)$$

式中

$$\Omega(f_k) = \gamma T + \frac{1}{2} \lambda \sum_{j=1}^{T} \omega_j^2$$

这里, l 是选择的损失函数, 通常它是可导的凸函数。Ω 函数惩罚决策树的大小以及叶节点的权重值, 防止模型过拟合。上述优化问题的目标变量是函数, 因此采用逐步向前可加的方式来优化。令 $\hat{y}_i^{(t)}$ 是第 t 步迭代第 i 个样本点的预测值, 需要增加 f_t 来优化下述目标函数: $L(t) = \sum_{i=1}^{n} l(y_i, \hat{y}_i^{(t-1)} + f_t(x_i)) + \Omega(f_t)$。Chen and Guestrin(2016) 使用二阶近似的方法优化该目标函数, 从而对固定的树状结构 $q(x)$ 可以求得叶节点权重 w 的最优值。之后再根据 w 的值计算树状结构 q 的得分函数, 将其作为评价指标, 使用贪婪算法使决策树生长并对其剪枝。

不同于传统的梯度提升决策树方法只利用一阶导数信息, XGBoost 对损失函数做了二阶泰勒展开, 并在目标函数之外加入了正则项, 整体求最优解, 以权衡目标函数的下降和模型的复杂度, 避免过拟合。

记第 t 步的目标函数为:

$$Obj^{(t)} = \sum_{i=1}^{n} l(y_i, y_i^{(t-1)} + f_t(x_i)) + \Omega(f_t) \tag{4.10}$$

将 $\sum_{i=1}^{n} l(y_i, y_i^{(t-1)} + f_t(x_i))$ 损失部分在 $y_i^{(t-1)}$ 处展开到二阶导, 得到

$$\begin{aligned}
\sum_{i=1}^{n} l(y_i, y_i^{(t-1)} + f_t(x_i)) = &\sum_{i=1}^{n} l(y_i, m_i)\big|_{m_i = y_i^{(t-1)}} \\
&+ \frac{\partial l(y_i, m_i)}{\partial m_i}\bigg|_{m_i = y_i^{(t-1)}} f_t(x_i) \\
&+ \frac{1}{2} \frac{\partial^2 l(y_i, m_i)}{\partial m_i^2}\bigg|_{m_i = y_i^{(t-1)}} f_t^2(x_i) + o(f_t^2(x_i))
\end{aligned}$$

所以有

$$Obj^{(t)} \approx \sum_{i=1}^{n} l(y_i, m_i)|_{m_i=y_i^{(t-1)}} + \frac{\partial l(y_i, m_i)}{\partial m_i}|_{m_i=y_i^{(t-1)}} f_t(x_i)$$

$$+ \frac{1}{2} \frac{\partial^2 l(y_i, m_i)}{\partial m_i^2}|_{m_i=y_i^{(t-1)}} f_t^2(x_i) + \Omega(f_t)$$

下面记 $\frac{\partial l(y_i, m_i)}{\partial m_i}|_{m_i=y_i^{(t-1)}} = g_i$, $\frac{\partial^2 l(y_i, m_i)}{\partial m_i^2}|_{m_i=y_i^{(t-1)}} = h_i$, 那么有

$$Obj^{(t)} \approx \sum_{i=1}^{n} l(y_i, y_i^{(t-1)}) + g_i^{(t-1)} f_t(x_i)$$

$$+ \frac{1}{2} h_i^{(t-1)} f_t^2(x_i) + \Omega(f_t)$$

$$(4.11)$$

最小化式(4.10), 等价于最小化式(4.11)。

对每个基学习器 f_t 定义其复杂度 $\Omega(f_t)$:

$$\Omega(f_t) = \gamma T + \frac{1}{2} \lambda \sum_{j=1}^{T} \omega_j^2$$

式中, T 是叶节点的个数; ω_j 是第 j 个叶节点的权重值, 也就是说, 对上面的 $f_t(x_i)$ 的叶节点, 如果给予编号 $1, 2, \cdots, T$, 那么第 j 个叶节点给出的预测值也称为该叶节点的权重。这些权重是根据损失函数和正则化项来优化的。可以看出, 正则化项由叶节点数量、叶节点的权重值所组成的向量的 L_2 范式共同决定, 目的是避免单棵决策树学习过量的信息, 防止过拟合。

下面将按照不同的叶节点改写式(4.11)。由于 y_i, $y_i^{(t-1)}$ 都是给定的, 最小化式(4.11)等价于最小化下式:

$$Obj^{(t)} \approx \sum_{i=1}^{n} g_i^{(t-1)} f_t(x_i) + \frac{1}{2} h_i^{(t-1)} f_t^2(x_i) + \gamma T + \frac{1}{2} \lambda \sum_{j=1}^{T} \omega_j^2$$

式中, 前两项的求和是关于所有观测 $(i = 1, 2, \cdots, n)$ 的求和, 最后一项是按照叶节点的个数求和。为了进一步简化, 下面将前两项的求和也按照叶节点的个数重写。

这里重新认识一下 CART, 不管是分类还是回归, CART 最后给出的预测都是由叶节点给出的。由第 j 个叶节点 I_j 给出的第 i 个观测的分类为:

$$\hat{p}_{jk}(x_i) = \hat{P}(y_i = k|x_i)$$

$$= \frac{1}{\sum_{i=1}^{n} I(x_i \in I_j)} \sum_{i=1}^{n} I(y_i = k, x_i \in I_j)$$

由第 j 个叶节点给出的回归为:

$$f_j(x_i) = \frac{1}{\displaystyle\sum_{i=1}^{n} I(x_i \in I_j)} \sum_{i=1}^{n} y_i I(x_i \in I_j)$$

这里每个叶节点给出的估计值就是前面定义的该叶节点的得分, 记为 ω_j。对目标函数

$$Obj^{(t)} \approx \sum_{i=1}^{n} g_i^{(t-1)} f_t(x_i) + \frac{1}{2} h_i^{(t-1)} f_t^2(x_i) + \gamma T + \frac{1}{2}\lambda \sum_{j=1}^{T} \omega_j^2$$

按照叶节点的个数求和可以重新写为:

$$Obj^{(t)} \approx \sum_{j=1}^{T} \left(\sum_{x_i \in I_j} g_i^{(t-1)} \omega_j + \frac{1}{2} \sum_{x_i \in I_j} h_i^{(t-1)} \omega_j^2 \right) + \gamma T + \frac{1}{2}\lambda \sum_{j=1}^{T} \omega_j^2$$

$$= \sum_{j=1}^{T} \left[\sum_{x_i \in I_j} g_i^{(t-1)} \omega_j + \frac{1}{2}(\sum_{x_i \in I_j} h_i^{(t-1)} + \lambda)\omega_j^2 \right] + \gamma T$$

记 $\displaystyle\sum_{x_i \in I_j} g_i^{(t-1)} = G_j^{(t-1)}$, $\displaystyle\sum_{x_i \in I_j} h_i^{(t-1)} = H_j^{(t-1)}$, 则上式可以写为:

$$Obj^{(t)} \approx \sum_{j=1}^{T} \left[G_j^{(t-1)} \omega_j + \frac{1}{2}(H_j^{(t-1)} + \lambda)\omega_j^2 \right] + \gamma T$$

极小化目标函数 $Obj^{(t)}$, 求解 ω_j。故对 $Obj^{(t)}$ 关于 ω_j 求导:

$$\frac{\partial Obj^{(t)}}{\partial \omega_j} = G_j^{(t-1)} + 2 \times \frac{1}{2}(H_j^{(t-1)} + \lambda)\omega_j$$

$$= G_j^{(t-1)} + (H_j^{(t-1)} + \lambda)\omega_j$$

令 $\dfrac{\partial Obj^{(t)}}{\partial \omega_j} = 0$, 得到方程

$$G_j^{(t-1)} + (H_j^{(t-1)} + \lambda)\omega_j = 0$$

$$\omega_j = -\frac{G_j^{(t-1)}}{H_j^{(t-1)} + \lambda}$$

对应的 $Obj^{(t)}$ 的极小值为:

$$Obj^{(t)} \approx -\frac{1}{2} \sum_{j=1}^{T} \frac{(G_j^{(t-1)})^2}{H_j^{(t-1)} + \lambda} + \gamma T$$

该式可以作为具有 T 个叶节点的决策树模型的结构的一个度量, 称为这棵决策树的得分函数。

一般来说, 不可能列举出所有的决策树结构, 可以通过划分前后目标函数的变化来

决定划分准则:

$$\text{增益} = \frac{1}{2}\left(\frac{(G_L^{(t-1)})^2}{H_L^{(t-1)}+\lambda} + \frac{(G_R^{(t-1)})^2}{H_R^{(t-1)}+\lambda} - \frac{(G_L^{(t-1)}+G_R^{(t-1)})^2}{H_L^{(t-1)}+H_R^{(t-1)}+\lambda}\right) - \gamma$$

这里可以看到, XGBoost 比 GBDT 有优势的地方在于将每个基学习器的复杂度都加入目标函数, 从而单个基学习器的构建也是旨在极小化目标函数。观察这个目标函数, 值得注意的事情是引入分枝不一定会使情况变好, 因为我们有一个引入新叶节点的惩罚项。优化这个目标对应了决策树的剪枝, 当引入的分枝带来的增益小于一个阈值时, 我们可以剪掉这个分枝。大家可以发现, 当我们正式推导目标函数时, 像计算分数和剪枝这样的策略都会自然而然地出现, 而不再是一种因为启发而进行的操作。

此外, 在算法的细节上, XGBoost 还引入了两个技巧以降低过拟合程度。第一个技巧是通过因子 η 控制每一步提升的步长, 类似于随机优化中的学习速率, 利用收缩可以降低每棵决策树的影响并且为未来的决策树留出改进模型的空间。第二个技巧是对列变量 (特征) 进行子抽样, 这种技巧被用在随机森林中, 列抽样不仅可以加速计算过程, 而且能很好地降低过拟合程度。

在建立决策树的过程中, 最重要的一步就是确定分枝变量和最优分枝值。确切贪婪算法 (exact greedy algorithm) 是在所有分枝中寻找最优, 但是当数据量过大时, 计算速度很慢。XGBoost 使用了近似算法, 首先根据变量取值的分位数提出候选分枝点, 然后计算一个整合的统计量, 根据这个统计量的取值寻找最优结果。在此过程中, Chen and Guestrin (2016) 提出了加权的分位点寻找方法, 该方法不仅有准确性的理论保证, 还可以通过并行分布式编程实现。

同时, XGBoost 算法考虑了对稀疏数据的处理, 并且在算法实施的数据排序过程中使用了列分块 (column block) 思想, 在计算梯度统计量时使用了内存的缓存管理技术。为了更好地使用计算资源实现快速大规模计算, XGBoost 使用了更好地利用硬盘空间的方法以及数据快速读写和计算的方法。上述这些内容通过并行分布式计算来实现。Chen and Guestrin (2016) 提供了开源的程序包, 使得 XGBoost 在处理大规模数据集方面体现出独特的优势。

例 4.9 (XGBoost 实现) 接下来将给出 AdaBoost 建立回归决策树的代码, 运行结果不再进行过多展示, 感兴趣的读者可以自己对结果进行解释。

在使用 XGBoost 之前, 首先需要安装 XGBoost 模块, 安装操作请参见官方文档, 网址为: https://xgboost.readthedocs.io/en/latest/build.html。

```
from xgboost.sklearn import XGBClassifier
from sklearn.model_selection import GridSearchCV
# 有许多参数用于控制模型的拟合效果, 感兴趣的读者可以自行探索
# 此处仅以决策树的最大深度和最小子权重进行参数寻优

param_test={
  'max_depth':range(3,10,2),
```

```
        'min_child_weight':range(1,6,2)
}
gsearch=GridSearchCV(
    estimator=XGBClassifier(learning_rate=0.1,
                            n_estimators=100,
                            gamma=0,
                            subsample=0.8,
                            colsample_bytree=0.8,
                            objective='binary:logistic'),
    param_grid=param_test,
    scoring='roc_auc',
    cv=5)
gsearch.fit(X,Y)
# 利用逐点找到的最优模型进行预测
# 注意: XGBoost 调参需要经过许多步骤
gsearch.predict(X)
```

4.3.5 讨 论

本节介绍了在统计学习领域受到广泛关注的 AdaBoost 分类算法, 并从理论上解释了它是最小化指数损失标准下对可加模型的拟合。从这个角度出发, 选用不同的损失函数拟合可加模型可以得到不同的 Boosting 算法。实际数据的计算结果表明, Boosting 算法的预测能力通常比单棵决策树和 Bagging 算法更好。在实际应用中, 要想使该算法更有效, 还需要考虑以下几个方面。

(1) Boosting 算法的一个重要参数是迭代的次数 M, 如何确定算法在哪一步停止, 学者们有不同的看法。在 Boosting 算法提出的最初, 它的一个非常令人兴奋的特点就是, 它似乎对过拟合免疫, 也就是说, 在算法运行的前几步, 训练误差已经降到很低 (甚至可以降到零), 但是继续增加迭代次数到一个很大的数字 (甚至是 $M=1\,000$) 时, 仍然可以大幅降低泛化误差 (Schapire et al., 1998)。最近的一些研究表明, Boosting 算法的确存在过拟合现象, 虽然很慢。Buhlmann and Hothorn (2007) 基于一些模型拟合的最优化理论提出了确定 M 的标准。也可以使用交叉验证法确定 M。

(2) M 的选取只是提高预测精度的一个考虑, 我们还可以像岭回归和神经网络那样使用收缩技术。在 Boosting 算法中, 最简单的收缩方法就是在每步迭代对最优函数的逼近过程中, 将当前基预测器的贡献率用乘子 v 缩放, $f_m(x) = f_{m-1}(x) + vh_m(x)$ (Hastie et al., 2008; Buhlmann and Hothorn, 2007)。乘子 v 可以看作用来控制提升过程的学习率, 较小的 v 使得 M 取值相同时, 训练集有较大的误差, 但是实验结果表明, 取较小的 v ($v < 0.1$) 并适当提前停止迭代, 可以更有效地降低泛化误差。

(3) 通过本节的介绍, 我们知道 Boosting 算法是对基预测器的相加或组合, 基预测器的选取可以是任意的, 但绝大多数时候, 我们使用决策树, 因为决策树方法在对数据做变换的情况下是不变的, 并且可以同时处理连续、分类、次序变量, 变量选择也较容易。

实际数据表明, 使用决策树作为 Boosting 的分类器往往可以实现预测精度的大幅提高。然而即使选取决策树作为基预测器, 我们也需要确定每棵决策树的复杂度, 即根节点的数目。首先它与 M 的选取互相制约, 如果选取较复杂的决策树作为基预测器, 则可以选取相对较小的 M, 但大部分学者倾向于选取较简单的决策树 (甚至是树桩: 只有两个根节点) 作为基预测器, 而使整个算法迭代多次。Buhlmann and Hothorn (2007) 提出了低方差 (low variance) 的准则, 也就是使用较简单的决策树, 它们往往有较大的偏差、较小的方差, Boosting 算法的作用之一就是降低偏差。上面第 (2) 点介绍的乘子 v 也有同样的降低基预测器的方差、提高偏差的作用。选择较简单的决策树作为基预测器的另一个考虑是最终模型的结构性质, 如果我们组合多个复杂的基预测器, 会使得最终模型更加复杂, 但是如果选择只有两个根节点的树桩作为基预测器, 它每次只选取一个变量作为自变量, 也就是每次只有一个主效应, 当组合多个树桩得到最终分类器时, 它是一个只有主效应的模型。决策树的变量的交互作用的阶数取决于其叶节点的数目, 一个有 K 个叶节点的决策树不可能有大于 $K - 1$ 阶的变量的交互作用, 因为在一般的问题中, 变量的交互作用的阶数不宜过高, 当树桩不足以拟合数据时, 我们也选取根节点较少的决策树作为基预测器, 比如 $4 \leqslant K \leqslant 8$。

(4) 本节所介绍的 Boosting 算法主要是针对传统的分类和回归问题, 将这种思想推广开来, 可以对指数分布族模型 (Possion 回归等) 以及生存分析模型 (Cox 回归等) 进行改进, 有兴趣的读者可以参考 Ridgeway (1999) 以及 Buhlmann and Hothorn (2007)。

4.3.6 Boosting 算法的进一步研究

如前所述, Boosting 算法一经提出便引起了热烈的讨论。Corinna Cortes 等人于 2014 年在 AdaBoost 估计边际分布的原理上, 提出了 Deep boosting 算法 (Cortes et al., 2014)。Cynthia Rudin 和 Robert E. Schapire 于 2009 年提出一种基于边际的 Rankboost 算法, 理论上可以提高边际的泛化误差 (Cynthia and Schapire, 2009)。A. Suggala 等人在 2020 年基于可加模型的框架提出一种一般化的 Boosting 算法 (Suggala et al., 2020)。此处, 我们将 Boosting 算法分解以进一步研究。我们鼓励读者自行编程探索各种统计分析方法的算法, 研究其背后的原理, 而不是仅调用软件包的一个函数命令。本书仅以 Boosting 算法为例。本小节的程序可从中国人民大学出版社的网站下载。

1. 树桩、单棵最优决策树、AdaBoost 算法比较

下面我们看一个模拟的例子, $X_1, X_2, \cdots, X_{10}$ 来自独立的标准正态分布, Y 的定义如下:

$$Y = \begin{cases} 1, & \sum_j X_j^2 > \chi_{0.5}^2(10) = 9.34 \\ -1, & \text{其他} \end{cases}$$

这里 9.34 是卡方分布 (10 个自由度) 的分位数。模拟产生 2 000 个点作为训练集, 大

概每类有 1 000 个点, 再模拟产生 10 000 个点作为测试集。我们选择的基分类器为只有两个叶节点的树桩。首先使用单棵树桩来预测, 测试误差为 45.48% (仅比随机猜测 (50%) 好一点)。然后用 CART 算法建立一棵最优决策树, 单棵最优决策树的预测误差为 25.84%。再运行 AdaBoost 算法, 随着迭代次数的增加, 测试误差逐渐下降, 当 $M=400$ 时, 测试误差达到 15.15%。结果见图4.9。

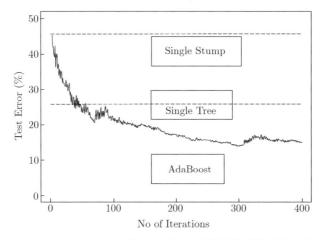

图 4.9　**AdaBoost** 算法与树桩和单棵最优决策树的比较

2. 自适应重抽样

　　自 AdaBoost 算法提出以来, 大量模拟和应用结果显示该算法可以大幅降低基分类器 (比如决策树) 的预测误差。 Breiman (1996c) 曾指出, AdaBoost 算法是现有分类算法中最好的一种。他的研究比较了 AdaBoost 算法与 Bagging 算法, 结果是 AdaBoost 算法能更有效地减少测试误差。当时他认为最主要的原因是 AdaBoost 的自适应重抽样方法, 而不是其具体定义的更新 $p(i)$ 的公式。为此他定义了另一种自适应重抽样方法, 记为 Arc-X4, 步骤如下。

　　(1) $m = 1$, 以 Bootstrap 方法 (即等概率 $p_1(i) = \dfrac{1}{n}$ 的有放回重复抽样) 对训练集 $T = (x_i, y_i)$ $(i = 1, 2, \cdots, n)$ 抽样得到新的训练集 T_1, 样本量为 n。对 T_1 构建决策树 $h_B(x; T_1)$。应用 $h_B(x; T_1)$ 预测训练集 T 中所有样本点 $(x_i, y_i)(i = 1, 2, \cdots, n)$。令 $r_1(i) = 1$, 如果 $h_B(x; T_1)$ 对 (x_i, y_i) 预测错误, 则 $r_1(i) = 0$。对于 $m = 2, 3, \cdots, M$, 更新第 m 次抽样概率为:

$$p_m(i) = \frac{1 + r_{m-1}^4(i)}{\sum_i (1 + r_{m-1}^4(i))}$$

　　(2) 以概率 $p_m(i)$ 对训练集 T 进行有放回重复抽样得到新的训练集 T_m, 并对 T_m 构建决策树 $h_B(x; T_m)$。应用 $h_B(x; T_m)$ 预测训练集 T 中所有样本点 $(x_i, y_i)(i = 1, 2, \cdots, n)$。令 $r_m(i)$ 等于 $h_B(x; T_1)$ 到 $h_B(x; T_m)$ 中对 (x_i, y_i) 预测错误的个数。

(3) 组合 M 棵决策树得到最终分类器:

$$H_A(x) = \arg \max_{y \in \{1, \cdots, K\}} \left\{ \sum_m I(h_B(x; T_m) = y) \right\}$$

这里使用四个数据集。第一个是 4.1.3 节使用过的 Biopsy 乳腺癌数据集。第二个是 mlbench 包中的 Glass 数据集, 是玻璃分类的数据, 共分为 6 类, 有 9 个预测变量。另外两个是模拟数据集: waveform 是三分类数据集, 共 21 个预测变量; twonorm 是两个多元正态混合的分类数据集, 共 20 个预测变量, 具体说明参见 R 语言的帮助文档。对于 twonorm 和 waveform 两个模拟数据集, 模拟产生 300 个训练样本点、1 500 个测试样本点。对于 Biopsy 和 Glass 两个真实数据集, 随机选取 90% 的数据作为训练集, 剩余 10% 作为测试集。对训练集的样本运行 AdaBoost 和 Arc-X4 算法, 令 M=50。组合 50 棵决策树生成最终分类器, 并应用于测试集计算分类误差。重复以上算法 100 次, 得到分类误差的平均, 并与 Bagging 和 CART 算法进行比较 (见表4.1)。

表 4.1　AdaBoost, Arc-X4, Bagging 与 CART 算法的测试误差的比较 (%)

数据集	AdaBoost	Arc-X4	Bagging	CART
twonorm	4.77	5.0	9.8	24.7
waveform	17.9	17.8	20.7	29.5
Biopsy	3.59	3.53	4.0	5.5
Glass	21.52	22.14	28	31.4

可见, AdaBoost 和 Arc-X4 算法的测试误差相差很小, 优于 Bagging 算法, 最差的是 CART 算法。注意在使用 AdaBoost 算法时, 当 ε_m 大于等于 1/2 或等于 0 时, Freund and Schapire (1996) 的做法是终止循环, Breiman (1996c) 则是令 $p(i) = 1/n$ 重新开始, 这样可以得到更好的结果。

3. 样本使用情况

Breiman (1996c) 在文章的后半部分讨论了 AdaBoost 算法的性质, 这对我们了解迭代过程中抽样概率的变化、训练集样本点的使用情况等有很大的帮助。

我们知道在 Bootstrap 抽样中, 当抽取的样本量与原训练集的样本量相同时, 大概有 37% 的样本不会出现在新的训练集中, 对于自适应重抽样, 因为分错的样本具有更大的抽样概率, 所以有更多样本不会出现在新的训练集中。

首先计算 AdaBoost 算法使用的训练集样本点数, 再计算 Arc-X4 训练集需要的样本点数。同样, 我们比较两个模拟数据集与两个真实数据集。首先比较两个模拟数据集 ——twonorm 和 waveform 训练集样本点的使用情况。对于 Glass 和 Biopsy 这两个真实数据集, 比较在两种不同方法下训练集样本点的使用情况。

表4.2给出了每次抽样后新的训练集中不重复的样本点在原训练集样本点中占比的均值。

表 4.2   Arc-X4 与 AdaBoost 算法下训练集样本点的使用情况 (%)

数据集	AdaBoost	Arc-X4
twonorm	47.3	31.3
waveform	49.3	39.3
Biopsy	29.0	16.6
Glass	51.3	47.1

Arc-X4 每次使用了 30%~50% 的样本点, AdaBoost 使用的则更少。

4. 抽样概率的波动

不同算法的抽样概率的波动性是不一样的, 对于第 i 个样本点的抽样概率 $p_m(i)(m = 1, 2, \cdots, M)$, 计算 $np_m(i)$ 的均值与标准差, 可以将所有 n 个样本点的 $np_m(i)$ 的均值与方差绘成散点图。以 Glass 数据集为例, 绘制不同算法下入样概率的散点图, 结果见图4.10。

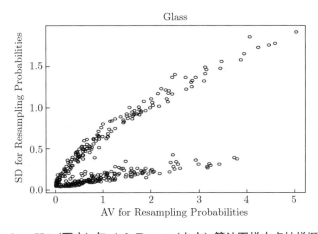

图 4.10   **Arc-X4 (下方) 与 AdaBoost (上方) 算法下样本点抽样概率的波动**

可以看到, AdaBoost 算法 (上方) 的标准差一般大于其均值, 并且随着均值的增加而线性增加; Arc-X4 算法 (下方) 的标准差一般很小, 并且随着均值的增加, 增幅不大。

5. 误判次数与被抽中次数

对于每个样本点, 它被误判的次数越多, 它的抽样概率就应该越大, 它出现在训练集 T_m 中的次数也应该越多。

以 Biopsy 数据集为例, 设 $M = 1\,000$。首先计算其在 AdaBoost 算法下的误判次数, 再计算其在 Arc-X4 算法下的误判次数。画出误判次数的散点图 (见图4.11)。

Arc-X4 (下方) 的表现和预期一样, 但 AdaBoost (上方) 并不是这样, 其散点图迅速上升然后保持平稳, 也就是说, 当出现在训练集中的次数增加至一定值时, 被误判的概率并没有增大。这个现象可以用 AdaBoost 的性质来解释。

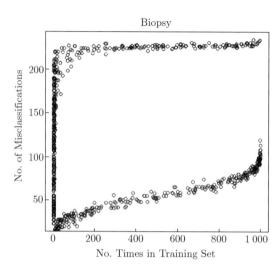

图 4.11　Arc-X4 (下方) 与 AdaBoost (上方) 算法下样本点被抽中次数与误判次数

假设有 M 次迭代, β_m 是一个常数且等于 β (在我们的计算中, 当 M 比较大时, β_m 的标准差/均值相对稳定), 对于每个点 i, 令 $r(i)$ 表示第 i 个样本点被误判的百分比, 则 $p(i) \approx \beta^{Mr(i)} / \sum \beta^{Mr(i)}$. 令 $r^* = \max\limits_i r(i)$, F 是使得 $r(i) > r^* - \varepsilon$ 的所有点的集合, $|F|$ 是集合 F 的势, 如果 $|F|$ 很小, 则不在 F 中的点的误判百分比将升高, 直到接近 r^*。

以模拟数据集 twonorm 中 $p(i)$ 较大和较小的两个点为例, 观察当 M 变化时误判率的变化情况。

挑选 $p(i)$ 较大和较小的两个点, 画出随着 M 的增大误判率的变化情况。图4.12上方的曲线表示 $p(i)$ 较大的一个点, 下方的曲线表示 $p(i)$ 较小的一个点。

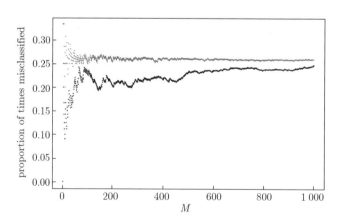

图 4.12　两个样本点误判率随迭代次数的变化情况

实际上有很多点具有较小的误判率和 $p(i)$, 它们是图4.13中聚集在 y 轴附近的点。继续以模拟数据集 twonorm 为例, 取训练集样本点 $N = 300$, 令 $M = 1\,000$。画出训练集样本点被 AdaBoost 算法使用的百分比。图4.13的横轴表示分位数, 纵轴表示 300 个

样本点在训练集 T_m 中出现次数的比例。可以看到, 40% 的样本点很少出现在训练集 T_m 中, 其他样本点近似均匀分布在训练集 T_m 中。

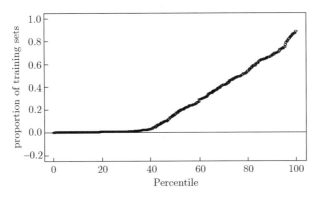

图 4.13　训练集样本点被使用的百分比

6. 易误判的点是否得到更大的权重

我们使用二分类数据集 twonorm 来研究这个问题。根据该模拟数据集产生的方法, 在 x 点, 两个类的概率密度的比值仅依赖于 $|(x,l)|$ (向量内积运算), 其中, l 是所有分量都为 1 的向量。$|(x,l)|$ 越大, 两个类的概率密度的比值越接近 1, x 点越难判别。按照 AdaBoost 和 Arc-X4 的原理, 当 $|(x,l)|$ 变大时, x 的抽样概率应该增大。图4.14给出了 $M = 1\,000$ 时 $p(i)$ 的均值对 $|x(i),l|$ 的散点图。但是从此图中并不能明显看出我们希望看到的趋势, Breiman (1996c) 也未能解释这个现象, 这有待进一步研究。

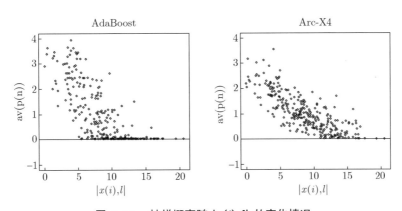

图 4.14　抽样概率随 $|x(i),l|$ 的变化情况

4.3.7　附　录

性质 1 的证明: 假定二分类问题的基分类器为 $h_m(x) \in \{-1, 1\}$, 对于指数损失, 第 m 步迭代, 我们要计算:

$$(\beta_m, h_m) = \arg\min_{\beta, h} \sum_{i=1}^{n} \exp[-y_i(f_{m-1}(x_i) + \beta h(x_i))]$$

这等价于

$$(\beta_m, h_m) = \arg\min_{\beta, h} \sum_{i=1}^{n} \omega_i^{(m)} \exp[-\beta y_i h(x_i)] \tag{4.12}$$

式中, $\omega_i^{(m)} = \exp[-y_i f_{m-1}(x_i)]$, 它既不依赖于 β_m, 也不依赖于 h_m, 可以看作样本点 i 的权重 (依赖于 $f_{m-1}(x_i)$)。式(4.12)的求解可以通过以下两步完成。

(1) 给定 $\beta > 0$, 展开式(4.12), 得

$$e^{-\beta} \sum_{y_i = h(x_i)} \omega_i^{(m)} + e^{\beta} \sum_{y_i \neq h(x_i)} \omega_i^{(m)}$$

$$= (e^{\beta} - e^{-\beta}) \sum_{i=1}^{n} \omega_i^{(m)} I(y_i \neq h(x_i)) + e^{-\beta} \sum_{i=1}^{n} \omega_i^{(m)}$$

所以使得式(4.12)达到最小值的 h_m 为:

$$h_m = \arg\min_{h} \sum_{i=1}^{n} \omega_i^{(m)} I(y_i \neq h(x_i)) \tag{4.13}$$

这相当于寻找分类器, 使得对加权的训练样本点的误判率达到最小。

(2) 将式(4.13)代入式(4.12)求解 β, 得到

$$\beta_m = \frac{1}{2} \log \frac{1 - \mathrm{err}_m}{\mathrm{err}_m}$$

式中

$$\mathrm{err}_m = \frac{\sum_{i=1}^{n} \omega_i^{(m)} I(y_i \neq h_m(x_i))}{\sum_{i=1}^{n} \omega_i^{(m)}}$$

这样 $f_m(x)$ 更新为 $f_{m-1}(x) + \beta_m h_m(x)$, 第 $m+1$ 步迭代的权重更新为:

$$\omega_i^{(m+1)} = \omega_i^{(m)} e^{-\beta_m y_i h_m(x_i)} \tag{4.14}$$

由于 $-y_i h_m(x_i) = 2I(y_i \neq h_m(x_i)) - 1$, 式(4.14)可写成:

$$\omega_i^{(m+1)} = \omega_i^{(m)} e^{\alpha_m I(y_i \neq h_m(x_i))} e^{-\beta_m} \tag{4.15}$$

式中, $\alpha_m = 2\beta_m$, $e^{-\beta_m}$ 使得所有点的权重乘以相同的数, 所以不起作用。这样式(4.15)相当于 4.3 节开头介绍的 AdaBoost 算法中的更新抽样概率 $p_m(i)$。式(4.13)相当于 AdaBoost 算法中对重抽样样本构建最优决策树。分类规则为 $\mathrm{sgn}(f(x))$, 对于二分类问题, 这与 AdaBoost 算法 $H_A(x)$ 等价。所以我们得到结论: 二分类 AdaBoost 算法是最小化指数损失 $L(y, f(x)) = \exp[-yf(x)]$ 的分步向前可加模型。

性质 2 的证明: 由 $E_{y|x}\mathrm{e}^{-yf(x)} = \mathrm{Pr}(y=1|x)\mathrm{e}^{-f(x)} + \mathrm{Pr}(y=-1|x)\mathrm{e}^{f(x)}$, 对 $f(x)$ 求导并令其等于零, 得

$$-\mathrm{Pr}(y=1|x)\mathrm{e}^{-f(x)} + \mathrm{Pr}(y=-1|x)\mathrm{e}^{f(x)} = 0$$

解之即可求出极值点, 即 $f(x)$ 的取值:

$$\frac{\mathrm{Pr}(y=1|x)}{\mathrm{Pr}(y=-1|x)} = \mathrm{e}^{2f(x)}$$

$$f(x) = \frac{1}{2}\log\frac{\mathrm{Pr}(y=1|x)}{\mathrm{Pr}(y=-1|x)}$$

第5章

支持向量机

在众多分类方法中, 支持向量机 (support vector machine, SVM) 是非常重要的一种, 它由Cortes and Vapnik (1995) 于 20 世纪 90 年代提出, 开始主要用于二分类, 后来扩展到模式识别、多分类及回归等。支持向量机是一种典型的监督学习模型, 从几何角度来看, 它的学习策略是间隔最大化 ——可转化成一个凸二次规划问题。从代数角度来看, 支持向量机是一种损失函数加罚的模型。

本章从线性可分支持向量机开始, 介绍支持向量机的一般原理 (5.1 节)。接下来介绍软间隔支持向量机及其求解方法 (5.2 节)。5.3 节是一些拓展内容, 包括非线性可分与核函数、从损失函数加罚的角度看 SVM 以及支持向量机回归。

5.1 线性可分支持向量机

5.1.1 简 介

支持向量机分类方法最初是由二分类问题引出的。假定训练样本为 $\{x_i, y_i\}$ $(i = 1, 2, \cdots, n)$, $y_i \in \{-1, 1\}$, 训练集的数据点如图5.1所示, 其中, 方形的点属于一类, 圆形的点属于另一类。如果两类点可以用一条直线或一个超平面分开, 则称这些点是线性可分 (linearly separable) 模式; 如果这两类点不能用一条直线或一个超平面分开, 则称这些点是线性不可分模式。我们首先讨论线性可分支持向量机。我们用肉眼可以找出多条直线将图5.1中的两类数据点分开。这些直线中哪一条最好呢? 在现有的训练集下, 无疑同时远离两类数据点的直线是最好的。因此, 问题变成如何度量点到直线的距离, 然后最大化这些距离中最小的那个, 这就是所谓的最大间隔原则。图5.1显示了两种隔离区域, 图 (a) 的区域比图 (b) 的窄。实际上, 图 (b) 就是该问题可能得到的最宽的隔离带。这就是支持向量机方法的最终目标。

在图5.1(b) 中, 我们所要求的最宽的隔离带实际上并不是由所有样本点确定的, 而仅仅是由训练集中的三个点, 即第 4、8、30 个观测点确定的, 这三个点 (当然也是向量) 就称为支持向量 (support vector), 它们刚好在隔离带的边界上。

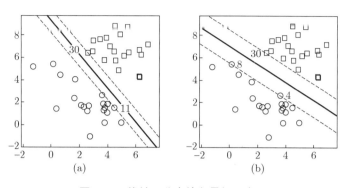

图 5.1　线性可分支持向量机示意图

5.1.2　模　型

对于线性可分的二分类问题, 设训练集为:

$$T = \{(x_1, y_1), \cdots, (x_n, y_n)\}$$

式中, $x_i \in \mathbf{R}^p$, $y_i \in \{+1, -1\}$, $i = 1, 2, \cdots, n$。由于该问题是线性可分的, 因此存在超平面L:

$$\{x : f(x) = \omega^\mathrm{T} x + \omega_0 = 0\}$$

能够将数据集中的正类样本点和负类样本点完全正确地划分到超平面 L 的两侧, 即对所有 $y_i = +1$ 的样本点有 $f(x_i) > 0$, 对所有 $y_i = -1$ 的样本点有 $f(x_i) < 0$。据此可以构造决策函数:

$$G(x) = \mathrm{sgn}(f(x)) = \mathrm{sgn}(\omega^\mathrm{T} x + \omega_0)$$

式中, $\mathrm{sgn}(\cdot)$ 是符号函数。如图5.2所示, 对于任意一个超平面

$$L = \{x : f(x) = \omega^\mathrm{T} x + \omega_0 = 0\}$$

设 x_1 和 x_2 是该超平面上的两个点, 则 $\omega^\mathrm{T}(x_1 - x_2) = 0$。因此, $\omega^* = \omega / \parallel \omega \parallel$ 是该超平面的单位法向量。设 x_0 是该超平面上的一点, 则 $\omega^\mathrm{T} x_0 + \omega_0 = 0$。所以, 任意点 x 到该超平面的距离为:

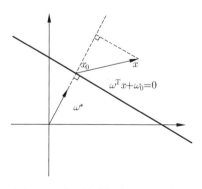

图 5.2　点到超平面的距离示意图

$$S(L,x) = |\omega^{*\mathrm{T}}(x - x_0)| = \frac{1}{\|\omega\|}|\omega^{\mathrm{T}}(x - x_0)| = \frac{1}{\|\omega\|}|\omega^{\mathrm{T}}x + \omega_0| = \frac{|f(x)|}{\|\omega\|}$$

我们所需要的超平面必须能够完全正确地划分这两类样本点，即对所有 $y_i = +1$ 的样本点有 $f(x_i) > 0$，对所有 $y_i = -1$ 的样本点有 $f(x_i) < 0$。所以

$$S(L,x_i) = \frac{1}{\|\omega\|}y_i f(x_i) = \frac{1}{\|\omega\|}y_i(\omega^{\mathrm{T}}x_i + \omega_0)$$

这就是所谓的几何间隔。

因此，线性可分支持向量机模型就是求解以下优化问题：

$$\max_{\omega,\omega_0} M$$
$$\text{s.t.} \quad \frac{1}{\|\omega\|}y_i(\omega^{\mathrm{T}}x_i + \omega_0) \geqslant M, \quad i = 1, 2, \cdots, n \tag{5.1}$$

式中，约束条件表示任意一点到超平面的距离都大于等于 M，如图5.3(a) 所示，对于两类完全可分的样本点，平行于超平面 $\omega^{\mathrm{T}}x_i + \omega_0 = 0$ 的隔离带的宽度为 $2M$。我们的目标就是最大化这个间隔 M。

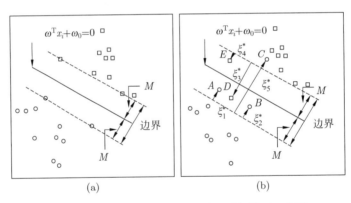

图 5.3　线性可分与软间隔支持向量机模型示意图

如果 (ω, ω_0) 是满足优化问题式(5.1)的解，则对于任意的 $a > 0$，$a\omega$ 和 $a\omega_0$ 也是上述优化问题的解。因此式(5.1)的解 (ω, ω_0) 有无穷多个。但这些解表示同一个超平面，故需要对超平面的表达式进一步进行约束。显然，只要 $\|\omega\| = 1$ 就可以使超平面的表达式变得唯一 (只有符号的差异)。所以优化问题式 (5.1) 可以写成：

$$\max_{\omega,\omega_0,\|\omega\|=1} M$$
$$\text{s.t.} \quad y_i(\omega^{\mathrm{T}}x_i + \omega_0) \geqslant M, \quad i = 1, 2, \cdots, n \tag{5.2}$$

也可以采用另一种约束条件，即 $M = \dfrac{1}{\|\omega\|}$，于是优化问题式(5.1)可以写成：

$$\max_{\omega,\omega_0} \frac{1}{\|\omega\|}$$
$$\text{s.t.} \quad y_i(\omega^{\mathrm{T}}x_i + \omega_0) \geqslant 1, \quad i = 1, 2, \cdots, n$$

显然, 该问题等价于问题

$$\min_{\omega,\omega_0} \quad \frac{1}{2}\parallel\omega\parallel^2$$
$$\text{s.t.} \quad y_i(\omega^{\mathrm{T}}x_i+\omega_0)\geqslant 1, \quad i=1,2,\cdots,n \tag{5.3}$$

这是一个凸二次规划问题。由于训练集是线性可分的, 所以可行域非空, 该问题有解。

5.2　软间隔支持向量机

5.2.1　模　型

近似线性可分问题也称为线性不可分 (linearly non-separable) 问题, 它是指不存在一个可以明确分隔两类的超平面的情况。也就是说, 无论用什么超平面, 至少一侧会同时有两种类型的点。这时还是利用超平面把两类点尽可能隔开, 但允许划分错误的情况存在。为此要引入一个非负松弛变量 (slack variable) ξ_i。有两种方法修改式(5.2)的约束条件:

$$y_i(\omega^{\mathrm{T}}x_i+\omega_0)\geqslant M-\xi_i$$

或者

$$y_i(\omega^{\mathrm{T}}x_i+\omega_0)\geqslant M(1-\xi_i), \quad \xi_i\geqslant 0, \forall i, \sum_{i=1}^{n}\xi_i\leqslant 常数$$

这两种方法会得到不同的结果, 第一种方法似乎更自然一些, 它约束的是每个点到边界的实际距离, 第二种约束的则是相对距离。但是第一种方法的优化问题求解比较困难, 因此通常使用第二种方法。这里, ξ_i 表示预测值 $f(x_i)=\omega^{\mathrm{T}}x_i+\omega_0$ 在边界的相反(错误) 方向的相对距离 (比例), 因此, 通过限定 $\sum_{i=1}^{n}\xi_i$ 的大小, 我们约束所有样本点在边界的相反 (错误) 方向的相对距离 (比例) 的总大小。需要注意的是, 只有当 $\xi_i>1$ 时, 才是真正的错分。如图5.3(b)所示, 样本点 A, B, E 并未错分, 但它们落在边界之间, 因此它们对应的 $\xi_i<1$; 样本点 C, D 落在超平面相反类的方向, 因此它们是真正错分的点, 对应的 $\xi_i>1$。对于其他点, $\xi_i=0$。

与式(5.3)相同, 我们采用约束 $M=\dfrac{1}{\parallel\omega\parallel}$, 因此, 软间隔支持向量机模型可以写为:

$$\min_{\omega,\omega_0} \quad \frac{1}{2}\parallel\omega\parallel^2$$
$$\text{s.t.} \quad y_i(\omega^{\mathrm{T}}x_i+\omega_0)\geqslant 1-\xi_i$$
$$\xi_i\geqslant 0,\forall i \tag{5.4}$$
$$\sum_{i=1}^{n}\xi_i\leqslant 常数$$

可以看出, 远离边界的样本点对模型的求解并不起多大作用, 因此模型较稳健, 这与 Logistic 回归相似。

5.2.2　求解软间隔支持向量机

优化问题式(5.4)的等价形式可以表示如下:

$$\min_{\omega,\omega_0} \quad \frac{1}{2}\parallel\omega\parallel^2 +C\sum_{i=1}^{n}\xi_i$$

$$\text{s.t.} \quad y_i(\omega^{\mathrm{T}}x_i+\omega_0)\geqslant 1-\xi_i \tag{5.5}$$

$$\xi_i\geqslant 0,\forall i$$

这里 "罚" 参数 C 代替了约束条件中的常数, $C=\infty$ 时代表线性可分情况, 此时, 所有 $\xi_i=0$。该问题的拉格朗日函数为:

$$L_p = \frac{1}{2}\parallel\omega\parallel^2 +C\sum_{i=1}^{n}\xi_i-\sum_{i=1}^{n}\alpha_i[y_i(\omega^{\mathrm{T}}x_i+\omega_0)-(1-\xi_i)]-\sum_{i=1}^{n}\mu_i\xi_i \tag{5.6}$$

式中, α,μ 是对偶变量, 需要优化的变量是 ω,ω_0,ξ_i。令一阶导数等于 0, 得

$$\omega=\sum_{i=1}^{n}\alpha_i y_i x_i$$

$$0=\sum_{i=1}^{n}\alpha_i y_i \tag{5.7}$$

$$\alpha_i=C-\mu_i,\forall i$$

同时满足限定条件 $\alpha_i,\mu_i,\xi_i\geqslant 0$。将式(5.7)代回式(5.6), 得到拉格朗日对偶函数:

$$L_D=\sum_{i=1}^{n}\alpha_i-\frac{1}{2}\sum_{i=1}^{n}\sum_{i'=1}^{n}\alpha_i\alpha_{i'}y_i y_{i'}x_i x_{i'} \tag{5.8}$$

我们需要在限制条件 $0\leqslant\alpha_i\leqslant C$ 以及 $\sum_{i=1}^{n}\alpha_i y_i=0$ 下最大化 L_D。除了式(5.7)之外, 该问题的卡罗需–库恩–塔克 (Karush-Kuhn-Tucker, KKT) 条件还包括:

$$\alpha_i[y_i(\omega^{\mathrm{T}}x_i+\omega_0)-(1-\xi_i)]=0$$

$$\mu_i\xi_i=0 \tag{5.9}$$

$$y_i(\omega^{\mathrm{T}}x_i+\omega_0)-(1-\xi_i)\geqslant 0$$

上述条件给出了原问题和对偶问题的解。由式(5.7)可以看出:

$$\hat{\omega}=\sum_{i=1}^{n}\hat{\alpha}_i y_i x_i$$

由式(5.9)的第一个和第三个方程可以看出, 当 $\hat{\alpha}_i$ 不为零时, 只能是第二个方程等于零。这些样本点称为支持向量, 因为超平面的系数仅通过它们的取值表示。由式(5.7)的第三个方程和式(5.9)的第二个方程可以看出, 在这些支持向量点中, 有一些恰好在边界上 $(\hat{\xi}_i = 0)$, 这时 $0 < \hat{\alpha}_i < C$; 其余的点 $\hat{\xi}_i > 0$, 对应 $\hat{\alpha}_i = C$。由式(5.9)的第一个方程可以看出, 这些在边界上的任一样本点都可以用来求解 ω_0 (不唯一)。通常我们取所有值的平均来增强稳定性。

求解式(5.8)是一个标准的凸二次优化问题, 比求解式(5.6)容易。得到解 $\hat{\omega}$, $\hat{\omega}_0$ 后, 判别函数可以写为:

$$G(x) = \mathrm{sgn}(f(x)) = \mathrm{sgn}(\hat{\omega}^\mathrm{T} x + \hat{\omega}_0)$$

这个过程的调节参数为 "代价" 参数 C。此外, 改进的求解 SVM 的方法还有 SMO 算法 (Platt, 1998) 以及路径解方法 (Hastie et al., 2004)。接下来我们简要介绍 SMO 算法, 有兴趣的读者可自行阅读路径解方法的相关文献。

5.2.3 SMO 算法

序列最小最优化 (sequential minimal optimization, SMO) 算法是Platt (1998) 提出的一种快速求解 SVM 的算法, 主要用来解决当训练样本量很大时, 传统的 SVM 算法往往非常低效的问题。

SMO 算法主要解决如下凸二次规划的对偶问题:

$$\min_{\alpha} \quad \frac{1}{2} \sum_{i=1}^{n} \sum_{j=1}^{n} \alpha_i \alpha_j y_i y_j x_i x_j - \sum_{i=1}^{n} \alpha_i$$

$$\mathrm{s.t.} \quad \sum_{i=1}^{n} \alpha_i y_i = 0$$

$$0 \leqslant \alpha_i \leqslant C, \quad i = 1, 2, \cdots, n$$

可以看出, 它和式(5.8)是一致的。在这个问题中, 变量是拉格朗日乘子, 一个变量 α_i 对应于样本点 (x_i, y_i), 变量的总数等于训练样本量 n。

SMO 算法是一种启发式算法, 其基本思路是: 如果所有变量的解都满足此最优化问题的 KKT 条件, 就得到了这个最优化问题的解, 因为 KKT 条件是该最优化问题的充分必要条件。否则, 选择两个变量, 固定其他变量, 针对这两个变量构建一个二次规划问题。这个二次规划问题关于这两个变量的解应该更接近原二次规划问题的解, 因为这会使原二次规划问题的目标函数值变得更小。更重要的是, 这时子问题可以通过解析方法求解, 这样就可以大幅提高整个算法的计算速度。子问题有两个变量: 一个是违反 KKT 条件最严重的那个, 另一个由约束条件自动确定。这样, SMO 算法将原问题不断分解为子问题并对子问题求解, 进而达到求解原问题的目的。注意, 子问题的两个变量中只有一个是自由变量。假设 α_1, α_2 为两个变量, α_3, α_4, $\cdots$, α_n 固定, 由等式约束可知

$$\alpha_1 = -y_1 \sum_{i=2}^{n} \alpha_i y_i$$

如果 α_2 确定，那么 α_1 也随之确定，所以子问题中同时更新两个变量。

整个 SMO 算法包括两部分：求解两个变量二次规划的解析方法和选择变量的启发式算法。

1. 两个变量二次规划的求解方法

不失一般性，假设选择的两个变量分别是 α_1，α_2，其他变量 α_i $(i = 3, 4, \cdots, n)$ 是固定的。于是 SMO 的最优化问题的子问题可以写成：

$$\min_{\alpha_1, \alpha_2} W(\alpha_1, \alpha_2) = \frac{1}{2} K_{11} \alpha_1^2 + \frac{1}{2} K_{22} \alpha_2^2 + y_1 y_2 K_{12} \alpha_1 \alpha_2 - (\alpha_1 + \alpha_2)$$
$$+ y_1 \alpha_1 \sum_{i=3}^{n} y_i \alpha_i K_{i1} + y_2 \alpha_2 \sum_{i=3}^{n} y_i \alpha_i K_{i2}$$

$$\text{s.t.} \quad \alpha_1 y_1 + \alpha_2 y_2 = -\sum_{i=3}^{n} \alpha_i y_i = \zeta$$

$$0 \leqslant \alpha_i \leqslant C, \quad i = 1, 2$$

式中，$K_{ij} = x_i \cdot x_j$ $(i, j = 1, 2, \cdots, n)$，ζ 是常数。目标函数式中省略了与 α_1，α_2 无关的常数项。

假设问题的初始可行解为 α_1^{old}，α_2^{old}，最优解为 α_1^{new}，α_2^{new}。由于 α_1，α_2 需要满足等式约束和不等式约束，因此最优解 α_2^{new} 的取值范围必须满足如下条件：

$$L \leqslant \alpha_2^{\text{new}} \leqslant H$$

式中，L 与 H 分别为：

$$\begin{cases} L = \max(0, \alpha_2^{\text{old}} - \alpha_1^{\text{old}}), \ H = \min(C, C + \alpha_2^{\text{old}} - \alpha_1^{\text{old}}), \quad y_1 \neq y_2 \\ L = \max(0, \alpha_2^{\text{old}} + \alpha_1^{\text{old}} - C), \ H = \min(C, \alpha_2^{\text{old}} + \alpha_1^{\text{old}}), \quad y_1 = y_2 \end{cases}$$

为了求解原优化问题，我们首先不考虑约束条件来求解 α_2 的最优解 $\alpha_2^{\text{new,unc}}$，然后求约束后的 α_2^{new}（即满足 $L \leqslant \alpha_2^{\text{new}} \leqslant H$）。为了叙述方便，记

$$g(x) = \sum_{i=1}^{n} \alpha_i y_i x_i \cdot x + b$$

令

$$E_i = g(x_i) - y_i = \left(\sum_{i=1}^{n} \alpha_i y_i x_i \cdot x + b \right) - y_i, \quad i = 1, 2$$

当 $i = 1, 2$ 时，E_i 为函数 $g(x)$ 对输入 x_i 的预测值与真实输出 y_i 之差。那么最优化问题未经约束时的解是：

$$\alpha_2^{\text{new,unc}} = \alpha_2^{\text{old}} + \frac{(y_2(E_1 - E_2))}{\eta}$$

式中

$$\eta = x_1 \cdot x_1 + x_2 \cdot x_2 - 2 \cdot x_1 \cdot x_2$$

经过约束之后的解是

$$\alpha_2^{\text{new}} = \begin{cases} H, & \alpha_2^{\text{new,unc}} > H \\ \alpha_2^{\text{new,unc}}, & L \leqslant \alpha_2^{\text{new,unc}} \leqslant H \\ L, & \alpha_2^{\text{new,unc}} < L \end{cases}$$

由 α_2^{new} 求得 α_1^{new} 的解是

$$\alpha_1^{\text{new}} = \alpha_1^{\text{old}} + y_1 y_2(\alpha_2^{\text{old}} - \alpha_2^{\text{new}})$$

2. 变量的选择方法

SMO 算法在每个子问题中选择两个变量优化, 其中至少有一个变量是违反 KKT 条件的.

(1) 第一个变量的选择.

SMO 算法选择第一个变量的过程称作外层循环. 外层循环在训练样本中选取违反 KKT 条件最为严重的样本点, 并将其对应的变量作为第一个变量. 具体地, 检验训练样本点 (x_i, y_i) 是否满足 KKT 条件, 即

$$\alpha_i = 0, \ y_i g(x_i) \geqslant 1$$

$$0 < \alpha_i < C, \ y_i g(x_i) = 1$$

$$\alpha_i = C, \ y_i g(x_i) \leqslant 1$$

式中

$$g(x_i) = \sum_{j=1}^{n} \alpha_i y_i x_i \cdot x_j + b$$

在检验的过程中, 外层循环首先遍历所有满足条件 $0 < \alpha_i < C$ 的样本点, 即在间隔边界上的支持向量, 检验它们是否满足 KKT 条件. 如果这些样本点都满足 KKT 条件, 那么遍历整个训练集, 检验它们是否满足 KKT 条件.

(2) 第二个变量的选择.

SMO 算法选择第二个变量的过程称作内层循环. 假设在外层循环中已经找到第一个变量 α_1, 现在要在内层循环中找到第二个变量 α_2, 第二个变量选择的标准是使 α_2 有足够大的变化. 由 α_2^{new} 的求解过程可知 α_2^{new} 依赖于 $|E_1 - E_2|$, 简单的做法是选择 α_2, 使其对应的 $|E_1 - E_2|$ 最大. 若根据上述做法没有找到合适的 α_2, 则使用以下启发式算法继续选择 α_2: 遍历间隔边界上的支持向量, 依次将其对应的变量作为 α_2 试用, 直到目

标函数有足够的下降; 如果找不到合适的 α_2, 则遍历训练集; 若仍然找不到合适的 α_2, 则放弃第一个 α_1, 再通过外层循环寻求另外的 α_1。

5.3 一些拓展

5.3.1 非线性可分与核函数

在一些情况下, 线性可分支持向量机不能成功地进行判别。我们先直观地看一个简单的例子。假定有一个一维的二分类问题, 如图5.4(a) 所示, 中间的三个黑点属于一类, 两边的空心点属于另一类, 这显然无法用一个点 (在一维情况下, 一个点相当于高维的超平面) 来分开, 而必须用复杂的曲线来分开。但如果进行一个二次变换, 换到二维空间, 则可以用一条直线把不同的类分开 (见图5.4(b))。这里的变换为 $x \rightarrow x^2$。

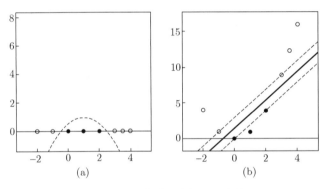

图 5.4　非线性可分问题示意图

从图5.4中我们看到, 原本无法用简单的线性超平面分隔的点经过变换之后可以用较简单的超平面分开。当然, 这种变换在维数很高时对计算是个挑战。为了避免这个问题, 我们引进核函数解决方案。首先简单介绍一下核技巧。核技巧广泛应用于各种统计学习问题。对于支持向量机, 其基本想法是通过一个非线性变换将输入空间 X 对应到一个特征空间 H (通常是更高维的, 甚至是无穷维的), 使得在输入空间中的超曲面模型对应于特征空间中的超平面模型 (支持向量机)。如果存在一个从输入空间到特征空间的映射 $h(x)$, 使得对于所有的 $x, z \in X$, 函数 $K(x, z)$ 满足条件

$$K(x, z) = h(x) \cdot h(z)$$

则称 $K(x, z)$ 为核函数, $h(x)$ 为映射函数。式中, $h(x) \cdot h(z)$ 为 $h(x)$ 和 $h(z)$ 的内积。

核技巧的思想是, 在学习和预测中只定义核函数 $K(x, z)$, 而不显式地定义映射函数 $h(x)$。通常直接计算 $K(x, z)$ 比较容易, 而通过 $h(x)$ 和 $h(z)$ 计算 $K(x, z)$ 并不容易。注意, 对于给定的核函数, 特征空间和映射函数的取法并不唯一, 可以取不同的特征空间, 即便是同一特征空间也可以取不同的映射。李航 (2012) 在第七章给出了一个例子, 读者可自行参考。在 SVM 问题中, 我们将原始的输入特征通过函数 $h(x_i)$ 映射到高维空间。拉格朗日对偶函数式(5.8)有如下形式:

$$L_D - \sum_{i=1}^{n} \alpha_i - \frac{1}{2} \sum_{i=1}^{n} \sum_{i'=1}^{n} \alpha_i \alpha_{i'} y_i y_{i'} \langle h(x_i), h(x_{i'}) \rangle \tag{5.10}$$

由式(5.7)第一个方程可以得到:

$$f(x) = \omega^{\mathrm{T}} h(x) + \omega_0 = \sum_{i=1}^{n} \alpha_i y_i \langle h(x), h(x_i) \rangle + \omega_0 \tag{5.11}$$

可以看出, 式(5.10)和式(5.11)都是仅包含 $h(x)$ 的内积, 因此, 我们不需要指定变换 $h(x)$, 只需要知道核函数

$$K(x, x') = \langle h(x), h(x') \rangle$$

也就是说, 在核函数给定的条件下, 可以利用解线性分类问题的方法求解非线性分类问题的支持向量机。学习是隐式地在特征空间中进行的, 不需要显式地定义特征空间和映射函数。这样的技巧称为核技巧。通常我们选用的核函数有:

- 线性核: $K(x, x') = \langle x, x' \rangle$。
- 多项式核: $K(x, x') = (1 + \langle x, x' \rangle)^d$。
- 径向基核: $K(x, x') = \exp(-\gamma \parallel x - x' \parallel^2)$。
- 高斯核: $K(x, x') = \exp\left(\dfrac{- \parallel x - x' \parallel^2}{2\sigma^2}\right)$。
- 神经网络核: $K(x, x') = \tanh(k_1 \langle x, x' \rangle + k_2)$。

例 5.1 (Glass 数据案例) Glass 数据可以从中国人民大学出版社的网站下载。这是一个多分类问题常用的练习数据。

(1) 描述统计。

读取数据, 并将数据分成 70% 的训练集和 30% 的测试集。代码如下。

```
from numpy import *
from scipy import *
from pandas import *
import matplotlib.pyplot as plt


import seaborn as sns
glass=read_csv('Glass.csv',sep=',')
glass.head()
glass['Type'].value_counts()
# 划分训练集与测试集
import random
random.seed(1234)
train_index=random.sample(list(glass.index),
                          int(0.7*len(glass.index)))
test_index=list(set(list(glass.index))-set(train_index))
train_data=glass.iloc[train_index,:]
```

```
test_data=glass.iloc[test_index,:]
# 训练集与测试集均包含所有类别
train_data['Type'].value_counts()
test_data['Type'].value_counts()
```

(2) 建立 SVM 模型。

使用 svm.SVC 函数对训练集建立支持向量机模型，并用测试集进行检验。首先选用线性核进行测试。代码如下：

```
# 利用线性核建立 SVM
from sklearn import svm
clf=svm.SVC(C=4,tol=1e-6,kernel='linear',
            gamma=0.1,decision_function_shape='ovr')
clf.fit(train_data.iloc[:,0:9],train_data['Type'])
test_datac=test_data.copy()
value=clf.predict(test_data[clf.feature_names_in_])
test_datac.loc[:,'SVM_pred']=value
test_datac.head()
result=test_datac.iloc[:,0].groupby([test_datac['SVM_pred'],
                                     test_datac['Type']]).
                                     count().unstack().fillna(0)
result
```

结果见表5.1。

表 5.1　线性核 SVM 预测结果

Type SVM_pred	1	2	3	5	6	7
1	9.0	7.0	5.0	0.0	0.0	1.0
2	6.0	18.0	2.0	0.0	2.0	3.0
5	0.0	1.0	0.0	5.0	0.0	0.0
6	0.0	0.0	0.0	0.0	1.0	0.0
7	0.0	0.0	0.0	1.0	0.0	4.0

从表5.1中可以看出，在测试集的 65 例样本中有 37 例预测正确，正确率为 56.92%，预测效果较差。

接下来利用径向基核建立 SVM 模型。代码如下：

```
# 利用径向基 (rbf) 核建立 SVM
clf=svm.SVC(C=4,tol=1e-6,kernel='rbf',
            gamma=0.1,decision_function_shape='ovr')
clf.fit(train_data.iloc[:,0:9],train_data['Type'])
value=clf.predict(test_data[clf.feature_names_in_])
```

```
test_datac=test_data.copy()
test_datac['SVM_pred']=value
test_datac.head()
result=test_datac.iloc[:,0].groupby([test_datac['SVM_pred'],
        test_datac['Type']]).count().unstack().fillna(0)
result
```

结果见表5.2, 在测试集的 65 例样本中有 41 例预测正确, 正确率为 63.08%, 相比线性核支持向量机有了一定的提升。

表 5.2　径向基核 SVM 预测结果

Type SVM_pred	1	2	3	5	6	7
1	12.0	6.0	6.0	0.0	0.0	1.0
2	3.0	19.0	1.0	1.0	2.0	2.0
5	0.0	1.0	0.0	5.0	0.0	0.0
6	0.0	0.0	0.0	0.0	1.0	1.0
7	0.0	0.0	0.0	0.0	0.0	4.0

最后利用多项式核建立 SVM 模型并测试结果。代码如下:

```
# 利用多项式核建立 SVM
clf=svm.SVC(C=4,tol=1e-6,degree=4,kernel='poly',
            gamma=0.1,decision_function_shape='ovr')
clf.fit(train_data.iloc[:,0:9],train_data['Type'])
value=clf.predict(test_data.iloc[:,0:9])
test_datac=test_data.copy()
test_datac['SVM_pred']=value
test_datac.head()
result=test_datac.iloc[:,0].groupby([test_datac['SVM_pred'],
                        test_datac['Type']]).
                        count().unstack().fillna(0)
result
```

结果见表5.3, 在测试集的 65 例样本中有 44 例预测正确, 正确率为 67.69%, 优于线性核和径向基核。

5.3.2　LIBSVM 简介及其 Python 实现

LIBSVM 是我国台湾大学林智仁 (Lin Chih-Jen) 教授等人开发设计的一个简单易用和快速有效的 SVM 模式识别与回归软件包 (Chang and Lin, 2011)。该软件包不但提供编译好的可在 Windows 系统下执行的文件, 而且提供源代码, 方便改进、修改以及在其他操作系统上应用。它还提供了很多默认参数, 利用这些默认参数可以解决很

表 5.3　四次多项式核 SVM 预测结果

Type SVM_pred	1	2	3	5	6	7
1	14.0	7.0	6.0	0.0	0.0	1.0
2	1.0	18.0	0.0	0.0	1.0	2.0
3	0.0	0.0	1.0	0.0	0.0	0.0
5	0.0	1.0	0.0	5.0	0.0	0.0
6	0.0	0.0	0.0	0.0	2.0	1.0
7	0.0	0.0	0.0	1.0	0.0	4.0

多问题。同时，该软件包还提供了交叉验证功能。更详细的介绍请参见 LIBSVM 主页：http://www.csie.ntu.edu.tw/~cjlin/libsvm/。

LIBSVM 包主要具有以下几种功能：数据读入、数据训练、预测。它们对应三个函数。关于这三个函数的详细介绍可参见 LIBSVM 主页。需要注意的是，LIBSVM 读取的数据格式不同于常规矩阵。

svm_read_problem 函数用于读取数据，数据的格式如下：

< 标签 >< 索引 1>:< 特征值 1>< 索引 2>:< 特征值 2>⋯

其中，标签代表因变量的类别，索引代表自变量对应的编号，特征值为该自变量的取值。

举例说明：一个有三个自变量 (V1, V2, V3) 的二分类数据如表 5.4 所示。

表 5.4　三个自变量的二分类数据

	V1	V2	V3	type
1	1	2	1	1
2	2	2	0	0
3	4	5	4	1

LIBSVM 读取时应存储为 1 1:1 2:2 3:1 0 1:2 2:2 1 1:4 2:5 3:4。

可以看到 V3 的第二行取值为 0，在 LIBSVM 读取数据的输入中没有显示，这是一种稀疏存储的概念。对于稀疏比例较大的数据，这样的方式将会节省很多空间。

例 5.2 (智能设备记录的人类活动认知数据案例)　数据选自 UCI 的 Human Activity Recognition Using Smartphones 数据集，可从中国人民大学出版社的网站下载，它由 7 352 位 19~48 岁的受测者的测试数据组成，共有 561 个特征。具体特征信息参见数据集中的特征名称文档。下面主要介绍在该数据上的 LIBSVM 二分类实现。

对数据集进行简单的预处理，把原始数据集转换为 LIBSVM 可以读取的形式，将训练集和测试集分别命名为 train.txt 和 test.txt。下面以测试集为例，利用 sklearn 的 dump_svmlight_file 函数进行数据预处理。代码如下：

```
import re
import numpy as np
```

```
from sklearn.datasets import dump_svmlight_file
# 利用 dump_svmlight_file 生成 svmlight 文件

X_list=[]
with open('E:/work/libsvm/UCI HAR Dataset/UCI HAR Dataset\
        /test/X_test.txt','r') as file:
    for line in file:
        row=re.split(r'\s+',line.strip())
        X_list.append(row)
y_list=[]
with open('E:/work/libsvm/UCI HAR Dataset/UCI HAR Dataset\
        /test/y_test.txt','r') as file:
    for line in file:
        row=re.split(r'\s+',line.strip())
        y_list.append(row)
X=np.array(X_list).astype(float)
y=np.array(y_list).reshape(-1).astype(int)
dump_svmlight_file(X,y,'test.txt')
```

对处理后的数据选用 C-SVC 方法, 使用线性核函数和多项式核函数分别建模并比较结果。代码如下:

```
import os
os.chdir('C:\libsvm-3.21\python')
from svmutil import *
y,x=svm_read_problem('C:/libsvm-3.21/python/train.txt')
y1,x1=svm_read_problem('C:/libsvm-3.21/python/test.txt')
m1=svm_train(y,x,'-t 0')
m2=svm_train(y,x,'-t 1')
p_labs,p_acc,p_vals=svm_predict(y1,x1,m1)
```

输出结果为:

$Accuracy = 96.4031\%$ (2841/2947) (classification)

```
p_labs,p_acc,p_vals=svm_predict(y1,x1,m2)
```

输出结果为:

$Accuracy = 90.7703\%$ (2675/2947) (classification)

由结果可以看出, 对于该数据集来说, 线性核函数的效果更好。读者可以尝试不同的数据集以及参数来提升预测效果。

5.3.3　从损失函数加罚的角度再看 SVM

简单的公式推导可以证明优化问题式(5.5)等价于下面的优化问题 $(\lambda = 1/C)$:

$$\min_{\omega_0, \omega} \sum_{i=1}^{n} [1 - y_i f(x_i)]_+ + \frac{\lambda}{2} \parallel \omega \parallel^2$$

式中, 第一项右下角的 "+" 号表示正部, 这是我们熟悉的损失函数加罚的形式。

$$L(y, f) = [1 - yf]_+$$

称为合页损失, 对于二分类问题是非常合理的损失, 其图形见图4.8。对于边界外完全判对的点 $(yf > 1)$, 损失为零; 对于其他边界内的点以及判错的点, 损失是线性的。

站在总体的角度, 与式(4.1)的证明方法类似, 可以得出合页损失最优估计是

$$f(x) = \text{sgn} \left[\Pr(Y = +1|x) - \frac{1}{2} \right]$$

从损失函数加罚的角度来看, 支持向量机被看作正则化的函数估计问题。它是一种后验概率形式的估计, 而其他损失函数都是该概率的线性变换。

5.3.4　支持向量机回归

在本小节, 我们将支持向量机建模的想法拓展到回归问题, 考虑如下优化问题:

$$\min_{\omega_0, \omega} \sum_{i=1}^{n} L_\varepsilon(y_i - f(x_i)) + \frac{\lambda}{2} \parallel \omega \parallel_2^2 \tag{5.12}$$

式中

$$L_\varepsilon(r) = \begin{cases} 0, & |r| < \varepsilon \\ |r| - \varepsilon, & \text{其他} \end{cases}$$

称为 ε-不敏感损失。它将误差小于 ε 的部分的损失定为 0, 误差大于 ε 的部分的损失为线性的, 图形见图 2.17。这和分类问题的 SVM 合页损失类似。

求解式(5.12)的优化问题, 可得

$$\hat{\omega} = \sum_{i=1}^{n} (\hat{\alpha}_i^* - \hat{\alpha}_i) x_i \hat{f}(x) = \sum_{i=1}^{n} (\hat{\alpha}_i^* - \hat{\alpha}_i) \langle x, x_i \rangle + \omega_0$$

式中, $\hat{\alpha}_i$, $\hat{\alpha}_i^*$ 为正数, 是以下优化问题的解:

$$0 \leqslant \alpha_i, \alpha_i^* \leqslant 1/\lambda$$

$$\sum_{i=1}^{n} (\alpha_i^* - \alpha_i) = 0$$

$$\alpha_i \alpha_i^* = 0$$

以上约束的性质决定只有部分样本点的 $\hat{\alpha}_i^* - \hat{\alpha}_i$ 是非零的, 这些点称为支持向量。同样, 类似于分类情况, 可以使用核函数将输入变量的特征空间映射到更高维。

第6章

聚类分析

聚类分析属于无监督统计学习的一种, 是在没有训练目标的情况下将样本划分为若干类的方法。聚类分析使得同一类的对象有很大的相似性, 而不同类的对象有很大的相异性。聚类分析广泛应用于各个领域, 一直是统计学以及相关学科研究的热点, 有非常多的聚类方法可供使用。本章介绍一些常用的聚类方法, 6.1 节介绍基于距离的层次聚类和K-均值聚类, 6.2 节介绍基于密度的 DBSCAN 聚类和 OPTICS 聚类, 6.3 节介绍双向聚类方法。

6.1 基于距离的聚类

6.1.1 距离 (相似度) 的定义

在很多统计方法中, 我们需要衡量不同对象的相似度, 如果两个对象比较相似, 则倾向于把这两个对象归为一类; 如果两个对象不相似, 则不倾向于把这两个对象归为一类。相似度的衡量需要根据实际情况来操作, 不同的情况使用不同的定义。相似度很多时候采用距离的定义方法, 这里介绍一些常见的距离定义。

假设对象 x 的特征可以用 m 个维度表示出来, 即 $x = (x_1, x_2, \cdots, x_m)^{\mathrm{T}}$ 是 m 维空间中的一个点, 其中, x_i $(i = 1, 2, \cdots, m)$ 是实数, 称为 x 的第 i 个坐标。对于另一个对象, 我们假设 $y = (y_1, y_2, \cdots, y_m)^{\mathrm{T}}$。下面是一些常用的距离 (相似度)。

1. 欧氏距离

欧氏距离 (Euclidean distance) 是通常采用的距离定义, 指在 m 维空间中两个点之间的直线距离, 是距离最直观的定义。

欧氏距离定义如下:

$$d(x, y) = \sqrt{\sum_{i=1}^{m}(x_i - y_i)^2}$$

欧氏距离实际上是 m 维向量的 L_2 范数，即 $d(x,y) = \| x - y \|^2$。二维空间中的欧氏距离就是两点之间的实际距离，即 $d(x,y) = \sqrt{(x_1 - y_1)^2 + (x_2 - y_2)^2}$。范数的概念在第 2 章中简单介绍过。

欧氏距离可以推广到加权欧氏距离，用来处理各个维度分布不一样的情况。其定义如下：

$$d(x,y) = \sqrt{\sum_{i=1}^{m} \left(\frac{x_i - y_i}{s_i} \right)^2}$$

式中，s_i 是第 i 维分量的标准差。

2. 马氏距离

马氏距离 (Mahalanobis distance) 是考虑了协方差的距离，是另一种衡量相似度的方法，与欧氏距离的不同之处在于考虑了不同特性之间的联系。

对于两列随机向量 x 和 y，假设其有相同的分布，并且协方差矩阵为 S，则马氏距离的定义如下：

$$d(x,y) = \sqrt{(x - y)^\mathrm{T} S^{-1} (x - y)}$$

3. 切比雪夫距离

切比雪夫距离 (Chebyshev distance) 是向量空间中的一种度量，得名自俄罗斯数学家切比雪夫。切比雪夫距离定义为两点坐标数值差的最大值，即

$$d(x,y) = \max_{1 \leqslant i \leqslant m} |x_i - y_i|$$

在二维空间中，切比雪夫距离为：

$$\max(|x_1 - y_1|, |x_2 - y_2|)$$

4. 曼哈顿距离

曼哈顿距离 (Manhattan distance) 于 19 世纪由赫尔曼·闵可夫斯基提出，是一种用于几何度量空间的几何学用语，表示两个点在标准坐标系上的绝对轴距总和。

曼哈顿距离的定义如下：

$$d(x,y) = \sum_{i=1}^{m} |x_i - y_i|$$

图6.1中黑色实线代表曼哈顿距离，浅色实线代表欧氏距离，也就是直线距离，而长虚线和短虚线代表等价的曼哈顿距离。在二维空间中，曼哈顿距离度量的是两点在南北方向上的距离加上在东西方向上的距离，即 $d(x,y) = |x_1 - y_1| + |x_2 - y_2|$。对于一个具有正南正北、正东正西方向规则布局的城镇街道，从一点到达另一点的距离正是在南北方向上行走的距离加上在东西方向上行走的距离，因此曼哈顿距离又称为出租车距离。曼哈顿距离不是不变的量，当坐标轴旋转时，点间的距离会有所不同。

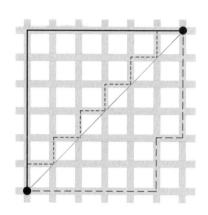

图 6.1　曼哈顿距离和欧氏距离的差别

我们很容易验证曼哈顿距离满足距离的定义:
- 非负性: $d(x,y) \geqslant 0$, 而且 $d(x,y) = 0$ 的充分必要条件是 $x = y$。
- 对称性: $d(x,y) = d(y,x)$。
- 三角不等式: $d(x,y) \leqslant d(x,z) + d(z,y)$, 即从 x 点到 y 点的直接距离不会大于途经任何其他点 z 的距离。

由于曼哈顿距离是直线距离的加减, 所以运算速度很快, 而且可以降低误差。例如在早期的计算机图形学中, 屏幕由像素构成, 取值是整数, 点的坐标一般也是整数, 原因是浮点运算很昂贵、很慢而且有误差。如果直接使用欧氏距离, 则必须进行浮点运算, 但如果利用曼哈顿距离, 只要使用加减法即可, 这就大大提高了运算速度, 而且不管累计运算多少次, 都不会有误差。

曼哈顿距离的局限性是明显的, 它不能计算两个点之间的直线距离, 随着计算机的处理能力不断提高, 这极大限制了它的应用范围。

5. 余弦距离

余弦距离也称为余弦相似度 (cosine similarity), 它用向量空间中两个向量夹角的余弦值来衡量两个个体间的差异。向量是多维空间中有方向的线段, 如果两个向量的方向一致, 即夹角接近零, 这两个向量就相近。要确定两个向量的方向是否一致, 需要使用余弦定理计算向量的夹角。

余弦距离的定义如下:

$$d(x,y) = \frac{x^{\mathrm{T}} y}{\| x \|_2 \| y \|_2}$$

事实上, 它是向量 x 和 y 夹角的余弦值。

相比传统的欧氏距离和其他距离的定义形式, 余弦距离更注重两个向量在方向上的差异。我们可以在图6.2中看出欧氏距离和余弦距离的差别。

由图6.2可以看出, 欧氏距离衡量的是空间各点的绝对距离, 与各个点所在的位置坐标直接相关; 而余弦距离衡量的是空间向量的夹角, 体现为方向上的差异, 而不是位置。

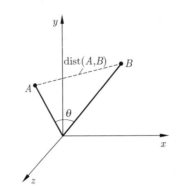

图 6.2　余弦距离和欧氏距离的差别

如果保持 A 点位置不变, B 点依原方向远离坐标原点, 那么此时 A, B 两点的余弦距离保持不变, 而欧氏距离在改变。在应用余弦距离时, 需要注意这样的距离定义是否满足数据分析的需要。

最常用的欧氏距离能够体现个体数值特征的绝对差异, 所以多用于分析由维度的数值大小来体现的差异, 例如使用用户行为指标分析用户价值的相似度或差异。余弦距离更多是从方向上区分差异, 而对绝对数值不敏感, 更多用于通过用户对内容的评分来区分兴趣的相似度和差异。因为余弦距离对绝对数值不敏感, 所以它可以解决用户间可能存在的度量标准不统一的问题。

除了需要定义点与点之间的距离, 在聚类分析中, 我们还需要定义类与类之间的距离。常见的有单连接 (single linkage)、全连接 (complete linkage) 和平均连接 (average linkage)。

假设两个类 C_i 和 C_j 分别有 n_i 和 n_j 个点, 则

- 单连接: 两个类之间的距离是最近点对之间的距离:

$$d_{\min}(C_i, C_j) = \min_{p \in C_i, q \in C_j} |p - q|$$

- 全连接: 两个类之间的距离是最远点对之间的距离:

$$d_{\max}(C_i, C_j) = \max_{p \in C_i, q \in C_j} |p - q|$$

- 平均连接: 两个类之间的距离是所有点对之间距离的平均值:

$$d_{\text{avg}}(C_i, C_j) = \frac{1}{n_i n_j} \sum_{p \in C_i} \sum_{q \in C_j} |p - q|$$

6.1.2　层次聚类

层次聚类主要分为自下而上的层次凝聚方法和自上而下的层次分裂方法, 下面依次介绍。

层次凝聚方法的代表是 AGNES (agglomerative nesting) 算法。对于样本量为 n 的数据集 $\{p_1, p_2, \cdots, p_n\}$，给定距离的定义 (如欧氏距离) 和连接方式 (如平均连接)。

AGNES 算法的具体步骤如下：

第一步：每个点为一个类，把数据集分为 n 个类。

第二步：计算不同类之间的距离矩阵 D。

第三步：找出距离最近的两个类，合并为一个新的类。

第四步：重复第二步和第三步，直到所有数据都属于一个类或者满足某个终止条件为止。

上述算法的优点在于简单易懂，结果容易解释。不足之处在于一旦两个类合并为一个新的类，这个新类就不能再分解。AGNES 算法的复杂度为 $O(n^2\log n)$，不适合大规模的数据集。

层次分裂方法的代表是 DIANA (divisive analysis) 算法，其步骤与 AGNES 算法大致相反，是从一个大的类逐步向下分解。对于 AGNES 算法，在第二步，我们需要考虑 $n(n-1)/2$ 种不同的组合 (所有包含两个数据的类的个数)。对于 DIANA 算法，把一个样本量为 n 的数据集 $\{p_1, p_2, \cdots, p_n\}$ 分为两个类的可能性有 $2^{n-1} - 1$ 种，这种算法的复杂度显然太大，因此我们采用如下方法把一个类分解为两个类。

第一步：所有数据归为一类，即 $C_1 = \{p_1, p_2, \cdots, p_n\}$。

第二步：计算所有点之间的距离矩阵，选取到其他点平均距离最大的点 (记为 q)，把该点作为新类的起始点，即 $q \in C_2$。

第三步：对于任意一点 $p_i \notin C_2$，定义 $D_i = d_{\mathrm{avg}}(p_i, C_1) - d_{\mathrm{avg}}(p_i, C_2)$。选取最大的 D_i，如果 $D_i > 0$，则 $p_i \in C_2$。

第四步：重复第三步，直到所有的 $D_i < 0$。

这时我们成功地把一个类分为两个类 C_1 和 C_2。

基于上述步骤，DIANA 算法将一个样本量为 n 的数据集分为两个类 C_1 和 C_2，对于新生成的类 C_1 和 C_2，我们进一步把每个类分成更小的两个类，例如把 C_1 分为新类 C_{11} 和 C_{12}，把 C_2 分为新类 C_{21} 和 C_{22}，直到每个数据都为一个类或者满足某个终止条件为止。

例 6.1 (Iris 数据案例) 　读者可以自行从中国人民大学出版社的网站下载 Iris 数据集。

(1) 描述统计。

获取数据，并绘制各品种每个变量的箱线图，代码如下。箱线图见图6.3。

```
import os
from numpy import *
from scipy import *
from pandas import *
import matplotlib.pyplot as plt
```

```
import seaborn as sns

iris=read_csv('iris.csv')
iris.head()
iris['Species'].value_counts()
temp=iris.iloc[:,0:4]
temp.head()
# 描述统计
# 绘制四个变量关于品种的分组箱线图并保存图像
fig,axes=plt.subplots(2,2,sharex=False,sharey=False)
for i in range(2):
    for j in range(2):
        iris.iloc[:,[2*i+j,4]].boxplot(by='Species',ax=axes[i,j])
        axes[i,j].set_xlabel(xlabel='')
```

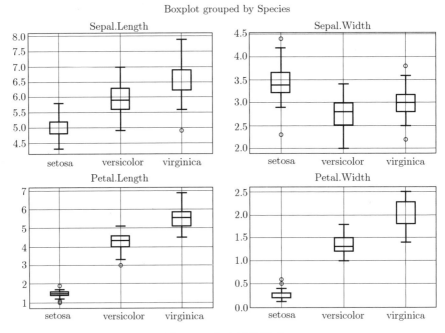

图 6.3　各变量箱线图

(2) 层次聚类。

首先进行层次聚类, 代码如下, 绘制的树状图见图6.4。

```
import scipy.cluster.hierarchy as sch

# 距离矩阵
distMat=sch.distance.pdist(temp,metric='euclidean')
```

```
# 进行层次聚类，类间距离采用全连接
hc=sch.linkage(distMat,method='complete')
# 绘制树状图
fig=plt.figure()
hc_plot=sch.dendrogram(hc)
```

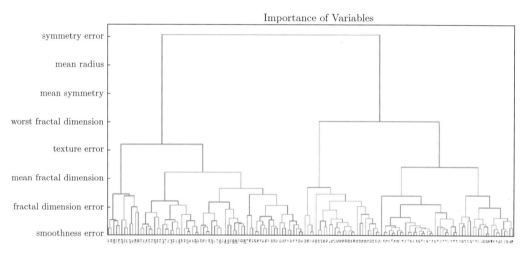

图 6.4　层次聚类树状图

然后选定类别为 3, 将聚类结果与真实值进行比较, 代码如下。结果见表6.1。

```
# 选定类别为3
hc_cut=sch.cut_tree(hc,n_clusters=3)
# 将聚类结果与真实结果进行比较
iris['hc']=reshape(hc_cut,150)
iris.iloc[:,1].groupby([iris['Species'],iris['hc']]).\
    count().unstack().fillna(0)
```

表 6.1　层次聚类结果

hc	0	1	2
Species			
setosa	50.0	0.0	0.0
versicolor	0.0	23.0	27.0
virginica	0.0	49.0	1.0

6.1.3　K-均值聚类

K-均值聚类的基本想法在 20 世纪 50 年代由 Hugo Steinhaus 提出, 第一个可行的算法在 1957 年由 Stuart Lloyd 提出。术语 "K-means"(K-均值) 在 1967 年由 James MacQueen 使用。经过 60 多年的发展, K-均值算法被认为是最经典的基于距离和基于划分的聚类方法, 同时也是一个活跃的研究领域。K-均值聚类的改进算法不断被提出, 以适应日益变化的数据分析要求, 比较著名的有 Fuzzy K-均值聚类、K-中位数聚类等。在大数据日益发展的领域, 基于并行算法的 K-均值聚类受到广泛的重视, 在常用的并行软件 Mahout 和 Spark 中得以实现, 并有着广泛的应用。

K-均值聚类的基本思想简单直观, 即以空间中 K 个点为中心进行聚类, 对最靠近它们的对象进行归类, 通过迭代的方法, 逐次更新各类中心的值, 直至得到最好的聚类结果。

在算法开始前, 需要输入参数 K, 然后将事先输入的 n 个数据对象划分为 K 个类, 使得最终聚类结果具有以下性质: 在同一类中的对象相似度较大, 而不同类中的对象相似度较小。该算法的最大优势在于简洁和快速。算法的关键在于初始中心的选择和距离公式。缺点是需要一个输入参数, 不合适的 K 值可能返回较差的结果。对于样本量为 n 的数据集 $\Omega = \{p_1, p_2, \cdots, p_n\}$, 需要将 n 个点分为 $C_1, C_2, \cdots, C_K$ 共 K 类, 其中, $\Omega = \bigcup_{i=1}^{K} C_i$, 并且对于 $k \neq k'$, 有 $C_k \bigcap C_k' = \varnothing$。需要找到合适的 $\{C_1, C_2, \cdots, C_K\}$, 使得下面的规则最小化:

$$\min_{C_1, \cdots, C_K} \sum_{j=1}^{k} \sum_{p_i \in C_j} d(p_i, \mu_j)$$

式中, μ_j 是类 C_j 的中心, 距离 $d(\cdot, \cdot)$ 可以采用 6.1.1 节介绍的距离。

最小化上述规则是一个 NP-hard 问题, 其计算量很大, 因此建议采用近似方法。最常用的近似方法是 Lloyd 算法, 其具体步骤如下:

第一步: 从 n 个样本点中随机抽取 K 个作为初始类中心。

第二步: 计算每个样本点到 K 个类中心的距离, 把样本点分到最近的类中心。

第三步: 计算新的类中心 (每类的算术平均数)。

第四步: 重复第二、三步直到收敛。

Lloyd 算法的复杂度为 $O(knml)$, 其中, k 是类的个数, n 是样本量, m 是向量 p_i 的维度, l 是迭代次数。

例 6.2 (Iris 数据案例续) 接下来进行 K-均值聚类, 代码如下。结果见表6.2。

```
# K-均值聚类
from sklearn.cluster import KMeans
kmeans=KMeans(3)
clusters_kmeans=kmeans.fit_predict(temp)
# 将聚类结果与真实结果进行比较
iris['kmeans']=clusters_kmeans
iris.iloc[:,1].groupby([iris['Species'],iris['kmeans']]).\
    count().unstack().fillna(0)
```

表 6.2 K-均值聚类结果

K-均值	0	1	2
Species			
setosa	0.0	50.0	0.0
versicolor	48.0	0.0	2.0
virginica	14.0	0.0	36.0

6.2 基于密度的聚类

6.2.1 DBSCAN 聚类

随着数据量的增加、数据类型的多样化, 我们对聚类提出了更多要求。图6.5给出了三个数据集, 可以很容易地判别哪些是类, 哪些是噪声, 因为类内点的密度要高于类外, 噪声点的密度比任何一个类的密度都要低。

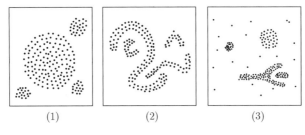

| (1) | (2) | (3) |

图 6.5 示例数据集

DBSCAN 聚类的想法就是基于密度来区分类和噪声, 它是 Density-Based Spatial Clustering of Application with Noise 的首字母缩写, 其基本思想是把点密度较高的区域划为一类, 点密度较低的区域则作为不同类之间的分界区 (Ester et al., 1996)。与 K-均值聚类相比, 该聚类算法的优势在于可以找出任意形状的类, 而且不需要提前给出类的个数 K。类中的任何一个点在给定的半径 ε 下, 其邻域内至少有一定个数的点。邻域的形状取决于距离函数, 例如在二维空间中用曼哈顿距离, 则邻域的形状为矩形。后面采用的都是欧氏距离。

对于 DBSCAN 聚类, 首先需要选择邻域半径 ε 和最少点个数 MinPts。给定上述两个参数后, 给出以下定义:

• ε-邻域。在数据集 D 中, 点 p 的半径为 ε 的区域称为 p 的 ε-邻域, 记为 $N_\varepsilon(p)$, 其数学表达式为: $N_\varepsilon(p) = \{q \in D | d(p,q) \leqslant \varepsilon\}$。

在 DBSCAN 算法中, 我们把点分为三类: 核心点、边界点和噪声点。

• 核心点 (core points)。如果点 q 的 ε-邻域内的样本点数大于等于最少点个数 MinPts, 即 $|N_\varepsilon(q)| \geqslant$ MinPts, 则称点 q 为核心点。

- 边界点 (border points)。如果点 q 在某个核心点的 ε-邻域内, 但是其 ε-邻域中点的个数少于给定的最少点个数, 则 q 为边界点。
- 噪声点 (noise points)。既非核心点也非边界点的其他点称为噪声点。

在上面的点分类的基础上, 可以进一步定义密度可达和密度相连。

- 直接密度可达 (directly density-reachable)。如果点 p 在点 q 的 ε-邻域内, 且点 q 为核心点, 那么点 p 从点 q 直接密度可达, 记为 $q \to p$。

在直接密度可达的基础上, 可以进一步定义密度可达。

- 密度可达 (density-reachable)。对于点 p 和点 q, 如果存在有限个点 $p_1, p_2, \cdots, p_m$, 使得 $q \to p_1, p_1 \to p_2, \cdots, p_{m-1} \to p_m, p_m \to p$, 则称点 p 从点 q 密度可达。

这里需要指出的是, 直接密度可达和密度可达这两个概念都是不可逆的。也就是说, 点 p 从点 q (直接) 密度可达, 并不一定能得到点 q 从点 p (直接) 密度可达。为了克服上述定义的不足, 我们引入密度相连的概念。

- 密度相连 (density-connected)。如果存在点 o, 点 p 从点 o 密度可达, 点 q 从点 o 密度可达, 则称点 p 和点 q 密度相连。

与密度可达不同, 密度相连是可逆的。如果点 p 和点 q 密度相连, 则可得到点 q 和点 p 密度相连。

DBSCAN 的目的就是找到密度相连点的最大集合, 聚类后的类具有以下两个性质:

(1) 极大性。点 p 在类 C 中, 如果点 q 从点 p 密度可达, 那么点 q 也在类 C 内。

(2) 相连性。类中的任意两点都密度相连。

DBSCAN 聚类算法描述如下:

输入: 包含 n 个对象的数据库, 半径 ε, 最少点个数 MinPts。

输出: 所有生成的类, 达到密度要求。

第一步: 随机抽取一个点作为一个类。

第二步: 如果抽出的点是核心点, 则找出所有从该点密度可达的对象, 形成一个类。

第三步: 如果抽出的点是边界点 (非核心对象), 跳出本次循环, 寻找下一个点。

第四步: 重复第二、三步, 直到所有的点都被处理。

第五步: 算法结束, 输出结果。

如果两个类 C_1 和 C_2 很相近, 可能出现点 p 既属于 C_1 又属于 C_2 的情况, 那么 p 肯定是边界点, 否则 C_1 和 C_2 属于同一类。在这种情况下, 点 p 归为第一个包含其的类。

算法中需要半径 ε 和最少点个数 MinPts 两个参数, 我们采用探索法选择这两个全局参数。设 d 为某点到离它第 k 近的点的距离 (k-dist), 对于大多数点, 它的 d-邻域正好含有 $k + 1$ 个点 (除非有一些点到它的距离正好相等, 这种情况很少)。任选一个点 p, 令参数 $\varepsilon = $ k-dist(p), 则 MinPts $= k$, 那些 k-dist $\leqslant \varepsilon$ 的点都为核心点 (即点 p 右侧的点)。我们要找的阈值点, 其 k-dist 正好是密度最低的那个类的 k-dist。

例 6.3 (Iris 数据案例续) 接下来进行 DBSCAN 聚类, 代码如下。图形见图6.6。从图6.6中可以看出, DBSCAN 聚类将样本聚为三类, 其中一类是噪声点。

```
# DBSCAN 聚类
from sklearn.cluster import DBSCAN
from sklearn.preprocessing import StandardScaler
# 对各变量进行标准化
temp=StandardScaler().fit_transform(temp)
# 进行 DBSCAN 聚类
db=DBSCAN(eps=1.5,min_samples=30).fit(temp)
# 提取类标签
db_labels=db.labels_
# 提取核心点的指标
db.core_sample_indices_
# 绘制图像并保存
fig=plt.figure()
ax=fig.add_subplot(1,1,1)
ind0=(db_labels==0)
ind1=(db_labels==1)
ind2=(db_labels==-1)
plt.scatter(temp[ind0,0],temp[ind0,1],marker='^',s=50,
            label='Class 0')
plt.scatter(temp[ind1,0],temp[ind1,1],marker='*',s=50,
            label='Class 1')
plt.scatter(temp[ind2,0],temp[ind2,1],marker='o',s=50,
            label='Noise')
ax.set_title('DBSCAN Clustering for Dataset Iris')
ax.set_xlabel('Sepal.Length')
ax.set_ylabel('Sepal.Width')
ax.legend(loc='best')
```

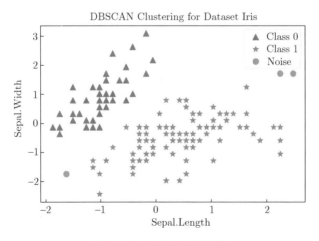

图 6.6　DBSCAN 聚类

6.2.2　OPTICS 聚类

前面我们介绍了 DBSCAN 聚类算法, 它是一种基于密度的聚类算法, 可以发现任意形状的类。但是, DBSCAN 聚类算法也有一些缺点: 第一, 该算法需要输入参数, 并且输入参数在很多情况下是难以获取的; 第二, 该算法对输入参数敏感, 设置的细微不同就可能导致聚类结果差别很大; 第三, 高维数据集常常具有非常倾斜的分布, 该算法使用的全局密度参数不能刻画内置的聚类结构。例如, 图6.7中的数据, 使用全局密度参数不能同时将 $\{A, B, C_1, C_2, C_3\}$ 检测出来, 而只能同时检测出 A, B, C 或者 $\{C_1, C_2, C_3\}$, 对于后一种情况来说, A 和 B 中的对象都被视为噪声点。

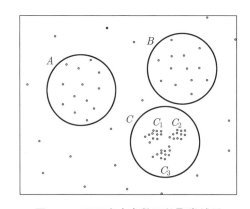

图 6.7　不同密度参数下的聚类结果

下面将要介绍的 OPTICS 聚类算法也是一种基于密度的聚类算法, 全称是 Ordering Points to Identify the Clustering Structure, 其思想和 DBSCAN 聚类算法非常类似, 但是能够弥补 DBSCAN 聚类算法的上述缺点。而且 OPTICS 聚类算法可以获得不同密度的聚类, 即经过 OPTICS 聚类算法的处理, 理论上可以获得任意密度的聚类, 因为 OPTICS 聚类算法输出的是样本的一个有序队列, 从这个队列里可以获得任意密度的聚类。

OPTICS 聚类算法也需要两个输入参数——半径 ε 和最少点个数 MinPts, 但这两个参数只是对算法起辅助作用, 不会对结果产生太大的影响。

除了 DBSCAN 聚类算法中提到的定义, OPTICS 聚类算法还用到了以下定义:

● 核心距离 (core-distance)。对于核心点, 距离其第 MinPts 近的点与之的距离 (即MinPts-dist(p)) 为该核心点的核心距离, 即

$$\text{coreDist}_{\in \text{MinPts}(p)} = \begin{cases} \text{无定义}, & |N_{\varepsilon(p)}| < \text{MinPts} \\ \text{MinPts-dist}(p), & |N_{\varepsilon(p)}| \geqslant \text{MinPts} \end{cases}$$

● 可达距离 (reachability-distance)。p 到核心点 o 的可达距离为 o 的核心距离和 p 到 o 的欧氏距离中的较大者。p 的可达距离取决于用的是哪个核心点, 即

$$\text{reachDist}_{\in \text{MinPts}(p,o)} = \begin{cases} \text{无定义}, & |N_{\varepsilon(p)}| < \text{MinPts} \\ \max(\text{coreDist}(o), \text{distance}(o,p)), & |N_{\varepsilon(p)}| \geqslant \text{MinPts} \end{cases}$$

OPTICS 聚类算法的难点在于维护核心点的直接可达点的有序列表。其描述如下。

输入: 数据样本 D, 初始化所有点的可达距离和核心距离为 Max, 半径为 ε, 最少点数为 MinPts。

输出: 样本的一个有序队列。

第一步: 建立两个队列 ——有序队列 (核心点及其直接密度可达点) 和结果队列 (存储样本输出和处理次序)。

第二步: 如果 D 中数据全部处理完, 则算法结束; 否则, 从 D 中选择一个未处理的核心点, 将该核心点放入结果队列, 其直接密度可达点放入有序队列, 直接密度可达点按可达距离升序排列。

第三步: 如果有序队列为空, 则回到第二步; 否则, 从有序队列中取出第一个点。判断该点是否为核心点, 若不是, 则回到第三步; 若是, 则将该点存入结果队列 (如果该点不在结果队列)。如果该点是核心点, 找到其所有直接密度可达点, 将这些点放入有序队列, 并将有序队列中的点按照可达距离重新排序。如果该点已经在有序队列中且新的可达距离较小, 则更新该点的可达距离。

重复第三步, 直至有序队列为空。

第四步: 算法结束, 输出结果。

给定半径 ε 和最少点个数 MinPts 就可以输出所有的类。计算过程为: 给定结果队列,

第一步: 从结果队列中按顺序取出点, 如果该点的可达距离不大于给定半径 ε, 则该点属于当前类别, 否则至第二步。

第二步: 如果该点的核心距离大于给定半径 ε, 则该点为噪声点, 可以忽略; 否则该点属于新的聚类, 回到第一步。

第三步: 结果队列遍历结束, 从而算法结束。

例 6.4 (Iris 数据案例续) 最后进行 OPTICS 聚类, 首先需要安装模块 pyclustering, 可以通过 "pip install pyclustering" 进行安装。需要注意的是, 输入数据需要转换成列表的形式, 并且列表中的每个元素代表一个样本点, 这个样本点需要用列表或者元组来表示, 代码如下。结果如图6.8所示。

```
from pyclustering.cluster.optics import optics

# sample 需要输入列表
# 样本: 输入数据表现为点 (对象) 的列表形式
# 这里每个点都表示成列表或元组
sample=[list(index) for index in array(temp)[:,:-1]]
optics_instance=optics(sample,0.5,6);
# 进行聚类分析
```

```
optics_instance.process()
# 获得聚类结果
clusters=optics_instance.get_clusters();
noise=optics_instance.get_noise();
# 获得可达距离
ordering=optics_instance.get_ordering();
# 以可达距离线性排序后的可视化聚类结果
indexes=[i for i in range(0,len(ordering))];
fig=plt.figure()
plt.bar(indexes,ordering);
plt.show()
```

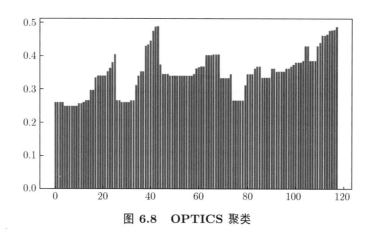

图 6.8　OPTICS 聚类

6.3　双向聚类

6.3.1　双向聚类概述

之前介绍的聚类方法是根据变量的取值对观测进行聚类。本节介绍的双向聚类同时考虑了观测与变量的差异。

在过去的十余年时间里, 双向聚类在双向数据分析 (two-way data analysis) 领域越来越受欢迎, 在基因数据分析与商业活动等领域有着广泛的应用。所谓基因表达数据, 就是生物学上通过某种手段测定的表征基因表达强度的数据。这些数据一般都存放在一个基因表达矩阵中, 矩阵的每行代表一个基因, 每列代表一个条件, 每个元素就代表对应行的基因在对应列的条件下所表达出来的强度。得到一个基因表达矩阵以后, 对基因 (行)或者条件 (列) 进行聚类是我们常常要做的事情。比如, 我们可以考虑诸基因在不同条件下的表达情况, 使用 K-均值聚类方法对基因进行聚类; 或者反之, 考虑诸条件下不同基因的表达情况, 使用 K-均值聚类方法对条件进行聚类。

遗憾的是, 像 K-均值聚类这种传统的聚类方法在基因表达数据上的表现并不总是很好, 它们往往会遗漏掉一些有意义的模式。这是因为传统的聚类方法一般是根据基因在所有条件下的表达情况对其进行聚类的, 这些方法只能发现某种全局模式。然而, 有些基因只有在某些特定的条件下才表达, 在其余条件下是不表达的。比如, A 基因和 B 基因在 C_1 条件下是协同表达的, 因而可以在 C_1 条件下归为一类, 但是它们在 C_2 条件下却没有协同联系; 与此同时, A 基因和 D 基因在 C_2 条件下是协同表达的, 因而可以视为一类, 但是在 C_1 条件下却不能视为一类。这说明部分基因在部分条件下才能聚为一类, 若在全部条件下考察, 很可能错失这种有意义的局部模式。

另外, 在传统的聚类方法中, 类与类之间是相互排斥的, 一般不允许类之间有重叠。可是在实际中, 同一个基因参与不同的细胞过程是很常见的, 因此该基因理所当然可以在不同的条件下被划分到不同的类中, 这在上面的例子中有所体现。所以, 我们需要一种新的聚类方法来兼顾基因数据中出现的这些局部模式和可重叠性。

双向聚类就是这样一种方法, 它在聚类的过程中综合考虑基因和条件, 试图发现一些让人感兴趣的局部类。在更一般的框架下, 给定 n 行 m 列的实值矩阵 $A = (X, Y)$, 其中, X 和 Y 分别为 A 的行指标和列指标集合。我们想要找到一个子矩阵 $B_k = (I_k, J_k)$, 其中, $I_k \subseteq X$, $J_k \subseteq Y$, 使得 B_k 能够具有某种意义上的同质性, 类似于传统聚类中类内的元素具有某种意义上的同质性。这样的子矩阵称为双向类 (bicluster), 这种寻找双向类的聚类方法叫作双向聚类 (biclustering)。

当然, 同质性因方法而异, 不同的双向聚类算法一般定义不同的同质性指标。比如, 同质可以指一个子矩阵中包含完全相同或者近似相同的元素, 也可以指一个子矩阵的每行或每列都包含相同的元素, 还可以指一个子矩阵中的元素随着行指标和列指标的增加而呈现一种递进的趋势。当我们定义了一种新的合理的同质性和双向类, 并设计了一个有效的算法来找出这些双向类时, 一种新的双向聚类方法也就建立起来了。表 6.3 是一个双向聚类在商业领域的例子, 每行代表一个用户, 每列代表一个产品。每个数据点代表用户是否购买了该产品, 购买为 1, 不购买为 0; 也可以是用户对产品的评分 (连续型数据)。我们可以根据用户对某些产品 (而不是全部产品) 的喜好进行用户和产品的双向聚类。

表 6.3 用户和产品的数据

用户	产品			
	V_1	V_2	$\cdots$	V_m
U_1	1	0	$\cdots$	1
U_2	0	1	$\cdots$	1
$\vdots$	$\vdots$	$\vdots$		$\vdots$
U_n	1	0	$\cdots$	0

双向聚类还可以用于文本挖掘以及其他拥有类似数据结构的领域。比如，文本挖掘中我们经常会碰到这样的矩阵，它的每行代表一个文档，每列代表一个单词，每个元素则表示对应列的单词在对应行的文档中出现的频率。对于这样的文档–词频矩阵，也可以使用双向聚类来发现我们感兴趣的局部模式。

6.3.2 BIMAX 算法

双向聚类有很多算法，大部分采用迭代方法，即在发现 $n-1$ 个双向聚类的情况下，发现下一个双向聚类。这里介绍 BIMAX 算法。

BIMAX (binary inclusion-maximal) 算法是由 Prelić et al. (2006) 提出的。如表 6.3 所示，若矩阵的每个元素只有两个可能的值 (0 或者 1)，原始数据可以表示为 n 行 m 列的二分数据矩阵 $E^{n \times m}$。一个双向类 (G, C) 对应于列集合 $C \subseteq \{1, 2, \cdots, m\}$ 和行集合 $G \subseteq \{1, 2, \cdots, n\}$。也就是说，$(G, C)$ 定义了一个所有元素均为 1 的子矩阵。

在该定义下，每个值为 1 的元素 e_{ij} 本身就代表一个双向类，但 BIMAX 算法寻找的是最大包含的类，即对任意一个类 $(G, C) = \{i \in G, j \in C : e_{ij} = 1\}$，不存在另一个类 (G', C')，使得 $(G, C) \subset (G', C')$，并且满足定义条件。

我们采用如下 BIMAX 算法：

第一步：重排行和列，使得 1 集中在矩阵的右上角。

第二步：将矩阵分为两个子矩阵，若一个子矩阵中只有 1，则返回该子矩阵。为了得到一个令人满意的结果，该方法需要从不同的起点重复几次。BIMAX 算法尝试识别出 E 中只包含 0 的区域，以在进一步的分析中排除这些区域。因此当 E 为稀疏矩阵时，BIMAX 算法具有独特的优势。此外，BIMAX 算法需要的存储空间和运算时间都较少。

6.3.3 CC 算法

Cheng and Church (2000) 提出了一种双向聚类算法，为方便起见，我们把他们提出的算法称为 CC 算法。对于一个矩阵 $A = (I, J) = (a_{ij})$，其中，I 和 J 分别为行指标集和列指标集，记

$$a_{iJ} = \frac{1}{|J|} \sum_{j \in J} a_{ij}$$

$$a_{Ij} = \frac{1}{|I|} \sum_{i \in I} a_{ij}$$

$$a_{IJ} = \frac{1}{|I||J|} \sum_{i \in I, j \in J} a_{ij}$$

分别为行均值、列均值和矩阵均值。为了给矩阵 A 一个同质性的度量，CC 算法定义了得分函数：

$$H(I,J) = \frac{1}{|I||J|} \sum_{i\in I, j\in J} (a_{ij} - a_{iJ} - a_{Ij} + a_{IJ})^2$$

得分函数 $H(I,J)$ 刻画了矩阵 (I,J) 的波动程度。一个矩阵的得分越低, 说明该矩阵的同质性越高。在上述同质性指标下, CC 算法进一步定义了 δ-双向类: 若存在一个 $\delta > 0$, 使得矩阵 (I,J) 的 $H(I,J) \leqslant \delta$, 则称 (I,J) 为 δ-双向类。CC 算法的目标就是在给定初始矩阵 A 和阈值 δ 的条件下, 尽可能找到规模比较大的 δ-双向类。

初始矩阵 $A = (I,J)$ 的得分 $H(I,J)$ 一般都比 δ 大, 因此, 我们希望通过不断删除一些行或者列使矩阵的得分持续降低, 直到比 δ 小。哪些行或者列被删除后能够降低一个矩阵的得分呢? 为此, 我们需要对每一行和每一列的波动程度进行刻画。

$$d(i) = \frac{1}{|J|} \sum_{j\in J} (a_{ij} - a_{iJ} - a_{Ij} + a_{IJ})^2 \tag{6.1}$$

$$d(j) = \frac{1}{|I|} \sum_{i\in I} (a_{ij} - a_{iJ} - a_{Ij} + a_{IJ})^2 \tag{6.2}$$

式 (6.1) 刻画了第 i 行的波动程度, 式 (6.2) 刻画了第 j 列的波动程度。Cheng and Church(2000) 证明了, 如果删除 $d(i) > H(I,J)$ 的行, 那么得到的新矩阵的得分一定比 $H(I,J)$ 低; 如果删除 $d(j) > H(I,J)$ 的列, 那么得到的新矩阵的得分也一定比 $H(I,J)$ 低。这就指导我们提出如下单节点删除算法。

算法: 单节点删除

输入: 原始矩阵 A, 行指标集 I, 列指标集 J, 阈值 $\delta > 0$

输出: 行指标集 $I' \subseteq I$, 列指标集 $J' \subseteq J$, 使得 $H(I', J') \leqslant \delta$

过程:

计算诸 $a_{ij}, a_{iJ}, a_{Ij}, a_{IJ}$ 和 $H(I,J)$

While $H(I,J) > \delta$

　　找到行指标 $r = \arg\max d(i)$ 和列指标 $c = \arg\max d(j)$

　　如果 $d(r) > d(c)$, 就将第 r 行删除, 否则就将第 c 列删除

　　更新行指标集 I 和列指标集 J, 重新计算诸 $a_{ij}, a_{iJ}, a_{Ij}, a_{IJ}$ 和 $H(I,J)$

End

输出最终的行列指标集

理论上, 上述单节点删除算法最后一定会返回一个 δ-双向类, 但是由于在每次循环中只能删除一行或者一列, 所以该算法的速度比较慢。因此, 人们提出多节点删除算法来加速这一过程。

算法: 多节点删除

输入: 原始矩阵 A, 行指标集 I, 列指标集 J, 阈值 $\delta > 0$, 调整因子 $\alpha > 1$

输出: 行指标集 $I' \subseteq I$, 列指标集 $J' \subseteq J$, 使得 $H(I', J') \leqslant \delta$

过程:

计算诸 $a_{ij}, a_{iJ}, a_{Ij}, a_{IJ}$ 和 $H(I,J)$

While $H(I,J) > \delta$

  删除所有 $d(i) > \alpha H(I,J)$ 的行

  更新行指标集 I，重新计算诸 $a_{ij}, a_{iJ}, a_{Ij}, a_{IJ}$ 和 $H(I,J)$

  删除所有 $d(j) > \alpha H(I,J)$ 的列

  更新列指标集 J，重新计算诸 $a_{ij}, a_{iJ}, a_{Ij}, a_{IJ}$ 和 $H(I,J)$

  如果行、列指标集都不再变化，那么退出循环

End

转到单节点删除算法

  关于多节点删除算法，有几点需要注意。首先，每次循环中会有较多的行和列被删除，为了避免一次删除过多，我们在单节点删除算法的基础上加上一个调整因子 $\alpha > 1$，只有波动程度比 $\alpha H(I,J)$ 大的行与列才能删除。其次，多节点删除算法一般不单独使用，而是配合单节点删除算法使用，我们先使用多节点删除算法将矩阵的规模降下来，然后使用单节点删除算法对其进行修剪。

  通过两次删除算法得到的子矩阵一定是 δ-双向类，但未必是最大的 δ-双向类，因此 CC 算法还有一个节点添加过程，将那些 $d(j) \leqslant H(I,J)$ 的列和 $d(i) \leqslant H(I,J)$ 的行添加进去。

算法：节点添加

输入：δ-双向类 $A = (I,J)$

输出：行指标集 $I' \subseteq I$，列指标集 $J' \subseteq J$，使得 $H(I',J') \leqslant H(I,J)$

过程：

计算诸 $a_{ij}, a_{iJ}, a_{Ij}, a_{IJ}$ 和 $H(I,J)$

While

  将 $j \notin J$ 且 $d(j) \leqslant H(I,J)$ 的列添加进去

  更新列指标集 J，重新计算诸 $a_{ij}, a_{iJ}, a_{Ij}, a_{IJ}$ 和 $H(I,J)$

  将 $i \notin I$ 且 $d(i) \leqslant H(I,J)$ 的行添加进去

  更新行指标集 I，重新计算诸 $a_{ij}, a_{iJ}, a_{Ij}, a_{IJ}$ 和 $H(I,J)$

  如果行、列指标集都不再变化，那么退出循环

End

输出最终的行、列指标集

  Cheng and Church(2000) 已经证明，上述节点添加过程不会造成矩阵得分 $H(I,J)$ 的增大，因而最终可以得到尽可能大的 δ-双向类。

  这样，通过多节点删除、单节点删除、节点添加这三步，就能够在原始矩阵中找到一个 δ-双向类。为了继续寻找其他可能的双向类，要用均匀分布随机数覆盖上一步找到的双向类，然后重复上述三步。

  完整的 CC 算法如下：

算法：Cheng and Church (2000)

输入：原始矩阵 A，双向类的数目 N，阈值 $\delta > 0$，调整因子 $\alpha > 1$

输出：N 个双向类

过程:

For $i = 1, 2, \cdots, N$

　　多节点删除

　　单节点删除

　　节点添加

　　将找到的双向类输出

　　将原始矩阵对应于该双向类的那部分元素用均匀分布随机数覆盖

End

除了本书介绍的 BIMAX 算法和 CC 算法, 还有一些其他的双向聚类方法, 读者可以自行阅读相关文献。

例 6.5 (双向聚类案例) 双向聚类案例参考 sklearn 官方教程 (https://scikit-learn.org/stable/auto_examples/bicluster/plot_spectral_coclustering.html)。下面的代码先创建一个双向聚类数据集, 有 5 个类, 每个类有 5% 的噪声。对数据进行随机洗牌, 然后使用 CC 算法和 BIMAX 算法进行双向聚类。最后展示原始数据图、随机洗牌后的数据图以及双向聚类后的数据图。

```python
import numpy as np
from matplotlib import pyplot as plt
from sklearn.cluster import SpectralCoclustering
from sklearn.cluster import SpectralBiclustering
from sklearn.datasets import make_biclusters
from sklearn.metrics import consensus_score


data,rows,columns=make_biclusters(shape=(300,300),
        n_clusters=5,noise=5,shuffle=False,random_state=0)
plt.matshow(data,cmap=plt.cm.Blues)
plt.title('Original dataset')          # 见图 6.9
```

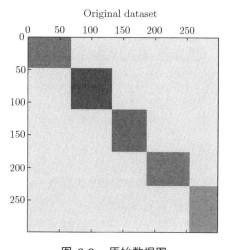

图 6.9　原始数据图

```
rng=np.random.Randomstate(0)
row_idx=rng.permutation(data.shape[0])
col_idx=rng.permutation(data.shape[1])
data=data[row_idx][:,col_idx]
plt.matshow(data,cmap=plt.cm.Blues)
plt.title('Shuffled dataset')          # 见图 6.10
```

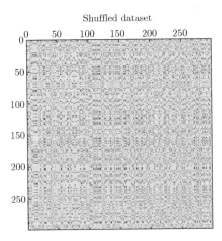

图 6.10   随机洗牌后的数据图

```
model_co=SpectralCoclustering(n_clusters=5,random_state=0)
model_co.fit(data)
model_bi=SpectralBiclustering(n_clusters=5,random_state=0)
model_bi.fit(data)
score_co=consensus_score(model_co.biclusters_,
                    (rows[:,row_idx],columns[:,col_idx]))
score_bi=consensus_score(model_bi.biclusters_,
                    (rows[:,row_idx],columns[:,col_idx]))

print('consensus score_co: {:.3f}'.format(score_co))
print('consensus score_bi: {:.3f}'.format(score_bi))
# consensus score_co: 1.000
# consensus score_bi: 0.200

fit_data_co=data[np.argsort(model_co.row_labels_)]
fit_data_co=fit_data_co[:,np.argsort(model_co.column_labels_)]

plt.matshow(fit_data_co,cmap=plt.cm.Blues)
plt.title('After Coclustering')          # 见图 6.11
```

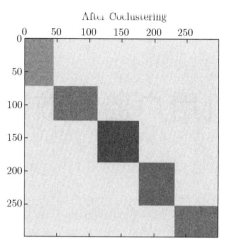

图 6.11　CC 算法聚类后的数据图

```
fit_data_bi=data[np.argsort(model_bi.row_labels_)]
fit_data_bi=fit_data_bi[:,np.argsort(model_bi.column_labels_)]

plt.matshow(fit_data_bi,cmap=plt.cm.Blues)
plt.title('After Biclustering')          # 见图 6.12
```

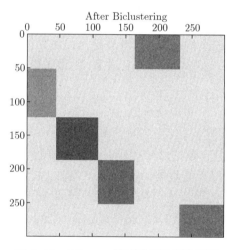

图 6.12　Bimax 算法聚类后的数据图

　　由于两种算法的聚类方法不同, 因此分类结果也不同。从聚类后的数据上看, 总体效果都还不错。但从分类得分上看, CC 算法为 1, BIMAX 算法为 0.2, 说明 CC 算法更适合对该数据进行聚类。对比聚类后的数据和原始数据, 显然 CC 算法更优, 与得分情况相符。

第7章

智能手机用户监测数据案例分析

本章应用前面所学内容对一个实际的大数据——智能手机用户监测数据 (数据量在 10G 左右) 进行案例分析。我们给出案例分析的两个版本: 第一个版本是单机操作, 读者可以在个人电脑或者单台服务器上完成数据分析任务。我们给出计算机实现的代码, 主要数据处理和编程语言为 Python、MySQL 和 R。对于 10G 左右的数据量, 目前主流的台式机、笔记本或者服务器是可以胜任的, 如果数据量继续增大, 这就不是好的解决方案了。因此, 我们提供的案例分析的第二个版本是在分布式集群 Hadoop 和 Spark 上实现的, 使用的计算机语言以及软件包和工具包括 HDFS 文件存储系统、MapReduce 技术、Python、Hive、Spark 的 MLlib 库等。同样, 我们给出了程序和代码。这是业界处理大数据采用的方式, 数据量可以高达 TB 级别甚至更大, 对于处理 10G 的数据, 显得有点牛刀小试。但作为教材中的案例, 让初学者进行入门级别的学习, 我们认为是非常合适的。有条件的读者可以运行这些代码并进行改善, 尝试做更多的分析。

7.1 数据简介

该数据是来自某公司某年连续 30 天的 4 万多个智能手机用户的监测数据, 已经做了脱敏和数据变换处理。每天的数据为 1 个 txt 文件, 共包含 10 列, 记录了每个用户 (以 uid 为唯一标识) 每天使用各款 APP (以 appid 为唯一标识) 的起始时间、使用时长、上下行流量等。具体说明见表7.1。此外, 还有一个辅助表格 app_class.csv, 共包含

表 7.1 用户和产品的数据

变量编号	变量名	释义
1	uid	用户的 id
2	appid	APP 的 id (与 app_class 文件中的第一列对应)
3	app_type	APP 类型: 系统自带、用户安装
4	start_day	使用起始天, 取值 1~30 (注: 第 1 天数据的头两行的使用起始天取值为 0, 说明是在这一天的前一天开始使用的)

续表

变量编号	变量名	释义
5	start_time	使用起始时间
6	end_day	使用结束天
7	end_time	使用结束时间
8	duration	使用时长 (秒)
9	up_flow	上行流量
10	down_flow	下行流量

两列。第一列是 appid, 第二列给出了 4 000 多个常用 APP 的所属类别 (app_class), 比如视频类、游戏类、社交类等, 用英文字母 a~t 表示。其余 APP 不常用, 所属类别未知。该数据以及本案例的所有程序可以从中国人民大学出版社的网站下载。

7.2　单机实现

7.2.1　描述统计分析

1. 用户记录的有效情况

互联网数据的记录过程比较复杂, 总是会有各种各样的原因使得用户的记录存在缺失, 读者在进行实际项目分析时, 一定要对具体情况具体分析。对于本案例, 如果一个用户在一整天中没有任何一条 APP 使用记录, 则该用户在该天的记录缺失。依据这个原则可以统计每个用户在 30 天中的有效记录天数, 图7.1展示了用户缺失天数 (即 30−有效天数) 的频数分布直方图, 通过程序 a1.1.py 得到。

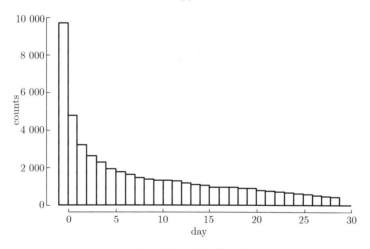

图 7.1　用户缺失天数频数分布直方图

在全部 48 179 个用户中, 9 700 个用户不存在缺失。从图7.1中可以看到, 5 天之后缺失的人数开始接近线性递减。缺失天数小于 5 的用户数为 22 614 个, 接近用户总体的一半。缺失天数小于 10 的用户数为 30 767 个。可以看出, 不同用户缺失天数存在较大差异, 在后面的分析中会考虑这个因素。

2. 各类 APP 的使用强度和相关性

接下来统计各类 APP 的用户使用强度和相关性。通过编写 Python 程序（a1.2.py）实现这一目的, 程序中需要实现的内容包括:

(1) 对每天的每条数据进行记录, 通过 appid 与 app_class.csv 文件中的 app_class 对应。

(2) 对每天的数据, 根据 uid 及 app_class 两个字段进行分类汇总, 得到每人每天使用每种类别 APP 的总时长。

(3) 汇总 30 天的数据, 得到每人使用每种类别 APP 的总时长 (有效观测天数内的总时长)。

由于每类 APP 的内容不同、涵盖的范围不同、面向的人群不同, 不同种类 APP 的使用情况也不同。表7.2展示了各类 APP 的使用强度 (有效观测天数的日均使用时长, 因为数据取值有 0 且高度右偏, 所以数据加 1 之后取对数)。

表 7.2　各类 APP 的使用强度 (对数变换)　　　　单位: 秒

编号	APP 类型	均值	标准差	最小值	最大值
1	a	2.51	2.63	0.00	16.62
2	b	1.47	2.06	0.00	17.90
3	c	4.40	2.87	0.00	17.06
4	d	4.32	2.24	0.00	17.83
5	e	2.82	3.04	0.00	17.74
6	f	6.96	1.97	0.00	18.64
7	g	5.16	2.17	0.00	19.07
8	h	0.90	2.15	0.00	19.47
9	i	2.14	2.29	0.00	18.78
10	j	0.99	2.23	0.00	16.43
11	k	2.34	2.33	0.00	19.88
12	l	0.17	0.78	0.00	15.04
13	m	0.20	0.93	0.00	8.86
14	n	1.49	1.77	0.00	16.62
15	o	0.90	1.87	0.00	11.93
16	p	2.02	2.53	0.00	17.68
17	q	1.96	2.20	0.00	18.37
18	r	0.08	0.53	0.00	7.40
19	s	0.60	1.39	0.00	9.42
20	t	3.56	3.24	0.00	18.40

由表7.2可知, f, g, c, d, t 的有效日均使用时长按大小顺序在所有 APP 类型中排名前五, 比其他 APP 使用强度略大。利用 48 179 个用户对 20 类 APP 的有效日均使用时

长可以计算出任意两类 APP 之间的相关系数。以相关系数大小为面积, 可通过图7.2反映各类 APP 之间的线性相关程度。

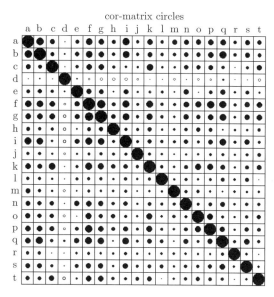

图 7.2　各类 APP 间的相关系数

在图7.2中, 黑点的面积大小表示两类 APP 之间的相关性的强弱。由图 7.2 可知, 总体上, 各类 APP 之间的线性关系不是很显著, 部分 APP 之间存在一定的相关性, 如 a 类 APP 与 b, c, f, g, i, k, o, p, q 类 APP 的相关性较强, f 类 APP 与 a, b, c, g, i, k, o, p, q 类 APP 存在较强的相关性。因此, 用户可能会同时使用不同种类的 APP, 并且不同种类的 APP 间可能存在一定的关联, 成为较为固定的 "搭配"。

在此, 我们只给出最基础的描述统计分析。请读者自行尝试其他更多情况下的描述统计分析, 以对数据有进一步的了解。

7.2.2　APP 使用情况预测分析

本节对用户使用 APP 的情况进行预测。我们要研究的问题是通过用户的 APP 使用记录预测用户未来是否使用 APP (分类问题) 及使用时长 (回归问题)。

1. 分类

我们根据用户第 1~23 天某类 APP 的使用情况来预测用户在第 24 ~ 30 天是否会使用该类 APP。这里以 i 类为例, 因变量 y 为二分类变量, $y = 1$ 表示用户在第 24 ~ 30 天使用了该类 APP, $y = 0$ 表示没有使用该类 APP。用于预测的变量说明如表7.3所示。

在预测前, 首先删除前 23 天中不存在有效观测天数的用户, 共 571 名。之后, 删除后 7 天中不存在有效观测天数的用户, 共 3 223 名。最后保留的用户数为 44 385 个。$x1 \sim x2$ 分别存在 27 442 个缺失, 占总用户数的 50.96%。$x6 \sim x8$ 也存在缺失的情形, 缺

表 7.3 因变量和自变量说明

变量符号	变量的含义	类型	单位/说明
y	第 24~30 天是否使用该类 APP	分类变量	$y=1$: 使用; $y=0$: 未使用
$x1$	第 24 天之前最后一次使用该类 APP 的日期距离第 24 天的天数 (市场营销领域中的 "最近一次消费" (recency) 变量)	连续型变量	天
$x2$	第 24 天之前最后一次使用该类 APP 那一天的使用强度	连续型变量	秒
$x3$	前 23 天使用总天数除以有效观测天数 (市场营销领域中的 "消费频率" (frequency) 变量)	连续型变量	无
$x4$	前 23 天使用天数中的平均使用强度 (市场营销领域中的 "消费金额" (monetary) 变量)	连续型变量	秒
$x5$	前 23 天有效观测天数中的平均使用强度	连续型变量	秒
$x6$	第 24 天前一天 (第 23 天) 的使用强度	连续型变量	秒
$x7$	第 24 天前一周内 (第 17~23 天) 的有效观测天数中的平均使用强度	连续型变量	秒
$x8$	第 24 天前一周之外 (第 1~16 天) 的有效观测天数中的平均使用强度	连续型变量	秒

失数据分别占总用户数的 19.78%、3.7%、1.6%。对自变量中的缺失值使用中位数插补法，读者也可以尝试使用其他缺失数据处理方法。此外，读者也可以考虑对于后 7 天数据中存在缺失数据的更好的处理方法。代码参考 a2.py。

统计可知，$y=0$ 为 26 449 个 (59.59%)，$y=1$ 为 17 936 个 (40.41%)。随机选取 80% 作为训练集，20% 作为测试集，算法选用随机森林。利用 $x1$~$x8$ 指标对 y 指标建立分类模型。对 i 类 APP 的预测结果如表7.4所示，整体准确率为 80.00%，变量重要性见图 7.3。代码参考 a2.1.py。

表 7.4 随机森林测试集混淆矩阵

Predict	True	
	0	1
0	4 373	813
1	962	2 729

读者可以尝试更多方法，构建更多有意义的自变量并进行分析; 也可以对某个 APP 而不是此处的 APP 类别进行分析。

2. 回归

与前面的分类不同的是，这里要预测的是第 24~30 天用户使用某类 APP 的有效日均使用时长，因而因变量是连续型变量，自变量的选取不变，我们要预测的 APP 是 i 类。

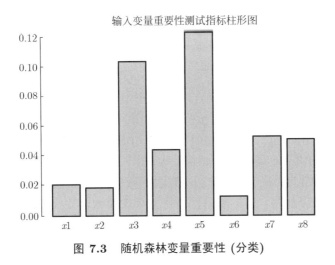

图 7.3　随机森林变量重要性 (分类)

预测模型选取的是随机森林算法。与分类预测不同的是, 比较各个模型的标准是 NMSE:

$$\text{NMSE} = \sqrt{\frac{\sum (y_i - \hat{y}_i)^2}{\sum (y_i - \bar{y})^2}}$$

式中, y_i 表示使用时长的实际值, $\hat{y}_i$ 表示使用时长的预测值, $\bar{y}$ 表示所有用户实际使用时长的均值。不使用任何模型时, 我们可以用数据的均值作为预测值, 此时的预测误差可表示为 $\sum (y_i - \bar{y})^2$; 当使用模型预测时, 模型的预测误差可表示为 $\sum (y_i - \hat{y}_i)^2$。若 $\sum (y_i - \hat{y}_i)^2$ 比 $\sum (y_i - \bar{y})^2$ 小, 则表示用模型做预测是有意义的, 否则表示用 $\bar{y}$ 做预测的效果反而更好。NMSE 的取值越小, 表示模型的预测效果越好。运行随机森林算法 (因变量加 1 之后取对数) 得到的结果是: 测试集的 NMSE 为 0.621。变量重要性见图7.4。程序参考 a2.2.py。

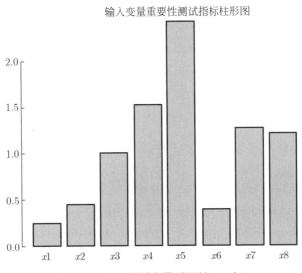

图 7.4　随机森林变量重要性 (回归)

7.2.3 用户行为聚类分析

1. 用户 APP 使用差异情况聚类

对于在描述统计分析中得到的用户对 20 类 APP 有效使用天数的日均使用强度数据 (对数变换之后), 我们选用 K-均值聚类。由于聚类结果和初始赋值有关, 因此在 Python 程序（参考 a2.3.py）中, 我们随机重复 20 次初始赋值。评价聚类效果的常用标准是组间方差占总方差的比重。若该比重较大, 说明各类别组内方差较小, 类内同质化程度高, 因而聚类效果较好。若该比重较小, 则表明聚类效果较差。

在 K-均值聚类方法中, 需要事先设定待分类的个数 K。这里我们按 K 的取值从 2~15 依次运行, 根据分类结果选择合理的 K 值。根据 K-均值聚类方法, 聚类结果如表 7.5所示。

表 7.5　不同 K 值下组间方差与总方差的占比

K 值	2	3	4	5	6	7	8
组间方差/总方差	0.13	0.19	0.23	0.26	0.28	0.30	0.32
K 值	9	10	11	12	13	14	15
组间方差/总方差	0.33	0.35	0.36	0.37	0.38	0.39	0.39

由表7.5可知, 当 K 值从 2 增加到 5 时, 组间方差的占比上升较快, 每增加一个类, 组间方差/总方差上升 0.04 左右; K 值在 5 之后上升的幅度趋于稳定, 在大于等于 8 之后保持在 0.02 及以下的水平。因此, 我们认为 K 取 8 (即将用户分为 8 个类) 较为合适。当 $K=8$ 时, 组间方差/总方差为 0.32, 相应的各类中心值如表7.6所示。

这 8 类用户都特别喜欢 f 类 APP。除此之外的突出特点是: 第 1 类 (7 754 人, 约占 16.1%) 用户对各类 APP 整体使用较少, 其中对 d 类 APP 使用相对频繁; 第 2 类用户 (3 333 人, 约占 6.9%) 非常喜欢使用 h 类 APP; 第 3 类用户 (6 014 人, 约占 12.5%) 非常喜欢使用 g 类 APP; 第 4 类用户 (6 100 人, 约占 12.7%) 非常喜欢使用 t 类 APP; 第 5 类用户 (8 008 人, 约占 16.6%) 非常喜欢使用 t 类 APP; 第 6 类用户 (3 600 人, 约占 7.5%) 非常喜欢使用 j 类 APP; 第 7 类用户 (6 933 人, 约占 14.4%) 非常喜欢使用 e 类 APP; 第 8 类用户 (6 437 人, 约占 13.4%) 非常喜欢使用 g 类 APP。

2. RFM 聚类

在现实的业务分析过程中, 相对于比较用户对不同类别 APP 的总的使用强度而言, 人们更加关注用户对某一种特定 APP 的使用行为。用户对特定 APP 的使用行为包含开始使用、保持使用以及流失等。针对这种需求, 可以将每个人对某一种特定 APP 在连续 30 天中的使用情况作为原始数据对用户进行聚类, 从而区分出对一款 APP 具有不同使用行为特征的人群。我们以编号为 17442 的 APP 为例, 考察在观测的 30 天内使用过该 APP 且有效观测天数大于等于 26 天的 8 718 个用户的行为特征。基于原始数据, 借鉴度量消费者行为的三个重要指标 RFM——最近一次消费 (recency)、消费频率

表 7.6　各类的中心值

类别	APP									
	a	b	c	d	e	f	g	h	i	j
1	0.71	0.39	1.50	4.39	0.90	4.71	3.04	0.40	0.78	0.48
2	3.69	2.13	5.50	3.83	2.85	7.77	6.07	7.16	2.75	1.23
3	5.37	3.59	6.03	4.32	4.15	8.15	6.32	0.57	3.98	0.80
4	1.88	1.11	4.85	4.46	6.12	7.23	5.25	0.39	1.82	0.35
5	1.89	0.96	5.08	4.39	0.26	7.09	5.38	0.35	1.53	0.23
6	3.12	1.85	4.84	4.08	2.68	7.31	5.79	0.74	2.53	7.01
7	2.24	1.35	4.04	4.46	6.25	7.23	5.18	0.37	2.40	0.53
8	2.78	1.40	4.78	4.36	0.33	7.42	5.63	0.36	2.41	0.37
类别	APP									
	k	l	m	n	o	p	q	r	s	t
1	0.64	0.05	0.08	0.66	0.24	0.62	0.57	0.03	0.16	1.10
2	3.62	0.27	0.35	1.97	1.89	3.19	2.16	0.16	0.79	4.79
3	4.02	0.35	0.42	2.14	2.17	4.54	3.67	0.18	1.25	5.40
4	2.11	0.14	0.16	1.66	0.60	1.48	1.90	0.08	0.50	6.47
5	2.43	0.11	0.19	1.28	0.82	1.62	1.53	0.04	0.41	6.40
6	2.88	0.21	0.23	1.65	1.08	2.29	2.35	0.10	0.80	5.30
7	1.84	0.18	0.16	1.77	0.48	1.69	2.24	0.10	0.66	0.32
8	2.58	0.16	0.17	1.40	0.77	2.03	2.05	0.06	0.60	0.44

(frequency) 和消费金额 (monetary), 针对 APP 数据构造最近一次使用 (最近一次使用距离最后一天的天数)、使用频率 (使用天数除以有效观测天数) 和有效使用时长 (使用总时长除以使用天数) 三个指标, 以标准化后的这三个变量作为特征对人群进行聚类分析。程序参考 a3.1.py。

在计算 recency 指标时, 会遇到缺失数据的情况。经统计, 在 8 718 个样本中有 1 164 个观测出现该现象, 占总样本的 13.35%, 我们将这部分数据删除, 保留 7 554 个样本进行下一步分析。程序参考 a3.2.py。

根据程序运行结果可知, 组间方差的占比随类别的变化情况将人群分为 4 类, 组间方差占总方差的 74.9%, 聚类效果较好, 各类别的类中心值见表7.7和图7.5。

表 7.7　RFM 聚类各类的中心值

	第 1 类	第 2 类	第 3 类	第 4 类
R	−0.537 08	−0.506 82	−0.129 83	2.367 031
F	1.301 098	0.874 899	−0.657 94	−1.189 91
M	2.206 248	0.122 648	−0.489 31	−0.573 05
各类人数	910	2 670	3 396	578

由各类中心可以看出, 第 1∼4 类用户的使用频率 (F) 越来越低, 有效使用时长 (M) 越来越短, 最近一次使用 (R) 越来越大。由此可以看出, 第 1 类用户为该 APP 的忠诚使

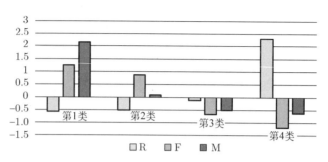

图 7.5 RFM 聚类各类中心

用者, 第 2 类用户为频繁使用者, 第 3 类用户为轻度使用者, 第 4 类用户为流失使用者。从公司运营层面考虑, 对于不同的用户可以采取不同的策略, 以获取更多的利润。

最后给出各类用户使用强度的热力图 (见图7.6)。这是在 Excel 中完成的, 具体做法如下: 首先在每类用户中随机选取 200 个用户, 每类用户共 30 列, 代表 1~30 天, 表格中的数字代表该用户在这一天的使用时长, 空白为 0, 表示没有使用, 用白色填充。大于 0 的部分分段处理, 颜色依次加深。需要说明的是, 对于缺失数据, 我们用浅绿色进行处理, 在黑白印刷的书上很难呈现。可以看到 4 类人群在使用行为上有差异。第 1 类用户经常使用该 APP, 且每次使用强度非常大; 第 2 类用户同样经常使用, 但是强度不如第一类用户; 第 3 类用户不经常使用该 APP 或者刚刚开始使用该 APP; 第 4 类用户偶尔使用该 APP, 但是现在已经超过 10 天没有使用该 APP。

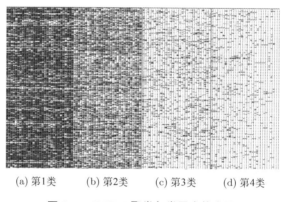

(a) 第1类　　　(b) 第2类　　　(c) 第3类　　　(d) 第4类

图 7.6 RFM 聚类各类用户热力图

7.3 分布式实现

这一部分介绍该案例的分布式实现, 包括数据预处理与模型分析两部分。

7.3.1 数据预处理与描述分析

由于原始数据是结构化的记录数据, 因此可以利用 Hive 进行数据预处理。在此我们仅以实现图7.1和图7.2的数据准备为例, 给出利用 Hive 对数据进行预处理的步骤以及具体语句, 读者可从中国人民大学出版社的网站下载。程序参考 b1.hql。

7.3.2　基于 Spark 的模型分析

数据准备完毕之后, 可以利用 Spark 中的 MLlib 库对数据进行模型分析。程序参考 b2.py 和 b3.py。在此我们进行 7.2.2 节中单机版的 i 类 APP 的用户行为预测 (分类和回归), 预测方法为随机森林。

算法使用的数据是之前利用 Python 处理所得的数据 (读者也可自行编写分布式程序对数据进行预处理), 程序运行成功后, 由结果可知, Spark 分类模型的整体准确率为 82.16%, 与单机版随机森林的分类准确率相比稍高一些; Spark 回归模型的 NMSE 为 0.602, 比单机版随机森林回归的 NMSE (0.621) 小一些, 表示预测效果较好。

接下来, 我们使用 Spark 中的 MLlib 库进行 K-均值聚类分析, 以单机版第一个聚类分析为例。程序参考 b4.py。在此不把 K 个中心点的选择纳入分布式计算, 主要还是参考前面内容, 将中心数选为 8, 接着基于前面单机版中加 1 后取对数的时长数据, 利用 Spark 建立 K-均值模型, 可以得到算法将观测分为 8 类的结果, 每一类的类中心值如表 7.8所示。

表 7.8　分布式聚类各类的中心值

类别	APP									
	a	b	c	d	e	f	g	h	i	j
1	3.47	2.03	5.34	3.81	2.78	7.68	6.03	7.19	2.68	1.63
2	0.84	0.44	1.41	4.39	0.63	4.81	3.18	0.40	0.93	0.54
3	2.42	1.40	5.28	4.47	6.26	7.39	5.54	0.38	2.17	1.05
4	1.86	1.10	3.65	4.42	6.18	6.99	4.89	0.37	2.09	0.66
5	2.73	1.38	5.25	4.39	0.46	7.42	5.64	0.31	2.31	0.77
6	5.24	3.68	5.69	4.31	5.69	8.18	6.27	0.75	4.04	1.72
7	4.64	2.35	5.63	4.35	0.42	7.73	6.10	0.40	3.10	1.49
8	0.74	0.59	4.42	4.27	0.61	6.70	4.91	0.34	0.99	0.76
类别	APP									
	k	l	m	n	o	p	q	r	s	t
1	3.46	0.25	0.34	1.90	1.72	3.02	2.07	0.14	0.77	4.82
2	0.67	0.06	0.08	0.66	0.25	0.63	0.65	0.02	0.18	0.78
3	2.45	0.16	0.19	1.81	0.71	1.56	2.24	0.09	0.58	6.62
4	1.56	0.16	0.14	1.66	0.40	1.40	1.94	0.08	0.55	0.52
5	2.78	0.17	0.16	1.46	0.80	2.14	2.05	0.06	0.62	0.43
6	3.91	0.42	0.42	2.24	2.19	4.93	3.81	0.20	1.45	3.96
7	3.40	0.18	0.31	1.64	1.49	2.81	2.69	0.09	0.77	6.59
8	1.93	0.08	0.15	1.11	0.62	1.32	1.09	0.04	0.32	6.19

通过对比可以发现, 单机版的聚类结果与 Spark 聚类结果在各类中心值上比较相似, 比如, 这里的第 2 类对应表7.6中的第 1 类等。这里不再具体解释聚类结果。建议读者编写程序输出两种方法的用户聚类的类别标签, 然后绘制 8×8 的交叉表, 进一步比较两种聚类方法的差异。

第8章

神经网络基础

人脑是由大量神经细胞相互连接而形成的一种复杂的信息处理系统, 长期的自然进化使人脑具备很多良好的功能, 如分布式表示和计算、巨量并行性、学习能力、推广能力、容错能力、自适应性等。人工神经网络 (artificial neural networks, ANN), 简称神经网络 (neural networks, NN), 是通过对人脑神经系统的抽象和建模得到的简化模型, 是一种具有大量连接的并行分布式处理器, 由简单的处理单元组成, 具有通过学习来获取知识并解决问题的能力。

人工神经网络已有 80 多年的研究历史, 其发展道路曲折, 几经兴衰。人工神经网络研究的先驱为生理学家 McCulloch 和数学家 Pitts, 他们于 1943 年在神经细胞生物学的基础上, 从信息处理的角度提出了形式神经元的数学模型 (McCulloch and Pitts, 1943), 开启了神经网络研究的第一个热潮。然而, 1969 年人工智能创始人之一的 Minsky 和计算机科学家 Papert 在《感知器》(Perceptrons) 一书 (Minsky and Papert, 1969) 中指出了感知器模型的缺陷, 由此引发了神经网络发展史上长达十几年的低潮期。1982 年美国物理学家 Hopfield 提出了一种新颖的 Hopfield 网络模型 (Hopfield, 1982, 1984), 标志着人工神经网络研究工作的复苏。

随后以 Rumelhart 和 McClelland 为首的科学家小组于 1986 年发表了《并行分布式处理》一书的前两卷 (Rumelhart and McClelland, 1986), 该书介绍了并行分布式处理网络思想, 发展了适用于多层神经网络模型的反向传播 (BP) 算法, 克服了感知器模型继续发展的重要障碍, 由此引发了神经网络研究的第二个热潮。然而从 20 世纪 90 年代开始, 人工神经网络又逐渐受到冷落。这是由于以支持向量机和组合算法为代表的统计学习的兴起, 但更重要的是由于人工神经网络的巨大计算量和优化求解难度使其只能包含少量隐藏层, 从而限制了实际应用中的性能。

直到 2006 年多伦多大学计算机系的教授 Geoffrey Hinton 和其学生 Salakhutdinov 在《科学》(Science) 上发表文章 (Hinton and Salakhutdinov, 2006), 认为多隐藏层的人工神经网络具有优异的特征学习能力, 而对于多隐藏层神经网络在训练上的困难, 可以通过 "逐层初始化" 来有效克服, 由此 Hinton 等人进一步提出了深度学习的概念, 开启了深度学习的研究浪潮。从感知机提出到 BP 算法应用以及 2006 年以前的历史被称为浅层学习阶段, 2006 年以后的历史被称为深度学习阶段。

目前, 卷积神经网络 (convolutional neural networks, CNN) 作为深度学习的一种, 已经成为当前图像理解领域研究的热点。追溯至 1989 年, 贝尔实验室的 Yann LeCun 就开始在识别手写数字领域使用卷积神经网络; 1994 年, Yann LeCun (LeCun et al., 1998) 提出了用于字符识别的卷积神经网络 LeNet-5, 并在小规模手写数字识别中取得了较好的结果。因此, Yann LeCun 也被称为卷积网络之父。2012 年, Alex Krizhevsky 等人 (Krizhevsky et al., 2012) 使用卷积神经网络 AlexNet 在 ImageNet 竞赛图像分类任务中取得了巨大成功。

2013 年, Graves (Graves et al., 2013) 表明结合了长短期记忆 (long short-terms memory, LSTM) 的循环神经网络 (recurrent neural network, RNN) 比传统的循环神经网络在自然语言处理方面更有效。2014 年至今, 深度学习在很多领域都取得了突破性的进展, 发展出了深度残差网络、注意力网络、嵌入式网络、生成对抗网络、知识蒸馏、图神经网络等多种模型。

2017 年, Transformer 模型在自然语言处理领域取得了巨大成功 (Vaswani et al., 2017)。该模型由 Vaswani 等人于 2017 年提出, 并在机器翻译任务中表现出色。2018 年, 谷歌推出了基于 Transformer 架构的 BERT（bidirectional encoder representations from transformers）模型 (Devlin et al., 2018)。BERT 在自然语言处理任务中引起了巨大的轰动, 通过预训练和微调的方式, 在多个任务中都取得了当时最先进的结果。2018 年, OpenAI 发布了 GPT（generative pre-trained Transformer）模型 (Radford and Narasimhan, 2018), 进一步推动了自然语言处理的发展。GPT 模型采用 Transformer 架构, 并通过大规模的无监督预训练来学习语言的表示, 具有强大的生成能力, 可用于生成文章、对话等文本。

8.1 前馈神经网络

8.1.1 生物神经元

神经元, 又称为神经细胞, 是神经系统结构和功能的基本单位。生物神经元以细胞体为主体, 是由许多向周围延伸的不规则树枝状纤维构成的神经细胞。典型的生物神经元结构如图8.1所示。

神经元的主要组成部分有:

(1) 细胞体 (简称胞体)。它是神经元的主体, 存在于脑和脊髓的灰质及神经节内, 其形态各异, 常见的形态有星形、锥体形、梨形和圆球形等。细胞体由细胞核、细胞质和细胞膜组成。细胞体是神经元代谢和营养的中心。

(2) 轴突。它是细胞体向外伸出的最长的一个管状突起, 长度从几微米到一米左右。每个神经元只有一条轴突, 它是神经元的输出通道。轴突相当于细胞的输出端, 其末端的许多向外延伸的树枝状纤维体 (称为神经末梢) 为信号输出端子, 将神经冲动由细胞体传导至其他神经元或效应细胞。

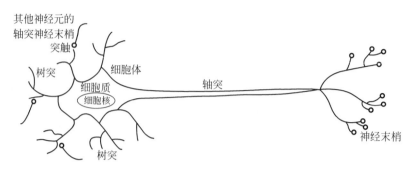

图 8.1 生物神经元的结构

(3) 树突。它是细胞体向外延伸的其他许多较短的突起, 常有大量分枝, 长度较短, 通常不超过一毫米。树突是神经元的输入通道, 能接收和整合来自其他神经细胞和从细胞体其他部位传来的信息。

(4) 突触。一个神经元的神经末梢与另一个神经元的树突或细胞体的接触处称为突触, 它是一个神经元和另一个神经元间的机能连接点, 将信息从神经系统的一个部位传导至另一个部位, 产生细胞间通信。每个神经元有多个突触, 树突的突触多为兴奋性的, 使突触后神经元兴奋; 细胞体的突触多为抑制性的, 阻止突触后神经元兴奋。总的来说, 树突是神经元的输入端, 轴突是神经元的输出端, 突触是神经元输入输出的接口, 使得神经元成为信息处理的基本单元。

神经元具有兴奋和抑制这两种常规工作状态。对于某一神经元, 其树突和细胞体接收来自突触传入的其他神经元的神经冲动, 若多个传入的冲动经整合后使细胞膜电位升高到动作电位的阈值, 则细胞进入兴奋状态, 产生神经冲动, 并由突触传递给其他神经元; 反之, 若传入的神经冲动经整合后使细胞膜电位下降到低于动作电位的阈值, 则细胞进入抑制状态, 没有神经冲动输出。因此, 生物神经元是按照 "1 或 0" 的原则工作的, 只具有 "兴奋" "抑制" 二值状态。

8.1.2 人工神经元

人工神经元是对生物神经元的极端抽象、简化和模拟, 是人工神经网络的基本处理单元。人工神经元的种类众多, 本章先介绍常用的最简单的模型, 如图8.2所示, 它是一个 "多输入" "单输出" 的模块。

在图8.2中, 神经元 k 的输入信号 $x_i \in \mathbf{R}$ $(i = 1, 2, \cdots, m)$ 为前一层 m 个神经元的输出, 用来模拟不同生物神经元间的信号传递; ω_{ki} $(i = 1, 2, \cdots, m)$ 为权值, 对应于生物神经元的突触的连接强度, 权值 ω_{ki} 为正则表示对信号 x_i 激励, 权值为负则表示对信号 x_i 抑制; $\sum$ 为求和单元, 用来求输入信号在各种连接强度下的加权和, 相当于生物神经元将多个传入的冲动整合所得的膜电位; 在生物神经元中, 只有当膜电位超过动作电位的阈值时才产生神经冲动, 因此在人工神经元中引入偏置 b_k 来调节是否产生冲动; z_k 为神经元 k 的内部激活水平; 非线性函数 $f(\cdot)$ 称为激活函数 (或称传递函数、激励函数), 用来模拟生物神经元的膜电位与神经冲动间的非线性转换关系; a_k 为第 k 个神经元的唯

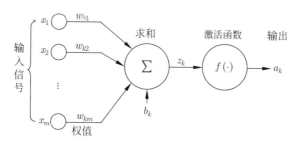

图 8.2　人工神经元模型

一输出, 相当于生物神经元的轴突。具体地, 该模型的数学表示为:

$$z_k = \sum_{i=1}^{m} \omega_{ki} x_i + b_k$$

$$a_k = f(z_k)$$

有时为了方便, 可把偏置 b_k 看作固定输入 $x_0 = 1$ 时对应的权值, 即 $\omega_{k0} = b_k$。若令

$$x_k = (x_0, x_1, \cdots, x_m)^{\mathrm{T}}, \quad \omega_k = (\omega_{k0}, \omega_{k1}, \cdots, \omega_{km})^{\mathrm{T}}$$

则神经元 k 的输出为:

$$a_k = f(z_k) = f(\omega_k^{\mathrm{T}} x_k)$$

在神经元模型中, 不同的激活函数可构成不同的神经元模型, 在此我们介绍以下四种激活函数。

(1) 阈值函数。这是最简单的激活函数, 其输出状态取二值 (1 与 0, 或 1 与 −1), 用来简单模拟生物神经元 "兴奋" "抑制" 的二值状态。阈值函数包含阶跃函数和对称型阶跃函数 (即符号函数)。阶跃函数如图8.3(a) 所示, 其表达式为:

$$f(x) = \begin{cases} 1, & x \geqslant 0 \\ 0, & x < 0 \end{cases}$$

这样的神经元常称为 McCulloch-Pitts 模型或 M-P 模型, 用以纪念提出该模型的美国心理学家 McCulloch 和数学家 Pitts。对称型阶跃函数如图8.3(b) 所示, 其表达式为:

$$f(x) = \mathrm{sgn}(x) = \begin{cases} 1, & x \geqslant 0 \\ -1, & x < 0 \end{cases}$$

(2) 分段线性函数。其特点是自变量与函数值在一定区间内满足线性关系, 因此函数具有分段线性形式。分段线性函数如图8.3(c) 所示, 其表达式为:

$$f(x) = \begin{cases} 0, & x \leqslant 0 \\ x, & 0 < x < 1 \\ 1, & x \geqslant 1 \end{cases}$$

对称型分段线性函数如图8.3(d) 所示, 其表达式为:

$$f(x) = \begin{cases} -1, & x \leqslant -1 \\ x, & -1 < x < 1 \\ 1, & x \geqslant 1 \end{cases}$$

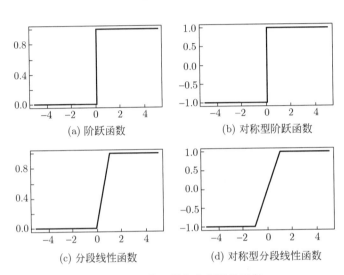

(a) 阶跃函数   (b) 对称型阶跃函数

(c) 分段线性函数   (d) 对称型分段线性函数

图 8.3   阈值函数与分段线性函数

(3) Sigmoid 型函数。该类函数具有 S 形曲线, 因此也称 S 型函数。一个典型的例子是如下定义的函数:

$$f(x) = \frac{1}{1 + \exp(-ax)}, \quad f(x) \in (0, 1)$$

式中, a 为参数, 控制函数的倾斜程度。当 $a = 1$ 时, 称为 Logistic 函数, 如图8.4(a) 所示。双曲正切函数 tanh 也是一种 Sigmoid 型函数, 定义如下, 如图8.4(a) 所示。

$$f(x) = \tanh\left(\frac{x}{2}\right) = \frac{1 - e^{-x}}{1 + e^{-x}}, \quad f(x) \in (-1, 1)$$

Sigmoid 型函数是对上述阶跃、分段函数的光滑近似。当输入值在 0 附近时, 近似为线性函数。Sigmoid 型函数具有单调性和可微性, 在线性和非线性之间具有较好的平衡, 是人工神经网络中常用的一种激活函数。双曲正切函数的输出是零中心化的, 但 Logistic 函数的输出恒大于零。

(4) ReLU 函数。修正线性单元 (rectified linear unit, ReLU) 函数的定义为:

$$\text{ReLU}(x) = \begin{cases} x, & x \geqslant 0 \\ 0, & x < 0 \end{cases} = \max(0, x)$$

采用 ReLU 函数的神经元计算比较简单, 具有生物上的解释性, 比如单边抑制 (输入小于零的部分)、宽兴奋边界 (输入大于零的部分)。在生物学中, 同时处于兴奋状态的神经元非常稀疏。Sigmoid 型函数会导致稠密的神经网络, ReLU 具有非常好的稀疏性。但是 ReLU 在 $x < 0$ 时梯度为 0, 这个神经元有可能再也不会被激活。因此, 有几种 ReLU 的变形被广泛使用。带泄露的 ReLU 定义如下:

$$\text{LeakyReLU}(x) = \begin{cases} x, & x > 0 \\ \gamma x, & x \leqslant 0 \end{cases}$$
$$= \max(0, x) + \gamma \min(0, x)$$

式中, $\gamma \geqslant 0$ 是一个非常小的数字, 比如 0.01。

指数线性单元定义如下:

$$\text{ELU}(x) = \begin{cases} x, & x > 0 \\ \gamma(\exp(x) - 1), & x \leqslant 0 \end{cases}$$
$$= \max(0, x) + \min(0, \gamma(\exp(x) - 1))$$

式中, $\gamma \geqslant 0$ 是一个超参数, 它是一个近似的零中心化的函数。

Softplus 函数可以看作 ReLU 函数的平滑版本, 定义如下:

$$\text{Softplus}(x) = \log(1 + \exp(x))$$

它的导数刚好是 Logistic 函数, 它也具有单侧抑制、宽兴奋边界的性质, 但却没有稀疏性。图8.4(b) 给出了几种形式的 ReLU 激活函数。激活函数的选择对神经网络模型非常重要, 在后续章节我们会进一步讨论。

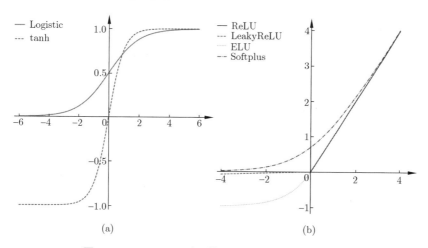

图 8.4　**Sigmoid 型函数 (a) 与 ReLU 函数 (b)**

8.1.3　前馈网络

生物神经元是人脑处理信息的基本单元, 它们之间相互作用构成复杂的网络, 以实现认知、情感、记忆、行为等功能。因此, 人工神经网络为了模拟人脑的信息处理功能,必须将其基本单元——人工神经元按照一定的方式连接成网络。神经元间的连接方式不同，网络结构也不同。

图8.5是常见的前馈网络。在前馈网络中，神经元是分层排列的，每层神经元只接收来自前一层神经元的输入信号，并将信号处理后输出至下一层，网络中没有任何回环和反馈。前馈网络的层按功能可分为输入层、隐藏层和输出层。输入层负责接收来自外界的输入信号，并传递给下一层神经元。隐藏层可以没有，也可以有一层或多层，它是神经网络的内部处理层，负责进行信息变换。输出层负责向外界输出信息处理结果。图8.5所示的为 4 层前馈网络，其第一层 (输入层) 有 5 个神经元，第二层 (第 1 隐藏层) 有 3 个神经元，第三层 (第 2 隐藏层) 有 4 个神经元，第四层 (输出层) 有 2 个神经元，因此它可以称为 "5—3—4—2" 结构的网络。

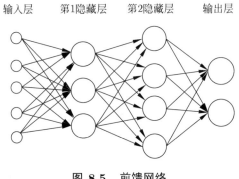

图 8.5　前馈网络

人类具有从周围环境中学习的能力，而学习的过程离不开训练，如英语技能、体育技能等的学习需要大量的训练。类似地，人工神经网络也具有从基于真实样本的环境中学习的能力，这是它的一个重要特性。神经网络能够通过对样本的学习训练，不断调整网络的连接权值，形成完成某项特殊任务的能力 (例如图像识别、机器翻译等)。理想情况下，神经网络每学习一次，完成某项特殊任务的能力就会提高一些。根据训练数据的特点，神经网络模型主要分为有监督学习和无监督学习两类。与前面的章节相同，有监督学习可以分为回归问题和分类问题。

无监督学习是一种在没有明确标签或指导的情况下对数据进行学习的方法。在这种学习模式中，神经网络被提供了训练数据 (训练向量)，但没有相应的期望输出或标签。因此，网络的任务是自行发现输入数据中的结构和模式。这通常涉及通过调整网络参数来探索和挖掘数据中潜在的模式或统计规律，从而实现对输入数据特征的学习。无监督学习在没有明确答案或预测目标的情况下，侧重于发现和揭示数据内在的结构和关系。这种学习方法在数据探索和发现隐藏模式方面非常有价值。

8.2　反向传播算法

反向传播算法，即 BP (back propagation) 算法，是求解多层神经网络的重要算法。它建立在梯度下降算法的基础上，计算过程包括正向计算和反向计算两部分。在正向传播过程中, 输入模式是从输入层经隐藏层逐层处理, 并转向输出层, 每层神经元的状态只影响下一层神经元的状态。如果在输出层不能得到期望的输出, 则转入反向传播, 将误差信号沿原来的连接通路返回, 通过修改各神经元的权值, 使得误差信号最小。下面详细推导 BP 算法的原理。

8.2.1 前向传播

为了对 BP 算法进行推导, 约定如下符号:

- $\mathcal{L}$: 表示神经网络的层数。
- $m^{(l)}$: 表示第 l 层神经元的个数。
- $f_l(\cdot)$: 表示第 l 层神经元的激活函数。
- $W^{(l)} \in R^{m^{(l)} \times m^{(l-1)}}$: 表示第 $l-1$ 层到第 l 层的权重矩阵。
- $b^{(l)} \in R^{m^{(l)}}$: 表示第 $l-1$ 层到第 l 层的偏置。
- $z^{(l)} \in R^{m^{(l)}}$: 表示第 l 层神经元的净输入 (净活性值)。
- $a^{(l)} \in R^{m^{(l)}}$: 表示第 l 层神经元的输出 (活性值)。

因此前向传播的过程可以表示为:

$$z^{(l)} = W^{(l)} \cdot a^{(l-1)} + b^{(l)}$$

$$a^{(l)} = f_l(z^{(l)})$$

8.2.2 损失函数

本书第 2 章和第 5 章介绍过损失函数的概念, 在神经网络中, 回归问题一般采用平方损失, 分类问题常采用交叉熵损失。交叉熵是信息论中的一个概念, 它原来用于估算平均编码长度。给定两个取值为 x_m 的离散概率分布 p 和 q, 用 q 来表示 p 的交叉熵定义如下:

$$\mathcal{L}(p, q) = -\sum_m p(x_m) \log q(x_m)$$

给定多分类问题, y 的取值为 K 个类别。如果样本属于第 k $(k = 1, \cdots, K)$ 个类别, 记 $y_k = 1$, $\hat{y}_k$ 为神经网络输出的预测样本属于第 k 个类别的概率, 则交叉熵损失定义为:

$$\mathcal{L}(y_k, \hat{y}_k) = -\sum_m y_k \log \hat{y}_k$$

对于二分类, 如果用 0, 1 来表示类别, 则交叉熵损失可写为:

$$\mathcal{L} = -[y \log \hat{y} + (1 - y) \log(1 - \hat{y})]$$

可以直观地理解: 当 $y = 1$ 时, $\mathcal{L} = -\log \hat{y}$ (见图8.6(a)), $\hat{y}$ 取值越大, 预测为 1 的可能性越大, 损失越小; 当 $y = 0$ 时, $\mathcal{L} = -\log(1 - \hat{y})$ (见图8.6(b)), $\hat{y}$ 取值越大, 预测为 1 的可能性越大, 损失越大。

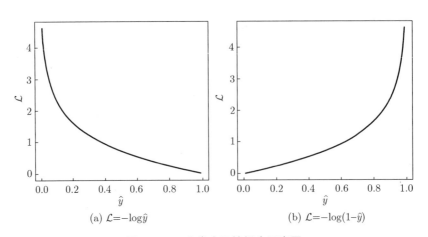

(a) $\mathcal{L}=-\log\hat{y}$ (b) $\mathcal{L}=-\log(1-\hat{y})$

图 8.6　二分类交叉熵损失示意图

这只是交叉熵损失函数的一种常见形式, 读者还可以推导当样本标签为 -1 和 1 时交叉熵损失函数的形式, 与上述形式略有不同。

8.2.3　反向传播

在 BP 算法中, 最终目的是通过调节各个神经网络的连接权重来最小化损失函数, 这一过程是通过梯度下降算法实现的。

梯度在数学意义上是函数对各个变量偏导数的向量, 几何意义是函数值变化的方向。如果一个函数在某一点的梯度大于 0, 则意味着若沿着切线方向移动一小步, 函数值将会增加; 反之, 如果梯度小于 0, 则意味着若沿着切线方向移动一小步, 函数值将会减小。利用这一原理, 只需求出损失函数对连接权重 w 和偏置 b 的梯度方向, 并沿与梯度相反的方向更新参数 w, b, 即可 "最快" 地使损失函数最小化, 这就是优化问题中经常使用的梯度下降算法。

给定数据集 $D = \{x^{(n)}, y^{(n)}\}(n = 1, \cdots, N)$, 记 $\hat{y}^{(n)}$ 为第 n 个样本点的网络输出值, 则损失函数一般写成如下形式:

$$R(W, b) = \frac{1}{N}\sum_{n=1}^{N}\mathcal{L}(y^{(n)}, \hat{y}^{(n)}) + \frac{1}{2}\lambda\|W\|_F^2$$

式中, $\|W\|_F^2$ 是惩罚 (正则) 项, 一般使用 Frobenius 范数:

$$\|W\|_F^2 = \sum_{l=1}^{\mathcal{L}}\sum_{i=1}^{m^{(l)}}\sum_{j=1}^{m^{(l-1)}}(w_{ij}^{(l)})^2$$

因此梯度下降的参数迭代更新公式为:

$$W^{(l)} \to W^{(l)} - \alpha \frac{\partial R(W,b)}{\partial W^{(l)}}$$

$$= W^{(l)} - \alpha \left(\frac{1}{N} \sum_{n=1}^{N} \left(\frac{\partial \mathcal{L}(y^{(n)}, \hat{y}^{(n)})}{\partial W^{(l)}} \right) + \lambda W^{(l)} \right)$$

$$b^{(l)} \to b^{(l)} - \alpha \frac{\partial R(W,b)}{\partial b^{(l)}}$$

$$= b^{(l)} - \alpha \left(\frac{1}{N} \sum_{n=1}^{N} \left(\frac{\partial \mathcal{L}(y^{(n)}, \hat{y}^{(n)})}{\partial b^{(l)}} \right) \right)$$

式中，α 为梯度下降算法的学习率参数。该算法需要计算损失函数对每个参数的偏导数，直接计算效率很低。神经网络中通常使用反向传播算法。不失一般性，对第 l 层的参数求偏导，因为计算涉及向量对矩阵的微分，我们先计算每个元素的偏导数。根据链式法则：

$$\frac{\partial \mathcal{L}(y,\hat{y})}{\partial w_{ij}^{(l)}} = \frac{\partial z^{(l)}}{\partial w_{ij}^{(l)}} \frac{\partial \mathcal{L}(y,\hat{y})}{\partial z^{(l)}}$$

$$\frac{\partial \mathcal{L}(y,\hat{y})}{\partial b^{(l)}} = \frac{\partial z^{(l)}}{\partial b^{(l)}} \frac{\partial \mathcal{L}(y,\hat{y})}{\partial z^{(l)}}$$

可以看出，两个公式右边的第二项都是目标函数关于第 l 层神经元 $z(l)$ 的偏导数，我们称之为误差项，记为：

$$\delta^{(l)} \triangleq \frac{\partial \mathcal{L}(y,\hat{y})}{\partial z^{(l)}}$$

因此，需要计算以下三个偏导数。

(1) 偏导数 $\dfrac{\partial z^{(l)}}{\partial w_{ij}^{(l)}}$。因 $z^{(l)} = W^{(l)} a^{(l-1)} + b^{(l)}$，故偏导数

$$\frac{\partial z^{(l)}}{\partial w_{ij}^{(l)}} = \left[\frac{\partial z_1^{(l)}}{\partial w_{ij}^{(l)}}, \cdots, \frac{\partial z_i^{(l)}}{\partial w_{ij}^{(l)}}, \cdots, \frac{\partial z_{m^{(l)}}^{(l)}}{\partial w_{ij}^{(l)}} \right]$$

$$= \left[0, \cdots, \frac{\partial (w_{i:}^{(l)} a^{(l-1)} + b_i^{(l)})}{\partial w_{ij}^{(l)}}, \cdots, 0 \right]$$

$$= [0, \cdots, a_j^{(l-1)}, \cdots, 0]$$

$$\triangleq \mathbb{I}_i(a_j^{(l-1)}) \in R^{m^{(l)}}$$

式中，$w_{i:}^{(l)}$ 为权重矩阵 $W^{(l)}$ 的第 i 行，$\mathbb{I}_i(a_j^{(l-1)})$ 表示第 i 个元素为 $a_j^{(l-1)}$、其余元素为 0 的行向量。

(2) 偏导数 $\dfrac{\partial z^{(l)}}{\partial b^{(l)}}$。因为 $z^{(l)}$ 和 $b^{(l)}$ 的函数关系为 $z^{(l)} = W^{(l)} a^{(l-1)} + b^{(l)}$，因此偏导数

$$\frac{\partial z^{(l)}}{\partial b^{(l)}} = I_{m^{(l)}} \in R^{m^{(l)} \times m^{(l)}}$$

为 $m^{(l)} \times m^{(l)}$ 的单位矩阵。

(3) 偏导数 $\dfrac{\partial \mathcal{L}(y,\hat{y})}{\partial z^{(l)}}$。根据 $z^{(l+1)} = W^{(l+1)}a^{(l)} + b^{(l+1)}$，有

$$\frac{\partial z^{(l+1)}}{\partial a^{(l)}} = (W^{(l+1)})^{\mathrm{T}}$$

根据 $a^{(l)} = f_l(z^{(l)})$，其中 $f_l(\cdot)$ 为按位计算的函数，因此有

$$\frac{\partial a^{(l)}}{\partial z^{(l)}} = \frac{\partial f_l(z^{(l)})}{\partial z^{(l)}} = \mathrm{diag}(f_l'(z^{(l)}))$$

根据链式法则，第 l 层的误差项为

$$
\begin{aligned}
\delta^{(l)} &\triangleq \frac{\partial \mathcal{L}(y,\hat{y})}{\partial z^{(l)}} \\
&= \frac{\partial a^{(l)}}{\partial z^{(l)}} \cdot \frac{\partial z^{(l+1)}}{\partial a^{(l)}} \cdot \frac{\partial \mathcal{L}(y,\hat{y})}{\partial z^{(l+1)}} \\
&= \mathrm{diag}(f_l'(z^{(l)})) \cdot (W^{(l+1)})^{\mathrm{T}} \cdot \delta^{(l+1)} \\
&= f_l'(z^{(l)}) \odot ((W^{(l+1)})^{\mathrm{T}} \delta^{(l+1)})
\end{aligned}
$$

式中，$\odot$ 是向量的点积运算符，表示每个元素相乘。

从上式可以看出，第 l 层的误差可以通过第 $l+1$ 层的误差计算得到，这就是误差的反向传播。

作为一个简单的例子，接下来我们推导使用交叉熵损失函数求输出层激活函数为 Logistic 函数的二分类问题的输出层偏差。

记激活函数 $f(x) = \dfrac{1}{1+\mathrm{e}^{-x}}$，损失函数 $L = -y\ln\hat{y} - (1-y)\ln(1-\hat{y})$，其中 $\hat{y} = a^{(l)} = f(z^{(l)}) = 1/(1+\mathrm{e}^{-z^{(l)}})$，并且 $f'(x) = f(x)(1-f(x))$（见表 8.1），则

$$
\begin{aligned}
\delta^{(l)} = \frac{\partial \mathcal{L}}{\partial z^{(l)}} &= -y\frac{1}{a^{(l)}}\frac{\partial f(z^{(l)})}{\partial z^{(l)}} + (1-y)\frac{1}{1-a^{(l)}}\frac{\partial f(z^{(l)})}{\partial z^{(l)}} \\
&= -y\frac{1}{a^{(l)}}f(z^{(l)})(1-f(z^{(l)})) + (1-y)\frac{1}{1-a^{(l)}}f(z^{(l)})(1-f(z^{(l)})) \\
&= -y(1-a^{(l)}) + (1-y)a^{(l)} \\
&= a^{(l)} - y
\end{aligned}
$$

8.2.4　激活函数的选择

在了解了 BP 算法的原理后，我们讨论激活函数的选择问题。

1. 输出层的激活函数

对于回归问题，由于标签往往没有范围限制，因此不应该给输出层一个有取值范围的激活函数。通常的做法是，输出层不用激活函数，直接输出结果，也可以把这种做法看作使用了一个恒等函数作为激活函数。

在二分类问题中, 通常会选择使用 Logistic 函数来输出一个 $(0,1)$ 之间的概率值, 对于多分类问题, 则使用 softmax 函数作为激活函数。

$$f(x_1, x_2, \cdots, x_k) = \frac{\mathrm{e}^{x_k}}{\displaystyle\sum_{k=1}^{K} \mathrm{e}^{x_k}}, \quad k = 1, 2, \cdots, K$$

其输出值可以视为样本属于第 k 个类别的概率。

2. 中间层梯度消失和梯度爆炸

反向传播过程中, 使用的是矩阵求导的链式法则, 会有一系列连乘运算。如果连乘的数字在每层都是大于 1 的, 则梯度越往前乘越大, 最后导致梯度无穷大, 发生梯度爆炸。如果连乘的数字在每层都是小于 1 的, 则梯度越往前乘越小, 最后导致梯度消失。表8.1给出了常用激活函数的导函数。

表 8.1　常用激活函数的导函数

激活函数	函数	导函数
Logistic 函数	$f(x) = \dfrac{1}{1 + \exp(-x)}$	$f^{'}(x) = f(x)(1 - f(x))$
tanh 函数	$f(x) = \dfrac{\exp(x) - \exp(-x)}{\exp(x) + \exp(-x)}$	$f^{'}(x) = 1 - f^2(x)$
ReLU 函数	$f(x) = \max(0, x)$	$f^{'}(x) = I(x > 0)$
ELU 函数	$f(x) = \max(0, x) + \min(0, \gamma(\exp(x) - 1))$	$f^{'}(x) = I(x > 0) + I(x \leqslant 0) \cdot \gamma\exp(x)$
Softplus 函数	$f(x) = \log(1 + \exp(x))$	$f^{'}(x) = \dfrac{1}{1 + \exp(-x)}$

- Logistic 函数是非中心化的 (函数均值不为零), 其导数最大值为 0.25, 这表明每一层的反向传播都会使梯度变为原来的 1/4, 当层数比较多时, 可能会造成梯度消失, 从而导致模型无法收敛。因此, 尽量不要在隐藏层使用。
- tanh 函数是中心化的, 但当输入值靠近两端时, 梯度接近零, 非常容易造成梯度消失。
- ReLU 函数是非中心化的, 导数是 $I(x > 0)$。它弥补了 Logistic 函数和 tanh 函数梯度小的缺陷, 但当输入为负时, 仍然存在梯度消失问题。Sigmoid 型函数会导致一个稠密的神经网络, 而 ReLU 具有很好的稀疏性, 大约 50% 的神经元处于激活状态。此外, ReLU 神经元在训练时比较容易 "死亡" (在一次更新后, 某个隐藏层中 ReLU 神经元在所有数据上都不能被激活), 那么这个神经元在训练的过程中永远不能被激活。为了避免上述情况, 我们会使用 ReLU 函数的变形。

8.2.5　超参数

神经网络模型有一些参数是需要设计者给出的, 也有一些参数是模型自己求解的。权重矩阵 w 和偏置系数 b 可以通过模型求出来, 这些参数称为普通参数, 简称参数。学习率 α (梯度下降步长)、隐藏层的层数、每个隐藏层的神经元个数、激活函数的选取、损失函数 (代价函数) 的选取等必须由设计者给出, 这些参数称为超参数。超参数的具体调参规则目前尚无明确统一的结论。一般而言, 只能依靠经验和模型比较与选择的方法, 才会得到比较令人满意的结果。

8.3　PyTorch 应用实例

本书的神经网络与深度学习中的代码基于 PyTorch。PyTorch 是一个开源的 Python 深度学习框架, 在研究界非常受欢迎。它有以下特点: 类似于 numpy, 可以使用 GPU 进行加速; 可以用它定义深度学习模型, 灵活地进行深度学习模型的训练和使用。

8.3.1　三次多项式拟合正弦函数案例

本节使用 PyTorch, 用三次多项式拟合正弦函数。首先手动实现前向传播、计算损失并进行反向传播; 接下来利用 nn.Module 来构建网络, 利用 optim 来更新参数, 帮助大家快速了解如何使用 PyTorch 构建自己的神经网络架构。代码参考自 https://pytorch.org/tutorials/beginner/pytorch_with_examples.html。

(1) 导入需要的模块。

```
import torch
import math
import matplotlib.pyplot as plt
```

(2) 生成数据。

利用如下代码生成 x 以及所对应的 $y = \sin x$ 的数值。

```
dtype=torch.float
device=torch.device("cpu")
x=torch.linspace(-math.pi, math.pi,
              2000, device=device,dtype=dtype)
y=torch.sin(x)
```

(3) 拟合过程。

使用 x 的三次多项式拟合 $y = \sin x$。需要 4 个参数, 分别是 a, b, c, d。

$$\hat{y} = a + bx + cx^2 + dx^3$$

损失函数为 L_2 损失

$$\mathcal{L}(y_k, \hat{y}_k) = (y_k - \hat{y}_k)^2$$

计算偏导数:

$$\frac{\partial \mathcal{L}(y_k, \hat{y}_k)}{\partial \hat{y}_k} = -2(y_k - \hat{y}_k)$$

$$\frac{\partial \mathcal{L}(y_k, \hat{y}_k)}{\partial a} = \frac{\partial \mathcal{L}(y_k, \hat{y}_k)}{\partial \hat{y}_k} \cdot \frac{\partial \hat{y}_k}{\partial a} = \frac{\partial \mathcal{L}(y_k, \hat{y}_k)}{\partial \hat{y}_k}$$

$$\frac{\partial \mathcal{L}(y_k, \hat{y}_k)}{\partial b} = \frac{\partial \mathcal{L}(y_k, \hat{y}_k)}{\partial \hat{y}_k} \cdot \frac{\partial \hat{y}_k}{\partial b} = \frac{\partial \mathcal{L}(y_k, \hat{y}_k)}{\partial \hat{y}_k} \cdot x$$

$$\frac{\partial \mathcal{L}(y_k, \hat{y}_k)}{\partial c} = \frac{\partial \mathcal{L}(y_k, \hat{y}_k)}{\partial \hat{y}_k} \cdot \frac{\partial \hat{y}_k}{\partial c} = \frac{\partial \mathcal{L}(y_k, \hat{y}_k)}{\partial \hat{y}_k} \cdot x^2$$

$$\frac{\partial \mathcal{L}(y_k, \hat{y}_k)}{\partial d} = \frac{\partial \mathcal{L}(y_k, \hat{y}_k)}{\partial \hat{y}_k} \cdot \frac{\partial \hat{y}_k}{\partial d} = \frac{\partial \mathcal{L}(y_k, \hat{y}_k)}{\partial \hat{y}_k} \cdot x^3$$

因此, 在反向传播中参数迭代更新公式为:

$$a \rightarrow a - lr \cdot \frac{\partial \mathcal{L}(y, \hat{y})}{\partial a}$$

$$b \rightarrow b - lr \cdot \frac{\partial \mathcal{L}(y, \hat{y})}{\partial b}$$

$$c \rightarrow c - lr \cdot \frac{\partial \mathcal{L}(y, \hat{y})}{\partial c}$$

$$d \rightarrow d - lr \cdot \frac{\partial \mathcal{L}(y, \hat{y})}{\partial d}$$

式中, lr 为学习率。

利用以下代码完成上述拟合。首先进行参数初始化。

```
a=torch.randn((),device=device,dtype=dtype)
b=torch.randn((),device=device,dtype=dtype)
c=torch.randn((),device=device,dtype=dtype)
d=torch.randn((),device=device,dtype=dtype)
```

然后设置学习率 lr 的大小为 1e-6。

```
learning_rate=1e-6
```

最后进行 2 000 次迭代, 在每次迭代中, 手动实现前向传播、计算损失并进行反向传播来更新参数。

```
for t in range(2000):
    y_pred=a+b*x+c*x**2+d*x**3
    # 计算损失 loss
    loss=(y_pred-y).pow(2).sum().item()
    if t%100==0:
```

```
      print(t,loss)
# 计算梯度
grad_y_pred=2.0*(y_pred-y)
grad_a=grad_y_pred.sum()
grad_b=(grad_y_pred*x).sum()
grad_c=(grad_y_pred*x**2).sum()
grad_d=(grad_y_pred*x**3).sum()
# 更新参数
a-=learning_rate*grad_a
b-=learning_rate*grad_b
c-=learning_rate*grad_c
d-=learning_rate*grad_d
```

运行上述代码，每隔 100 次打印损失，可以看出损失在逐渐下降。

打印拟合得到的三次多项式的结果：

```
print(f"Result: y = {a.item()} + {b.item()} x +
    {c.item()} x^2 + {d.item()} x^3")
```

输出结果为：

```
Result: y=-0.0057452344335615635+0.8460159301757812x+0.000991148641332984x^2 +
-0.0918048620223999x^3
```

（4）结果展示。

图8.7展示了实际的正弦函数（实线）和使用三次多项式拟合得到的正弦函数（点划线），可以看出拟合结果是比较好的。

```
plt.plot(x,y,label='y')
plt.plot(x,a.item()+b.item()*x+c.item()*x**2+
        d.item()*x**3,"-.",label='$\hat{y}$')
plt.legend()
plt.show()
```

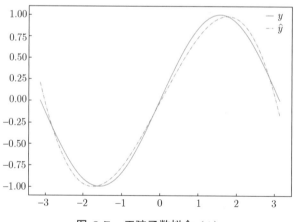

图 8.7　正弦函数拟合（1）

(5) 利用 PyTorch 模块搭建神经网络, 自动实现前向传播、反向传播。

利用 nn.Module 构建网络, 采用构建类的方式, 在此类中用__init__ 定义网络结构, 用 forward 函数定义传播方式。此外, nn 中包含了常见的损失函数。

```python
class Poly3(torch.nn.Module):
    def __init__(self):
        super().__init__()
        # 定义 nn.Module 中的可训练参数
        self.a=torch.nn.Parameter(torch.randn(()))
        self.b=torch.nn.Parameter(torch.randn(()))
        self.c=torch.nn.Parameter(torch.randn(()))
        self.d=torch.nn.Parameter(torch.randn(()))
    def forward(self,x):
        x=self.a+self.b*x+self.c*x**2+self.d*x**3
        return x
model=Poly3()
```

定义损失函数, 计算均方误差损失函数使用的是 MSELoss 类。

```python
loss_fn=torch.nn.MSELoss(reduction='sum')
```

定义优化算法。

```python
optimizer=torch.optim.SGD(model.parameters(),lr=1e-6)
```

训练, 包括以下步骤:

- 通过 "model(x)" 生成预测并计算损失。
- 通过 "loss.backward()" 进行反向传播并计算梯度。
- 通过 "optimizer.step()" 调用优化器更新模型参数。

```python
for t in range(2000):
    y_pred=model(x)
    # 计算损失
    loss=loss_fn(y_pred,y)
    if t%100==0:
        print(t,loss.item())
    optimizer.zero_grad()       # 梯度归零, 防止梯度叠加
    loss.backward()             # 反向传播
    optimizer.step()            # 梯度下降, 更新参数
```

运行上述代码, 每隔 100 次打印损失, 可以看出损失在逐渐下降。

model.state_dict 函数可用于查看网络参数, 其返回为一个字典。画出实际的正弦函数（黑色）和使用三次多项式拟合得到的正弦函数（灰色）, 可以看出拟合效果是比较好的（见图8.8）。

```python
a=model.state_dict()['a']
b=model.state_dict()['b']
```

```
c=model.state_dict()['c']
d=model.state_dict()['d']
plt.plot(x,y,label='y')
plt.plot(x,a+b*x+c*x**2+d*x**3,label='$\hat{y}$')
plt.legend()
plt.show()
```

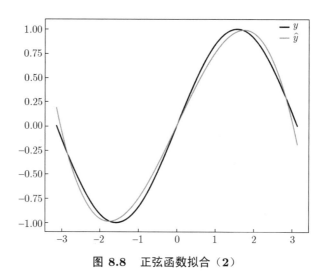

图 8.8　正弦函数拟合（2）

8.3.2　手写数字识别案例

MNIST 是一个非常有名的手写体数字识别数据集, 在许多资料中常常被用作深度学习的入门样例。数据集包含手写数字 0~9 的灰度图像。每幅图像的像素为 28×28, 每个像素值的取值范围为 $[0, 255]$。标签为 0~9, 一共有 10 类。数据集可以通过 torchvision.datasets 获得, 其中训练集图像共有 60 000 幅, 测试集图像共有 10 000 幅。

torchvision 是一个与 PyTorch 配合使用的 Python 包, 包含很多图像处理工具。主要包括以下几个常用的模块:

● torchvision.models: 提供深度学习中各种经典的网络结构、预训练好的模型, 如 AlexNet、VGG、ResNet、Inception 等。

● torchvision.datasets: 提供常用的数据集, 设计上继承 torch.utils.data。数据集主要包括 MNIST、CIFAR10/100、ImageNet 等。

● torchvision.transforms: 提供常用的数据预处理操作, 主要包括对 Tensor 及 PIL Image 对象的操作。

导入所需的模块。

```
import torch
import torch.nn as nn
```

```
import torch.nn.functional as F
import torchvision
import torchvision.transforms as transforms
```

(1) 数据准备。

通过 torchvision.datasets.MNIST 加载数据。root 表示数据集的根目录; train 如果为 True, 就创建训练集, 否则创建测试集; transform 表示进行图像变换。

```
# 下载数据
train_dataset=torchvision.datasets.MNIST(
    root='./data',
    train=True,                              # 训练集
    transform=transforms.ToTensor(),         # 将数据转化为 Tensor 类型
    download=True
    )
test_dataset=torchvision.datasets.MNIST(
    root='./data',
    train=False,                             # 测试集
    transform=transforms.ToTensor(),
    download=True
    )
```

对数据进行处理, 包括以下几个方面: 如果 GPU 可用, 则将其存储在 GPU 上, 以加速运算; 训练集和测试集的样本维度为 $N \times 28 \times 28$, N 为样本量, 通过 reshape 将其维度转化为 $N \times 784$, 数据类型为 float; 将训练集和训练集的数据类型转化为 long。

```
device="cuda" if torch.cuda.is_available() else "cpu"
X_train=train_dataset.data.to(device).float()
Y_train=train_dataset.targets.to(device).long()
X_test=test_dataset.data.to(device).float()
Y_test=test_dataset.targets.to(device).long()
X_train=X_train.reshape(X_train.shape[0],-1)
Y_train=Y_train.reshape(-1)
X_test=X_test.reshape(X_test.shape[0],-1)
Y_test=Y_test.reshape(-1)
```

(2) 多层神经网络构建。

利用 nn.Module 搭建一个 5 层神经网络, 其中输入层和隐藏层的激活函数为 ReLU, 输出层的激活函数为 log_softmax。

```
class net(nn.Module):
    def __init__(self,input_size,output_size):
        super(net,self).__init__()
        self.fc1=nn.Linear(input_size,256)
```

```
        self.fc2=nn.Linear(256,128)
        self.fc3=nn.Linear(128,64)
        self.fc4=nn.Linear(64,32)
        self.fc5=nn.Linear(32,output_size)
    def forward(self,x):
        x=self.fc1(x)
        x=F.relu(x)
        x=self.fc2(x)
        x=F.relu(x)
        x=self.fc3(x)
        x=F.relu(x)
        x=self.fc4(x)
        x=F.relu(x)
        x=self.fc5(x)
        x=F.log_softmax(x,dim=1)
        return x
model=net(input_size=X_train.shape[1],
        output_size=10).to(device)
```

(3) 定义损失函数和优化器。

```
loss_fn=nn.NLLLoss()      # 采用交叉熵损失函数
optimizer=torch.optim.SGD(model.parameters(),lr=0.001)
```

(4) 训练。

进行 5 000 次迭代，通过 model(x) 生成预测并利用 loss_fn 计算损失，通过 "loss.backward()" 进行反向传播并计算梯度，通过 "optimizer.step()" 调用优化器来更新模型参数。

```
for i in range(5000):
    out=model(X_train)
    loss=loss_fn(out,Y_train)
    optimizer.zero_grad()
    loss.backward()
    optimizer.step()
    if i%100==0:
        print('step',i,'loss:',loss.item())
```

(5) 在测试集上进行预测，计算测试集上的正确率。

```
with torch.no_grad():     # 不进行反向梯度计算
    out=model(X_test)
    _,test_pred=torch.max(out.data,1)
```

```
correct=(test_pred==Y_test).sum().item()
print('test acc:',correct/Y_test.shape[0])
```

输出结果为:

```
test acc: 0.9435
```

可以看出在测试集上获得了 0.943 5 的分类正确率, 分类效果还是比较令人满意的。读者也可以自行尝试将神经网络用于 MNIST 数据集的分类情况与用前面介绍的决策树、随机森林、支持向量机等分类方法的结果进行比较。

8.3.3 附录: PyTorch 基本操作

本小节介绍 PyTorch 的基本操作, 帮助大家快速上手 PyTorch。代码参考自 PyTorch 的官方文档 (https://pytorch.org/tutorials/beginner/basics/intro.html)。

1. PyTorch 基础

Tensor 的使用和 numpy 中的 ndarray 很类似, 区别在于 Tensor 可以在 CPU 或 GPU 上运行, 若要在 GPU 上运行操作, 只需将 Tensor 转换为 cuda 数据类型。如果读者对 numpy 很熟悉, Tensor 的使用就很容易了。

首先导入 PyTorch 模块。

```
import torch
```

注意, 虽然它被称为 PyTorch, 但应该导入 torch, 而非 PyTorch。

可以直接从 data 中构建 Tensor, 代码如下:

```
data=[[1,2],[3,4]]
x_data=torch.tensor(data)
x_data
```

输出结果为:

```
tensor([[1, 2],
        [3, 4]])
```

可以从 numpy array 中构建 Tensor, 代码如下:

```
import numpy as np
np_array=np.array(data)
x_np=torch.from_numpy(np_array)
x_np
```

输出结果为:

```
tensor([[1, 2],
        [3, 4]])
```

也可以从一个已有的 Tensor 构建一个 Tensor。这些方法会重用原来 Tensor 的特征, 例如形状、数据类型, 除非提供新的值, 代码如下:

```
x_ones=torch.ones_like(x_data)          # 保留 x_data 的属性
print(f"Ones Tensor: \n{x_ones}\n")
x_rand=torch.rand_like(x_data,dtype=torch.float)
# 覆盖 x_data 的数据类型
print(f"Random Tensor: \n{x_rand}\n")
```

输出结果为：

```
Ones Tensor:
tensor([[1, 1],
        [1, 1]])
Random Tensor:
tensor([[0.4130, 0.0365],
        [0.6793, 0.4831]])
```

利用 torch.rand 可以构建一个随机初始化的 2×3 的 Tensor，代码如下：

```
rand_tensor=torch.rand(2,3)
rand_tensor
```

输出结果为：

```
tensor([[0.6425, 0.4187, 0.2159],
        [0.8062, 0.0213, 0.0103]])
```

利用 torch.zeros 构建一个元素全部为 0、类型为 long 的 Tensor，代码如下：

```
zeros_tensor=torch.zeros((2,3),dtype=torch.long)
zeros_tensor
```

输出结果为：

```
tensor([[0, 0, 0],
        [0, 0, 0]])
```

利用 torch.ones 构建一个元素全部为 1 的 Tensor，代码如下：

```
ones_tensor=torch.ones(2,3)
ones_tensor
```

输出结果为：

```
tensor([[1., 1., 1.],
        [1., 1., 1.]])
```

利用如下代码可以将上述 Tensor 的数据类型转化为 long：

```
ones_tensor=ones_tensor.long()
ones_tensor
```

输出结果为：

```
tensor([[1, 1, 1],
```

```
        [1, 1, 1]])
```

可以通过 Tensor 的 shape 属性访问 Tensor 的形状, 通过 dtype 属性访问 Tensor 的数据类型, 通过 device 属性访问 Tensor 所存储的设备 (CPU 或 GPU), 代码如下:

```
tensor=torch.rand(3, 4)
print(f"Shape of tensor: {tensor.shape}")
print(f"Datatype of tensor: {tensor.dtype}")
print(f"Device tensor is stored on: {tensor.device}")
```

输出结果为:

```
Shape of tensor: torch.Size([3, 4])
Datatype of tensor: torch.float32
Device tensor is stored on: cpu
CUDA Tensors
```

使用.to 方法, Tensor 可以被移动到别的存储设备上。

例如下述代码, 首先通过 "torch.cuda.is_available()" 判断 GPU 是否可用, 如果结果为 True, Tensor 被移动到 GPU 上, 使用 GPU 的运算速度要高于 CPU。

```
if torch.cuda.is_available():
    tensor=tensor.to('cuda')
    print(f"Device tensor is stored on: {tensor.device}")
```

输出结果为:

```
Device tensor is stored on: cuda:0
```

下面的代码将存储在 GPU 上的 Tensor 移动到 CPU 上。

```
tensor=tensor.to('cpu')
tensor.device
```

输出结果为:

```
device(type='cpu')
```

2. Tensor 的运算

Tensor 相关的运算操作有很多, 例如转置、索引、切片、数学运算、线性代数、随机采样等, 这些运算都可以在 GPU 上运行 (相对于 CPU 来说可以达到更快的运算速度)。可查阅 PyTorch 官方文档获取更多信息 (https://pytorch.org/docs/stable/torch.html)。下面对常见的运算操作进行介绍。

(1) 切片和索引。

类似于 numpy 的切片和索引运算, 代码如下:

```
tensor=torch.ones(4,4)
print('First row: ',tensor[0])
print('First column: ',tensor[:,0])
```

```
print('Last column: ',tensor[...,-1])
tensor[:,1]=0
print(tensor)
```

输出结果为:

```
First row: tensor([1., 1., 1., 1.])
First column: tensor([1., 1., 1., 1.])
Last column: tensor([1., 1., 1., 1.])
tensor([[1., 0., 1., 1.],
        [1., 0., 1., 1.],
        [1., 0., 1., 1.],
        [1., 0., 1., 1.]])
```

(2) 拼接。

可以通过 torch.cat 对多个 Tensor 进行拼接, 代码如下:

```
t1=torch.cat([tensor,tensor],dim=1)
t1
```

输出结果为:

```
tensor([[1., 0., 1., 1., 1., 0., 1., 1.],
        [1., 0., 1., 1., 1., 0., 1., 1.],
        [1., 0., 1., 1., 1., 0., 1., 1.],
        [1., 0., 1., 1., 1., 0., 1., 1.]])
```

(3) 改变形状。

如果希望改变一个 Tensor 的形状, 可以使用 torch.reshape, 它可以改变 Tensor 的形状而不改变 Tensor 元素的数量和元素值。比如用下面的代码可以将 4×4 的 Tensor 转换为 2×8 的 Tensor。

```
tensor.reshape(2,8)
```

输出结果为:

```
tensor([[1., 0., 1., 1., 1., 0., 1., 1.],
        [1., 0., 1., 1., 1., 0., 1., 1.]])
```

也可以利用 "tensor.reshape(-1,8)" 完成上述操作, 其中 -1 为缺省值, 可以从其余维度和输入的元素数量推断出来。例如:

```
tensor.reshape(-1,8)      # 自动计算-1为2
```

输出结果为:

```
tensor([[1., 0., 1., 1., 1., 0., 1., 1.],
        [1., 0., 1., 1., 1., 0., 1., 1.]])
```

(4) 矩阵加法。

Tensor 的加法运算可以简单地使用 "+" 进行。代码如下:

```
x1=tensor+tensor
x1
```

输出结果为:

```
tensor([[2., 0., 2., 2.],
        [2., 0., 2., 2.],
        [2., 0., 2., 2.],
        [2., 0., 2., 2.]])
```

或者利用如下代码:

```
x2=tensor.add(tensor)
x2
```

输出结果为:

```
tensor([[2., 0., 2., 2.],
        [2., 0., 2., 2.],
        [2., 0., 2., 2.],
        [2., 0., 2., 2.]])
```

也可以用 In-place 进行加法运算。In-place 运算是指改变一个 Tensor 的值时, 不经过复制操作, 而是直接在原来的内存上改变它的值。可以把它称为原地操作符。首先得到 tensor 的一个拷贝 x3:

```
x3=tensor.clone()
x3
```

输出结果为:

```
tensor([[1., 0., 1., 1.],
        [1., 0., 1., 1.],
        [1., 0., 1., 1.],
        [1., 0., 1., 1.]])
```

对 x3 进行 In-place 加法运算:

```
x3.add_(tensor)
x3
```

输出结果为:

```
tensor([[2., 0., 2., 2.],
        [2., 0., 2., 2.],
        [2., 0., 2., 2.],
        [2., 0., 2., 2.]])
```

可以看到, x3 的值发生了变化。

在 PyTorch 中, 经常加后缀 "_" 代表原地 In-place 操作符, 比如 x.copy_(y), x.t_()。Python 中的 +=、 *= 也是 In-place 操作符。

(5) 矩阵乘法。

可以使用 "tensor1@tensor2" 或者 "tensor1.matmul(tensor2)" 进行两个矩阵的乘法运算。代码如下：

```
y1=tensor@tensor.T
y1
```

输出结果为：

```
tensor([[3., 3., 3., 3.],
        [3., 3., 3., 3.],
        [3., 3., 3., 3.],
        [3., 3., 3., 3.]])
```

可以使用 "tensor1 * tensor2" 或者 "tensor1.mul(tensor2)" 进行两个矩阵的逐元素相乘运算。

```
z1=tensor.mul(tensor)
z1
```

输出结果为：

```
tensor([[1., 0., 1., 1.],
        [1., 0., 1., 1.],
        [1., 0., 1., 1.],
        [1., 0., 1., 1.]])
```

除了上面介绍的有关运算外，如果一个 Tensor 只有一个元素，使用.item 方法可以把 Tensor 的值变成 Python 数值。

```
agg=tensor.sum()
agg_item=agg.item()
agg_item
```

输出结果为：

```
12.0
```

3. numpy 和 Tensor 之间的联系

torch Tensor 和 numpy 数组会共享内存，所以改变其中一项也会改变另一项。把 torch Tensor 转变成 numpy 数组，代码如下：

```
t=torch.ones(5)
print("t:",t)
n=t.numpy()
print("n:",n)
```

输出结果为：

```
t: tensor([1., 1., 1., 1., 1.])
n: [1. 1. 1. 1. 1.]
```

对 t 进行 In-place 加法运算:

```
t.add_(1)
print("t: ",t)
print("n: ",n)
```

输出结果为:

```
t: tensor([2., 2., 2., 2., 2.])
n: [2. 2. 2. 2. 2.]
```

可以看到, 对 t 进行 In-place 加法运算后, n 的值也随之改变。

利用以下代码可以把 numpy 数组转换成 Tensor:

```
n=np.ones(5)
t=torch.from_numpy(n)
np.add(n,1,out=n)
print("t: ",t)
print("n: ",n)
```

输出结果为:

```
t: tensor([2., 2., 2., 2., 2.],dtype=torch.float64)
n: [2. 2. 2. 2. 2.]
```

可以看到, t 的值也会随着 n 的值的变化而变化。

第9章

卷积神经网络与网络优化

9.1 卷积神经网络

9.1.1 CNN 的基本结构

卷积神经网络 (CNN) 保持了与人工神经网络类似的网络层级结构, 但卷积神经网络的不同层次有不同形式的运算与功能。卷积神经网络的一般结构如图9.1所示。

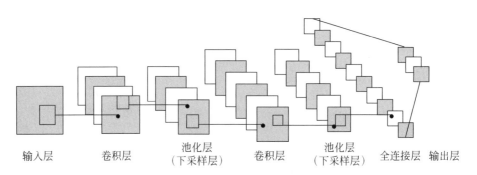

| 输入层 | 卷积层 | 池化层
(下采样层) | 卷积层 | 池化层
(下采样层) | 全连接层 输出层 |

图 9.1 卷积神经网络的一般结构

卷积神经网络主要包括输入层 (input layer)、卷积层 (convolutional layer)、池化层 (pooling layer, 又称为汇聚层或下采样层 (down-sampling layer))、全连接层 (fully connected layer)、输出层 (output layer)。在卷积神经网络中可以有多个卷积层、池化层及全连接层。下面介绍卷积神经网络的各个层级。

1. 输入层

在数据处理中, 卷积神经网络通常采用去均值的处理方式, 即将输入数据的各个维度都中心化为零。最开始提出的卷积神经网络多用于处理图像分类问题, 所以输入数据一般是像素矩阵, 可以是二维的 (以下用 $m \times n$ 的二维矩阵表示) 或三维的 (以下用

$m \times n \times 3$ 的三维矩阵表示, 其中第三个维度表示图像的 R(red)、G(green)、B(blue) 三个基本颜色, 即通常所说的 RGB, 所以第三个维度的数值通常是 3)。下面在描述过程中有时会用像素表示输入矩阵的元素。卷积神经网络已经推广应用到了更多领域, 比如自然语言处理等, 输入数据都是对应的矩阵表示。

2. 卷积层

卷积神经网络与普通神经网络相似, 都由具有可学习的权重和偏置的神经元组成, 实际上, 这些权重和偏置就是模型的待估参数。称一个 $m \times n$ (输入矩阵为二维像素矩阵时) 或 $m \times n \times 3$ (输入矩阵为三维像素矩阵时) 的矩阵为滤波器 (filter), 通常 m 与 n 取值较小且相等。该矩阵的每个元素即为上述权重。卷积层各个神经元的取值通过该滤波器在上一级输入层逐一滑动窗口计算而得。具体而言, 将滤波器的各个参数与对应的局部像素值的乘积之和加上对应偏置 (bias), 得到的矩阵就称为特征图 (feature map)。注意, 滤波器每次只能 "看见" 输入图像中的一部分, 即局部感受野。

卷积神经网络利用输入图像的特点, 把神经元设计成三个维度: 宽度、高度和深度。例如, 输入图像的大小是 $m \times n \times 3$, 那么输入神经元的维度也是 $m \times n \times 3$。

一个输出单元的大小由以下三个量来控制:

● 步长 (stride)。步长是滤波器每次滑过的像素数。如当步长为 2 时, 每次就会滑过 2 个像素。根据不同的需要, 可以分别设置滤波器向右滑动与向下滑动的步长。在输入像素数一定的情况下, 步长越大, 特征图的维数就越小。

● 深度 (depth)。深度与通道的概念类似, 用于描述三维向量数据由多少个二维矩阵堆叠而成。例如, 三通道图像的深度为 3, 因为三通道图像数据由三幅二维图像堆叠而成。在卷积层中, 卷积后输出的特征图的个数即为深度, 与滤波器的个数相同。

● 补零 (zero-padding)。通过对输入数据的边缘补零, 可对图像矩阵的边缘像素施加滤波器, 进而控制特征图的尺寸。补零可以避免图像在卷积操作中快速地缩小, 也可以避免边缘信息的丢失。

我们用一个简单的例子来讲述如何计算卷积。如图9.2所示, 此图展示了一个 3×3 的滤波器 W (深度为 1) 在 5×5 的图像 X 上做卷积的过程。此过程中向右和向下滑动的步长均设为 1, 并且未在图像的边缘补零, 得到 3×3 的特征图 O。每次卷积都是一种特征提取方式, 是对局部图像像素的加权平均。以第一步为例, 其具体卷积计算公式为 (滤波器 W 与原始图像数据左上角 3×3 的矩阵 $X[1:3, 1:3]$ 的点乘之和, 再加上偏置 b, 本例中, 偏置 b 为 0):

$$O[1,1] = W \cdot X[1:3, 1:3] + b$$
$$= (1 \times 1 + 1 \times 0 + 1 \times 1 + 0 \times 0 + 1 \times 1$$
$$+ 1 \times 0 + 0 \times 1 + 0 \times 0 + 1 \times 1) + 0$$
$$= 4$$

故特征图中第一行第一列的数值为 4。

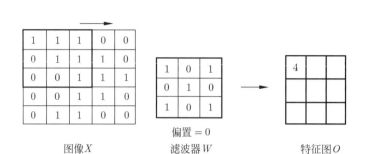

图 **9.2** 卷积计算的简单示例

前面曾提到, 输入图像一般为三个维度, 且每个卷积层可以有多个滤波器。在图 9.3中, 原始输入为 $5 \times 5 \times 3$ 的图像 $X[2:6, 2:6, 1:3]$, 通过对原始输入元素的周围补零得到图中 $7 \times 7 \times 3$ 的输入矩阵 X, 经过两个 $3 \times 3 \times 3$ 的滤波器 W_0 与 W_1 的卷

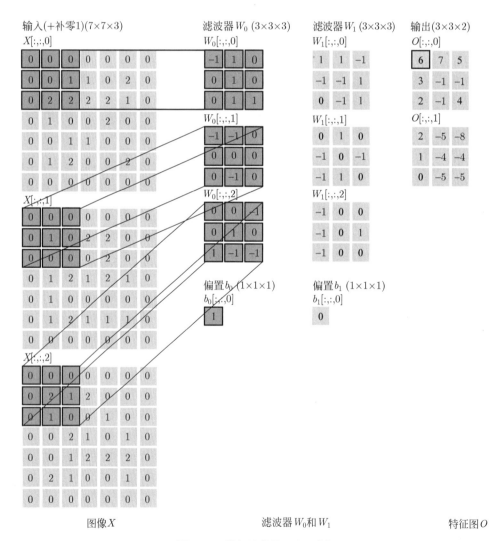

图 **9.3** 卷积计算的一般示例

积 (一般每个滤波器的第三个维度的数值与每幅图像的第三个维度的数值相同, 此处都为 3), 向右和向下的步长均为 2, 得到两个 3×3 的输出矩阵 $O[:, :, 0]$ 与 $O[:, :, 1]$, 其中第一个滤波器的偏置 b_0 为 1, 第二个滤波器的偏置 b_1 为 0。我们以第一个滤波器对输入进行卷积得到第一个特征图的第一步为例, 其具体卷积计算公式为 (滤波器 W_0 的每一层分别与补零后图像数据每一层中左上角 3×3 的矩阵的点乘之和, 再加上偏置 b_0, 本例中, 偏置 b_0 为 1):

$$O[1, 1, 0] = W_0 \cdot X[1:3, 1:3, 3] + b_0$$

$$= [0 \times (-1) + 0 \times 1 + 0 \times 0 + 0 \times 0 + 0 \times 1 + 1 \times 0 + 0 \times 0$$

$$+ 2 \times 1 + 2 \times 1] + [0 \times (-1) + 0 \times (-1) + 0 \times 0 + 0 \times 0 + 1 \times 0$$

$$+ 0 \times 0 + 0 \times 0 + 0 \times (-1) + 0 \times 0] + [0 \times 0 + 0 \times 0 + 0 \times (-1)$$

$$+ 0 \times 0 + 2 \times 1 + 1 \times 0 + 0 \times 1 + 1 \times (-1) + 0 \times (-1)] + 1$$

$$= 6$$

假设卷积层的输入神经元的个数为 n, 滤波器大小为 m, 步长为 s, 输入神经元两端各填补 p 个零, 那么该卷积层的神经元的数量为 $(n - m + 2p)/s + 1$。

使用卷积层代替全连接层建立模型具有以下优点:

- 局部连接: 卷积层中的每个神经元都只和下一层中某个局部窗口内的神经元相连, 构成一个局部连接网络, 连接数量大大减少。
- 权重共享: 作为参数的滤波器对于所有神经元都是相同的, 这样大大减少了参数的个数。

卷积运算之后, 得到卷积层的净输入值, 再经过非线性激活函数（一般是 ReLU 函数）得到该层的输出值。

3. 池化层

池化操作是指在每个深度切片的宽度和高度方向上进行下采样, 忽略部分激活信息, 此操作保持图像的深度大小不变, 宽度和高度被压缩。

池化层的作用方式主要有以下两种:

- 最大池化 (max pooling): 选择池化窗口中的最大值作为采样值。
- 平均池化 (mean pooling): 将池化窗口中的所有值相加后取平均。

以最大池化为例, 如图9.4所示, 左图中, 输入为 $224 \times 224 \times 64$, 池化窗口大小为 2×2, 步长为 2, 输出为 $112 \times 112 \times 64$, 其中 64 表示共有 64 幅二维灰度数据图像, 如果是 RGB 三维数据图像, 同样是对前两个维度进行池化操作。右图为最大池化的具体计算过程, 采用 2×2 的池化窗口, 最大池化是在每一区域中寻找最大值, 最终在原特征图中提取主要特征得到右图。

在池化操作中, 需预先设置的超参数有池化窗口的大小、池化方法、是否补零及池

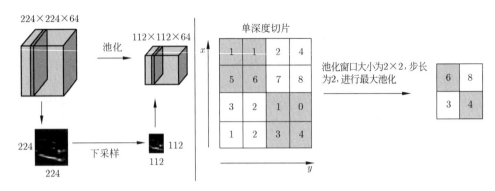

图 9.4　最大池化操作示例

化的步长, 没有超参数则需要进行迭代更新。池化层可减少网络中的参数计算量, 从而遏制过拟合; 它也可增强网络对输入图像中的小变形、扭曲、平移的稳健性。

目前主流的卷积神经网络中, 池化层仅使用下采样操作。在早期的一些网络中, 有时也会使用非线性激活函数。

4. 全连接层与输出层

全连接表示上一层的每个神经元与下一层的每个神经元是相互连接的。一般在网络的最后有少量的几个全连接层。

输出层是对全连接层的结果进行输出, 根据是回归还是分类问题, 选用不同的激活函数, 输出网络预测值。

9.1.2　CNN 算法的实现

CNN 算法的基本思想包括两部分：信号的正向传播与误差的反向传播。在信号的正向传播过程中, 信号从输入层经由卷积层、池化层 (可能有多个卷积层、池化层)、全连接层 (可能有多个全连接层) 到达输出层。若实际输出的信号与期望信号不一致, 则转入误差反向传播阶段。在误差反向传播阶段, 将输出误差经由各层向输入层反传, 从而获得各层各单元的误差, 并通过此误差信号调整各层各单元的连接权值。反复执行信号的正向传播与误差的反向传播这两个过程, 直至网络输出误差小于预先设定的阈值, 或达到预先设定的学习次数为止。在此过程中, 我们需要训练的参数有卷积层中的卷积核（滤波器）与偏置。

根据前面的介绍, 给定输入矩阵 $X \in R^{M \times N}$, 卷积核 $W \in R^{m \times n}$, 定义二维卷积运算为：

$$y_{ij} = \sum_{u=1}^{m} \sum_{v=1}^{n} w_{uv} x_{i+u-1, j+v-1}$$

写成矩阵形式为 $Y = W \otimes X$, 其中 $Y \in R^{(M-m+1) \times (N-n+1)}$ 为输出矩阵。

假设 $f(Y) \in R$ 为一个标量函数, 则

$$\frac{\partial f(Y)}{\partial w_{uv}} = \sum_{i=1}^{M-m+1} \sum_{j=1}^{N-n+1} \frac{\partial y_{ij}}{\partial w_{uv}} \frac{\partial f(Y)}{\partial y_{ij}}$$

$$= \sum_{i=1}^{M-m+1} \sum_{j=1}^{N-n+1} x_{i+u-1,j+v-1} \frac{\partial f(Y)}{\partial y_{ij}}$$

$$= \sum_{i=1}^{M-m+1} \sum_{j=1}^{N-n+1} \frac{\partial f(Y)}{\partial y_{ij}} x_{i+u-1,j+v-1}$$

从上式可以看出，$f(Y)$ 关于 W 的偏导数为 X 和 $\frac{\partial f(Y)}{\partial Y}$ 的卷积：

$$\frac{\partial f(Y)}{\partial W} = \frac{\partial f(Y)}{\partial Y} \otimes X$$

同理得到

$$\frac{\partial f(Y)}{\partial x_{st}} = \sum_{i=1}^{M-m+1} \sum_{j=1}^{N-n+1} \frac{\partial y_{ij}}{\partial x_{st}} \frac{\partial f(Y)}{\partial y_{ij}}$$

$$= \sum_{i=1}^{M-m+1} \sum_{j=1}^{N-n+1} w_{s-i+1,t-j+1} \frac{\partial f(Y)}{\partial y_{ij}}$$

其中，当 $(s-i+1) < 1$ 或 $(s-i+1) > m$，或者 $(t-j+1) < 1$ 或 $(t-j+1) > n$ 时，$w_{s-i+1,t-j+1} = 0$，即相当于进行了零填充。从这个公式可以看出，$f(Y)$ 关于 X 的偏导数为 W 旋转 180° 之后 (rot180(W)) 和 $\frac{\partial f(Y)}{\partial Y}$ 的卷积（可能需要补零处理）。

$$\frac{\partial f(Y)}{\partial X} = \text{rot180}(W) \otimes \frac{\partial f(Y)}{\partial Y}$$

下面给出卷积神经网络的反向传播算法。

不失一般性，若第 l 层为卷积层，则将第 $l-1$ 层的输入特征映射为 $X^{(l-1)} \in R^{M \times N \times D}$，通过卷积计算得到第 l 层的特征映射净输入 $Z^{(l)} \in R^{M' \times N' \times P}$。第 l 层的第 p $(1 \leqslant p \leqslant P)$ 个特征映射净输入为：

$$Z^{(l,p)} = \sum_{d=1}^{D} W^{(l,p,d)} \otimes X^{(l-1,d)} + b^{(l,p)}$$

式中，$W^{(l,p,d)}$ 和 $b^{(l,p)}$ 分别为卷积核和偏置。第 l 层中共有 $P \times D$ 个卷积核和 P 个偏置，可以分别使用链式法则来计算其梯度。损失函数关于卷积核 $W^{(l,p,d)}$ 的偏导数为：

$$\frac{\partial L(Y,\hat{Y})}{\partial W^{(l,p,d)}} = \frac{\partial L(Y,\hat{Y})}{\partial Z^{(l,p)}} \otimes X^{(l-1,d)}$$

$$= \delta^{(l,p)} \otimes X^{(l-1,d)}$$

式中，$\delta^{(l,p)} = \frac{\partial L(Y,\hat{Y})}{\partial Z^{(l,p)}}$ 为损失函数关于第 l 层的第 p 个特征映射净输入 $Z^{(l,p)}$ 的偏导数。

同理可得, 损失函数关于第 l 层的第 p 个偏置 $b^{(l,p)}$ 的偏导数为:

$$\frac{\partial L(Y,\hat{Y})}{\partial b^{(l,p)}} = \sum_{i,j}[\delta^{(l,p)}]_{i,j}$$

在卷积神经网络中, 每层参数的梯度依赖其所在层的误差项 $\delta^{(l,p)}$。卷积层和池化层的误差项的计算有所不同。

当第 $l+1$ 层为池化层时, 第 $l+1$ 层的每个神经元的误差项 δ 对应第 l 层的相应特征映射的一个区域。第 l 层的第 p 个特征映射中的每个神经元都有一条边和第 $l+1$ 层的第 p 个特征映射中的一个神经元相连。根据链式法则, 只需要对第 $l+1$ 层对应特征映射的误差项 $\delta^{(l+1,p)}$ 进行上采样操作 (和第 l 层的大小一样), 再和第 l 层特征映射的激活值偏导数逐元素相乘, 就得到了第 l 层的一个特征映射的误差项 $\delta^{(l,p)}$。第 l 层的第 p 个特征映射的误差项 $\delta^{(l,p)}$ 的具体推导过程如下:

$$\delta^{(l,p)} \triangleq \frac{\partial L(Y,\hat{Y})}{\partial Z^{(l,p)}}$$

$$= \frac{\partial X^{(l,p)}}{\partial Z^{(l,p)}} \cdot \frac{\partial Z^{(l+1,p)}}{\partial X^{(l,p)}} \cdot \frac{\partial L(Y,\hat{Y})}{\partial Z^{(l+1,p)}}$$

$$= f_l^{'}(Z^{(l,p)}) \odot \mathrm{up}(\delta^{(l+1,p)})$$

式中, $f_l^{'}(\cdot)$ 为第 l 层使用的激活函数的导数; up 为上采样 (upsampling) 函数, 与池化层中使用的下采样操作刚好相反。如果下采样是最大池化, 误差项 $\delta^{(l+1,p)}$ 中每个值会直接传递到上一层对应区域中的最大值所对应的神经元, 该区域中其他神经元的误差项都设为零。如果下采样是平均池化, 误差项 $\delta^{(l+1,p)}$ 中每个值会被平均分配到上一层对应区域中的所有神经元上。

当第 $l+1$ 层为卷积层时, 假设特征映射净输入 $Z^{(l+1)} \in R^{M^{'} \times N^{'} \times P}$, 其中第 p $(1 \leqslant p \leqslant P)$ 个特征映射净输入为 $Z^{(l+1,p)} = \sum_{d=1}^{D} W^{(l+1,p,d)} \otimes X^{(l,d)} + b^{(l+1,p)}$, $W^{(l+1,p,d)}$ 和 $b^{(l+1,p)}$ 为第 $l+1$ 层的卷积核以及偏置。第 $l+1$ 层中共有 $P \times D$ 个卷积核和 P 个偏置。第 l 层的第 d 个特征映射的误差项 $\delta^{(l,d)}$ 的具体推导过程如下:

$$\delta^{(l,d)} \triangleq \frac{\partial L(Y,\hat{Y})}{\partial Z^{(l,d)}}$$

$$= \frac{\partial X^{(l,d)}}{\partial Z^{(l,d)}} \cdot \frac{\partial L(Y,\hat{Y})}{\partial X^{(l,d)}}$$

$$= f_l^{'}(Z^{(l)}) \odot \sum_{p=1}^{P} (\mathrm{rot}180(W^{(l+1,p,d)}) \otimes \frac{\partial L(Y,\hat{Y})}{\partial Z^{(l+1,p)}})$$

$$= f_l^{'}(Z^{(l)}) \odot \sum_{p=1}^{P} (\mathrm{rot}180(W^{(l+1,p,d)}) \otimes \delta^{(l+1,p)})$$

9.1.3　几种常见的 CNN 模型

1. LeNet

LeNet 是第一个应用成熟的卷积神经网络结构, 主要用于手写字符识别问题, 其中一种典型的卷积神经网络是 1998 年由 LeCun 等人提出的 LeNet-5 (LeCun et al., 1998), 其网络结构如图 9.5所示。

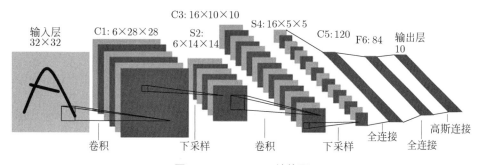

图 9.5　LeNet-5 结构图

LeNet-5 网络共有 7 层 (不包括输入层), 即 3 个卷积层 (C1, C3, C5)、2 个池化层 (S2, S4)、1 个全连接层 (F6) 和 1 个输出层。它采用基于梯度的反向传播算法对网络进行有监督的训练。通过交替连接的卷积层和池化层将原始图像转换成一系列特征图, 最后通过全连接层对提出来的特征图像进行分类。LeNet-5 在手写数字识别领域的成功引起了学术界对卷积神经网络的关注。

由于在实际操作中发现, 通道数和图像大小的计算是非常重要且很容易出错的部分, 所以这里希望读者可以一起计算一下, 加深理解。前面介绍过, 假设卷积层的输入神经元的个数为 n, 卷积核大小为 m, 步长为 s, 输入神经元两端各填补 p 个零, 那么该卷积层的神经元的数量为 $(n-m+2p)/s+1$。以 LeNet-5 为例, 输入图像为 32×32 ($n = 32$), 未经补零处理 ($p = 0$), 经过通道数为 6（types=6）、大小为 5×5 ($m = 5$)、步长为 1 ($s = 1$) 的卷积核得到的结果是 6 组大小为 28×28 ($(n-m+2p)/s+1 = 28$) 的特征映射。之后经过一个卷积核大小为 2×2、步长为 2 的最大池化层, 相当于将这个图像的长和宽都缩小为原来的 $\frac{1}{2}$, 此时的结果为 $6 \times 14 \times 14$。之后同理, 可得到整个模型的图形, 如图9.6所示。

2. AlexNet

2012 年, Krizhevsky 等人 (Krizhevsky et al., 2012) 在 ILSVRC 2012 (ImageNet large scale visual recognition competition 2012) 中提出了 AlexNet (见图9.7)。AlexNet 共有 8 层, 其中前 5 层为卷积层, 后 3 层为全连接层, 在每个卷积层中使用 ReLU 激活函数代替传统的 tanh 或者 Logistic 激活函数, 并且在第 1、2、5 个卷积层后利用最大池化来减少网络中参数的计算量。与 LeNet-5 相比, AlexNet 使用多 GPU 并行以提高运行效率, 使用 Dropout 技术 (随机丢掉一些神经元或者随机地断开某些神经元的连接等)

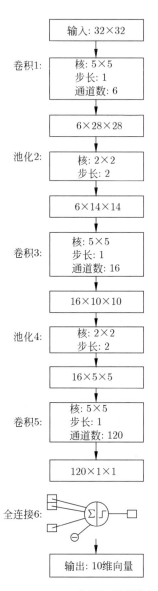

图 9.6　LeNet-5 各层矩阵维数计算

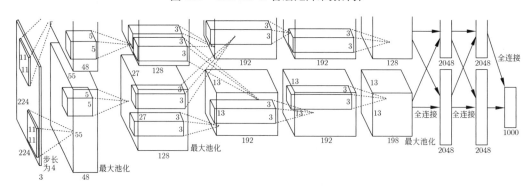

图 9.7　AlexNet 结构图

来防止过拟合,并且引入随机剪裁,实现数据增强。AlexNet 以准确度超越第二名 11%
的巨大优势获得了冠军,使得卷积神经网络成为学术界关注的焦点。

3. VGG

VGG (visual geometry group)(Simonyan and Zisserman, 2014) 由牛津大学的视觉
几何组于 2014 年提出,是 ILSVRC 2014 中定位任务的第一名和分类任务的第二名。
VGG 由卷积层和全连接层组成,其核心思想是利用较小的卷积核来增加网络的深度。
Conv3 就是卷积核大小为 3×3。常用的 VGG 网络有 VGG16、VGG19 两种类型。以
VGG16 为例,其网络结构共 16 层,包括 13 个卷积层以及 3 个全连接层,它的突出贡献
在于证明了使用很小的卷积 (3×3) 增加网络深度可以有效提升模型的效果。VGG16 的
网络结构如图 9.8所示。

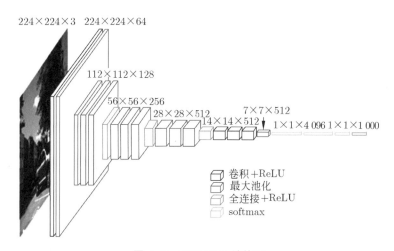

图 9.8 VGG16 结构图

4. GoogLeNet

GoogLeNet (Szegedy et al., 2015) 是谷歌团队为了参加 ILSVRC 2014 而精心设
计的,该网络最终获得了比赛的冠军。 GoogLeNet 共有 22 层,所用的参数个数仅为
ILSVRC 2012 的冠军 AlexNet 的 1/12,但准确率更高。GoogLeNet 的网络结构如图9.9
所示。

其主要思想是通过构建密集的块结构来近似最优的稀疏结构,从而达到提高性能
而又不大幅增加计算量的目的,拓展网络的宽度和深度。GoogLeNet 构建了 Inception
Model 基本单元,增加了单层卷积层的宽度,即在单层卷积层上使用不同尺度的卷积核。
结合图9.10可以看到,每个 Inception Model 都由上一层、并行处理层及卷积核连接层组
成。然而在此原始版本的模型结构中,所有的卷积核都需要基于上一层的输出进行计算,
计算量较为庞大。所以现在的 Inception Model 中都会引入 1×1 卷积核,减少维度,还
有利于修正线性激活。

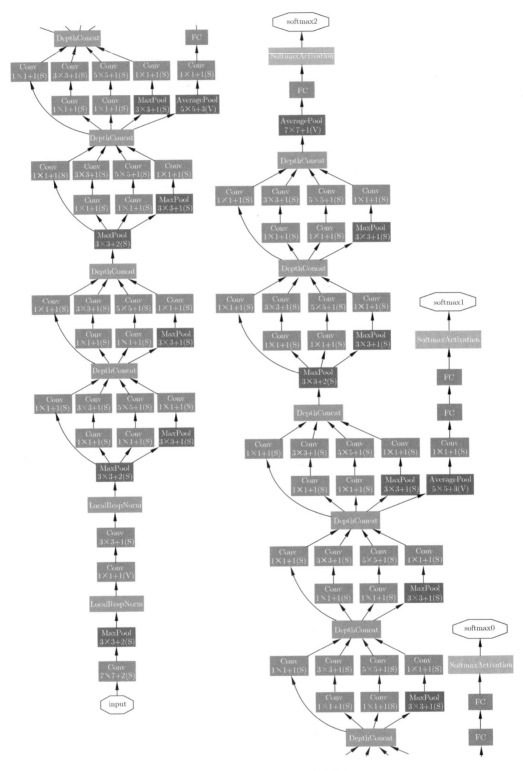

图 9.9　GoogLeNet 结构图

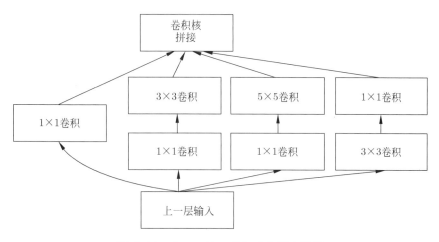

图 9.10 Inception Model 基本单元

Inception Model 基本单元的计算示例如图 9.11 所示。

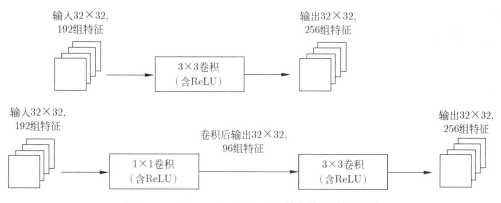

图 9.11 Inception Model 基本单元计算示例

其好处可以通过以下的例子体现。

在第一行模型中, 此时的乘法次数可简单地计算为:

$$3 \times 3 \times 192 \times 32 \times 32 \times 256 = 452\ 984\ 832$$

当第二行引入了 1×1 的卷积核之后, 乘法次数就变成:

$$192 \times 96 \times 1 \times 1 \times 32 \times 32 + 96 \times 256 \times 3 \times 3 \times 32 \times 32 = 245\ 366\ 784$$

5. ResNet

随着神经网络的深度不断加深, 梯度消失、梯度爆炸的问题会越来越严重, 这也导致神经网络的学习与训练变得越来越困难。ResNet (He et al., 2016) 是微软团队在参加 ILSVRC 2015 时提出的, 它获得了比赛的第一名。此网络引入残差网络 (residual network) 结构, 即通过增加一个恒等映射 (identity mapping), 让网络随着深度的增加而不退化（见图9.12）。虽然这两种表达的效果相同, 且特征图的大小不变, 但是优化的难度并不相同, 引入残差网络结构解决了网络层次加深所导致的严重的梯度消失问题。作者提出了不同层数（34, 50, 101, 152）的 ResNet, 有效降低了错误率, 同时保持了较低的计算复杂度。以 34 层的 ResNet 为例, 其网络结构如图9.13所示。

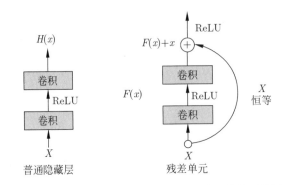

图 9.12　普通的网络连接与跨层残差连接的对比图

图 9.13　ResNet 结构图

从这些卷积神经网络的结构图可以看出, 通过增加深度, 网络能够利用增加的非线性得到目标函数的近似结构, 从而得到更好的特征表现, 同时, 通过对网络结构进行改进, 可以解决由于深度增加而使网络难以优化的问题。传统的神经元中上一层的每个神经元与下一层的每个神经元相互连接, 然而卷积神经网络具有稀疏连接 (sparse connectivity) 的特征, 即每一层的神经元与上一层的神经元通过局部连接的模式进行交互。

卷积神经网络较一般神经网络的优点可以概括如下:

(1) 卷积神经网络可以把输入图像直接作为网络的输入, 避免对图像进行处理, 如特征提取等;

(2) 卷积神经网络通过稀疏连接和参数共享来减少网络自由参数的个数, 从而达到降低网络参数选择的复杂度的目的, 并解决了人工神经网络中全连接方式导致的过拟合问题。

例 9.1 (手写数据集案例)　8.3 节使用了简单的多层神经网络来实现 MNIST 手写数据集的分类问题, 本节利用卷积神经网络中经典的 LeNet-5 来实现 MNIST 手写数据集的分类问题。

(1) 数据描述。

MNIST 手写体数字识别数据集常被用作深度学习的入门样例。数据集包含手写数字 0~9 的灰度图像。每幅图像是 28×28 像素的, 像素值是 $[0, 255]$ 中的某个数。标签为 $0 \sim 9$, 一共有 10 类。数据集可以通过 torchvision.datasets 获得, 其中训练集图像共有 60 000 幅, 测试集图像共有 10 000 幅。首先导入所需的模块。

```
import torch
import torchvision
import torch.nn as nn
import torch.nn.functional as F
import torchvision.transforms as transforms
import matplotlib.pyplot as plt
```

通过判断 GPU 是否可用来设定 device, 如果 GPU 可用, 则 device 为 'cuda', 否则为 'cpu'。采用小批量训练法, 设定 batch_size=256, 同时设定学习率为 lr=0.01。

```
device=torch.device('cuda'
                    if torch.cuda.is_available() else 'cpu')
batch_size=256
lr=0.01
```

利用 torchvision.datasets.MNIST 加载训练集和测试集。

```
# 加载数据
train_dataset=torchvision.datasets.MNIST(
    root='./data',
    train=True,
    transform=transforms.ToTensor(),
    download=True
    )
test_dataset=torchvision.datasets.MNIST(
    root='./data',
    train=False,
    transform=transforms.ToTensor(),
    download=True
    )
```

利用内置数据加载器 torch.utils.data.DataLoader, 把训练数据和测试数据分成多个批次, 在每次迭代过程中, 数据加载器会读取一小批量的数据, 大小为 batch_size, "shuffle=True" 表示随机打乱样本。

```
train_loader=torch.utils.data.DataLoader(
    dataset=train_dataset,
    batch_size=batch_size,
    shuffle=True
    )
test_loader=torch.utils.data.DataLoader(
    dataset=test_dataset,
    batch_size=batch_size,
    shuffle=False
    )
```

通过以下代码可以得到一小批量的数据, 并且可以查看数据的形状。

```
data=next(iter(train_loader))
print("data[0].shape: ",data[0].shape)
print("data[1].shape: ",data[1].shape)
```

输出结果为：

```
data[0].shape: torch.Size([256,1,28,28])
data[1].shape: torch.Size([256])
```

可以看到每个批次的数据由两部分组成。第一部分是手写数字的图像，其大小为 $256 \times 1 \times 28 \times 28$。其中，256 为批次的大小；1 为通道数，因为数据是灰度图像，通道数是 1；输入图像的高度和宽度均为 28 像素。第二部分是这个批次中手写数字的标签。

可以创建一个可视化函数来观察其中一个手写数字。

```
figure=plt.figure(figsize=(8,8))
img,label=data[0][0],data[1][0].item()
plt.title(label)
plt.axis("off")
plt.imshow(img.squeeze(),cmap="gray")
plt.show()          # 见图 9.14
```

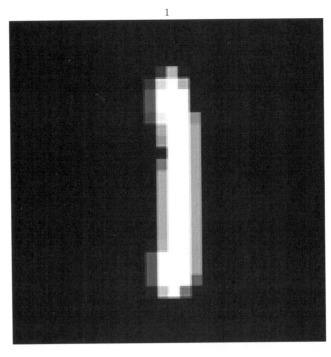

图 9.14　手写数字图像

(2) 建立 LeNet-5 模型。

接下来建立一个 LeNet-5 模型，如图9.15所示，LeNet-5 网络共有 7 层，即 3 个卷积层 (C1, C3, C5)、2 个池化层 (S2, S4)、1 个全连接层 (F6) 和 1 个输出层。

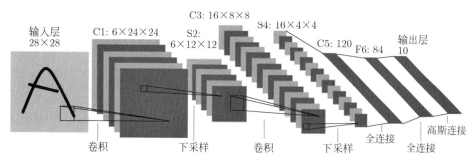

图 9.15　LeNet-5 结构图

由于数据集图像的高度和宽度均为 28 像素, 为了适应数据集, 将 LeNet-5 输入的大小改为 28×28。每一层的结构及其输入和输出特征维度如下所示:

- 第 1 层（C1）：第一个卷积层, 具有 6 个大小为 5×5 的卷积核, 步长为 1。给定输入大小 $1 \times 28 \times 28$, 该层的输出大小为 $6 \times 24 \times 24$。

- 第 2 层（S2）：第一个池化层, 具有 6 个大小为 2×2 的卷积核, 步长为 2。该层的输出大小为 $6 \times 12 \times 12$。

- 第 3 层（C3）：第二个卷积层, 与第一层相似, 具有 16 个大小为 5×5 的卷积核, 步长为 1。该层的输出大小为 $16 \times 8 \times 8$。

- 第 4 层（S4）：第二个池化层, 逻辑与上一个池化层相同, 该层的输出大小为 $16 \times 4 \times 4$。

- 第 5 层（C5）：第三个卷积层, 具有 120 个大小为 5×5 的卷积核。在原论文中, 该层的输入大小为 $16 \times 5 \times 5$, 卷积核大小为 5×5, 则输出大小为 $120 \times 1 \times 1$, 因此, S4 层和 C5 层实际上是全连接的, LeNet-5 在实际中常使用全连接层而不是卷积层作为第 5 层。如果图像的输入大于原论文中使用的输入 32×32, 则该层将不是全连接的。而在本例中输入大小为 28×28, 所以该层为全连接层。全连接层的输入大小为 $16 \times 4 \times 4 = 256$, 输出大小为 120。

- 第 6 层（F6）：全连接层, 输入大小是 120, 输出大小为 84。

- 第 7 层（F7）：最后一层输出层为全连接层, 输出大小为 10, 以完成 $0 \sim 9$ 的分类任务。

建立模型的代码如下:

```python
class Net(nn.Module):
    def __init__(self):
        super(Net,self).__init__()
        self.conv1=nn.Conv2d(1,6,5)
        self.conv2=nn.Conv2d(6,16,5)
        # 一个仿射变换: y=Wx+b
        self.fc1=nn.Linear(16*4*4,120)
        self.fc2=nn.Linear(120,84)
```

```
        self.fc3=nn.Linear(84,10)
    def forward(self,x):
        x=F.relu(self.conv1(x))
        x=F.max_pool2d(x,(2,2))
        x=F.relu(self.conv2(x))
        x=F.max_pool2d(x,2)
        x=torch.flatten(x,1)
        # 展开块维度以外的维度
        x=F.relu(self.fc1(x))
        x=F.relu(self.fc2(x))
        x=self.fc3(x)
        return x
net=Net()
model=net.to(device)
```

（3）采用小批量梯度下降算法进行训练。

定义损失函数和优化器，代码如下：

```
optimizer=torch.optim.SGD(model.parameters(),lr=lr)
loss_fc=nn.CrossEntropyLoss()
```

运行如下代码，采用小批量梯度下降算法：

```
for epoch in range(50):
    for i,(image,labels) in enumerate(train_loader):
        image=image.to(device)
        labels=labels.to(device)
        out=model(image)
        loss=loss_fc(out,labels)
        optimizer.zero_grad()
        loss.backward()
        optimizer.step()
        if i%50==0:
            print('epoch',epoch,'step',i,'loss:',loss.item())
```

在测试集上进行预测，计算分类正确率，代码如下：

```
with torch.no_grad():
    correct=0
    total=0
    for i,(image,labels) in enumerate(test_loader):
        image=image.to(device)
        labels=labels.to(device)
        out=model(image)
        _,pred=torch.max(out.data,1)
        total+=labels.size(0)
```

```
        correct+=(pred==labels).sum().item()
    print('test acc: ',correct / total)
```

输出结果为:

```
test acc: 0.9826
```

使用 LeNet-5 卷积神经网络, 测试集的准确率达到了 98.26%, 这与上一章的多层线性神经网络相比有了显著提高。

9.2 网络优化

9.2.1 网络优化问题

前面介绍的基于梯度下降的反向传播算法只是神经网络求解参数的基本框架, 实际应用时会遇到很多问题, 需要具体改进。传统的机器学习通过仔细设计目标函数和约束来避免一般优化的困难, 以确保优化问题是凸函数。神经网络是高度非线性模型, 我们在假设的函数中引入了大量的非线性变换, 损失函数往往是非凸的。

1. 局部最小值

凸优化最重要的性质之一就是, 其局部最小值 (local minima) 即为全局最小值 (global minima)。而神经网络的损失函数是非凸的, 基于梯度下降的优化方法会陷入局部最小值, 如图9.16所示。

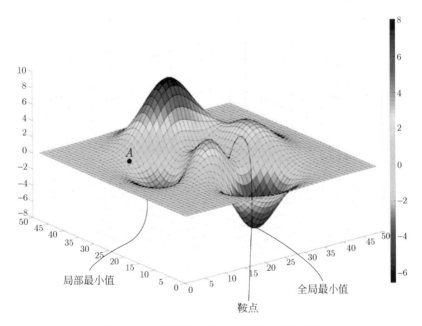

图 9.16 局部最小值、全局最小值和鞍点

2. 鞍点和平坦区域

在高维空间中，另一类零梯度点——鞍点（saddle point）比局部最小值更为常见。如图9.17所示，鞍点形似马鞍状，梯度在一个方向上是极小值，在另一个方向上则是极大值。

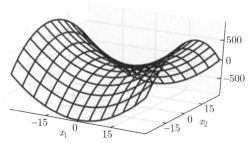

图 9.17　鞍点示例

在一个 n 维空间中，局部最小值要求梯度为零的点在每个维度上都是局部最小值，假设在某个维度上为局部最小值的概率为 p，那么在整个参数空间为局部最小值的概率为 p^n，这在高维空间中，驻点为局部最小值的概率是非常小的，因而鞍点更为常见。

帮助梯度下降摆脱陷入局部最小值或鞍点的一种方法是使用随机梯度下降 (stochastic gradient descent, SGD)，鞍点较不稳定，随机性的引入可以有效逃离鞍点。

除了鞍点以外，高维空间中还有其他特殊地形，比如平坦区域，在这个区域内梯度变化很小，不容易更新参数找到最优点。对于优化算法来说，使用随机梯度下降可以比较容易逃离鞍点，但更多的训练时间花费在越过损失函数相对平坦的区域上，甚至可能导致假性收敛。

3. 平坦最小值

神经网络中的参数很多，并且有一定的冗余性，这使得单个参数对最终损失函数的影响比较小，因此损失函数的局部最小值通常落入一个比较平坦的区域，即平坦最小值（flat minima）。平坦最小值与其邻域内的点的损失接近，邻域内的微小扰动不会剧烈影响模型。尖锐最小值则相反。平坦最小值能够更好地泛化，因此是可取的。

4. 梯度悬崖

多层神经网络通常具有比较陡峭的区域，类似于悬崖，图9.18是由几个比较大的权重相乘导致的。在非常陡峭的悬崖结构上，梯度更新步骤可以将参数移动到非常远的位置，很容易导致求解不稳定的梯度爆炸现象出现。

9.2.2　小批量梯度下降

梯度下降算法在实际应用中根据计算梯度时使用的样本数目还分为多种类型。批量

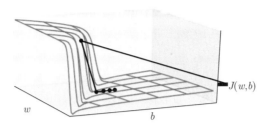

图 **9.18**　梯度悬崖示例

梯度下降 (batch gradient descent, BGD) 是梯度下降算法常见的形式, 在更新参数时使用所有样本进行更新。随机梯度下降 (SGD) 和 BGD 原理类似, 区别在于计算梯度时没有使用所有样本, 而是仅仅选取一个样本来计算梯度。SGD 和 BGD 是两个极端, 各自的优缺点都非常突出。对于训练速度来说, SGD 由于每次仅采用一个样本来迭代, 训练速度很快, 而 BGD 在样本量很大时, 训练速度不能让人满意。对于准确度来说, SGD 仅用一个样本决定梯度方向, 导致解很有可能不是最优的。对于收敛速度来说, SGD 一次迭代一个样本, 导致迭代方向变化很大, 不能很快地收敛到局部最优解。

小批量梯度下降 (mini-batch gradient descent, MBGD) 是 BGD 和 SGD 的折中, 既不使用整个数据集, 也不使用单个样本构造损失函数, 而是使用固定数量的样本, 比如 128、256、512。选择合适的批量大小可以确保我们既能有足够的随机性以摆脱局部最小值或鞍点, 又能充分利用并行处理的算力优势。在小批量梯度下降中, 每次迭代选取总体数据集中的固定数量（K 个）样本计算损失函数关于参数的偏导数, 以此结果来更新参数。所有训练集样本更新一次为一个回合（epoch）。在小批量梯度下降基础上, 进一步采用优化算法, 主要是从学习率衰减和梯度方向优化两个方面考虑。

9.2.3　学习率调整

学习率是网络优化中重要的超参数。一般来讲, 在小批量梯度下降中, 批次大小 K 比较小时, 需要设置较小的学习率；K 越大, 训练越稳定, 超参数学习率可以设置得大一些。除了考虑 K 的因素之外, 还有很多调整超参数学习率的方法。

1. 学习率衰减

从经验上看, 学习率一开始要保持大一些来保证收敛速度, 在收敛到最优点附近时要小一些, 避免来回振荡。比较简单的学习率调整可以通过学习率衰减的方式来实现。假设初始学习率是 α_0, 第 t 次迭代时的学习率是 α_t。常见的衰减方式是按迭代次数设置衰减函数, 包括分段常数衰减、指数衰减、余弦衰减等。

2. 学习率预热

刚开始训练时, 由于参数是随机初始化的, 梯度往往也比较大, 再加上较大的学习率,会使得训练不稳定，因此在最初的几轮，可以采用比较小的学习率，等梯度下降到一定程度后再恢复到初始的学习率，这种方法叫作学习率预热。

3. 周期性的学习率调整

为了使梯度下降算法能够逃离局部最小值或者鞍点，一种经验方式是在训练的过程中周期性地增大学习率。

一种简单的方法是使用循环学习率，即让学习率在一个区间内周期性地增大和缩小。通常使用线性缩放来调整学习率，称为三角循环学习率。带热重启的随机梯度下降（SGDR）是用热重启方式来替代学习率衰减的方法。学习率每隔一定周期后重新初始化为某个预先设定的值，然后逐渐衰减。每次重启后模型参数不是从头开始优化，而是在重启前的参数基础上继续优化 (见图9.19)。

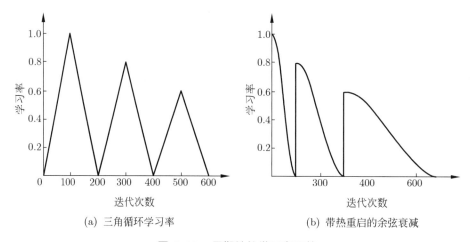

(a) 三角循环学习率   (b) 带热重启的余弦衰减

图 9.19 周期性的学习率调整

4. AdaGrad 算法

在标准的梯度下降算法中，每个参数在每次迭代时都使用相同的学习率。由于每个参数的收敛速度是不同的，因此可以根据不同参数的收敛情况分别设置学习率。AdaGrad 是一种自适应学习率算法。每次迭代中梯度平方 g_t^2 累计为：

$$G_t = \sum_{\tau=1}^{t} g_\tau \odot g_\tau$$

式中，$\odot$ 是按元素相乘。AdaGrad 算法的参数更新差值为：

$$-\frac{\alpha}{\sqrt{G_t + \varepsilon}} \odot g_t$$

式中，α 是初始学习率，ε 是为稳定性而设置的一个非常小的常数。AdaGrad 算法中存在学习率过早衰减的问题，经过几次迭代后，依旧没有找到最优点，但学习率已经非常小了，很难继续寻找最优点。

5. RMSProp 算法

RMSProp 算法对 AdaGrad 算法中学习率过早衰减的问题进行了改进。每次迭代梯度平方 g_t^2 的指数衰减移动平均为：

$$G_t = \beta G_{t-1} + (1 - \beta) g_t \odot g_t$$

$$= (1 - \beta) \sum_{\tau=1}^{t} \beta^{t-\tau} g_\tau \odot g_\tau$$

式中，β 为衰减率，一般取值为 0.9。RMSProp 算法的参数更新差值为：

$$-\frac{\alpha}{\sqrt{G_t + \varepsilon}} \odot g_t$$

式中，α 是初始学习率，比如 0.001。在迭代过程中，参数的学习率并不是呈现衰减的趋势，而是既可能变大也可能变小。

9.2.4 动量优化法——更新方向优化

除了调整学习率之外，还可以使用最近一段时间内的平均梯度来代替当前时刻的梯度作为参数更新的方向。动量优化法模拟了物理学中的概念，即动量表示物体的质量和速度的乘积，在其运动方向上保持运动的趋势。

在第 t 次迭代时，计算负梯度的加权移动平均作为参数的更新方向：

$$\Delta\theta_t = \rho\Delta\theta_{t-1} - \alpha g_t = -\alpha \sum_{\tau=1}^{t} \rho^{t-\tau} g_\tau$$

式中，ρ 为动量因子，通常设为 0.9，α 为学习率。

参数更新时在一定程度上保留之前更新的方向，通过积累之前的动量来加速当前的梯度。在训练初期，梯度方向比较一致，动量优化法会起到加速的作用，而在训练后期，梯度会在收敛值附近振荡，梯度方向不一致，动量优化法起到减速的作用。

9.2.5 Adam 算法

自适应动量估计（Adam）算法结合了动量优化法和 RMSProp 算法的优点，不仅使用动量作为参数更新的方向，而且可以自适应地调整学习率。和 RMSProp 对梯度平方 g_t^2 使用指数移动平均类似，Adam 中对梯度 g_t 也使用指数移动平均计算。具体公式如下：

$$M_t = \beta_1 M_{t-1} + (1 - \beta_1) g_t$$

$$G_t = \beta_2 G_{t-1} + (1 - \beta_2) g_t \odot g_t$$

式中，β_1 和 β_2 分别为两个移动平均的衰减率，通常取 $\beta_1 = 0.9$，$\beta_2 = 0.99$。假设 $M_0 = 0$，$G_0 = 0$，那么在迭代初期 M_t 和 G_t 的值会比真实的均值和方差小。特别是当

β_1 和 β_2 都接近 1 时, 偏差会很大。因此进行偏差校正:

$$\hat{M}_t = \frac{M_t}{1 - \beta_1^t}$$

$$\hat{G}_t = \frac{G_t}{1 - \beta_2^t}$$

Adam 算法的参数更新差值为:

$$-\frac{\alpha}{\sqrt{\hat{G}_t + \varepsilon}}\hat{M}_t$$

式中, 学习率 α 通常设为 0.001, 并且可以进行衰减, 比如 $\alpha_t = \frac{\alpha_0}{\sqrt{t}}$。

9.2.6 优化方法小结

本节介绍的优化方法大致可分为两大类: 一类是关于学习率的调整, 另一类则是关于梯度的修正。表 9.1 汇总了常见的神经网络优化方法。

表 9.1 常见的神经网络优化方法

类别		优化方法
学习率的调整	固定衰减学习率	分段常数衰减、指数衰减、余弦衰减等
	周期性学习率	循环学习率、SGDR
	自适应学习率	AdaGrad、RMSProp
梯度修正估计		动量优化法、梯度截断
综合方法		Adam (RMSProp 和动量优化法的结合)

9.2.7 其他考虑

1. 参数初始化

在考虑梯度下降时, 通常不会将网络参数全部初始化为零, 而是对参数进行随机初始化。一种最简单的方法是基于固定方差的参数初始化, 将数据和参数初始化为高斯分布（均值 0, 方差为 σ^2）, 或者对参数进行均匀分布初始化, 在一个给定区间 $[-r, r]$ ($r = \sqrt{3\sigma^2}$) 上进行随机采样, 可计算方差为 σ^2。但随着神经网络深度的增加, 这种方法并不能解决梯度消失问题。

另一种方法是基于方差缩放的参数初始化, 考虑初始化值和神经元的输入个数, 根据神经元的连接数量来自适应地调整初始化分布的方差。比较常见的方法是 Xavier 初始化 (Glorot and Bengio, 2010), 适用于近似于线性的激活函数。对于第 l 层的一个神经

元 $a^{(l)} = f\left(\sum_{i=1}^{m^{(l-1)}} w_i^{(l)} a_i^{(l-1)}\right)$，其中，$w_i^{(l)}$ 为参数，$m^{(l)}$ 表示第 l 层神经元的个数，f 为激活函数，参数的理想方差为：

$$\mathrm{Var}(w_i^{(l)}) = \frac{2}{m^{(l-1)} + m^{(l)}}$$

在假设激活函数为恒等函数的情况下，如果采用均匀分布进行随机初始化，则 $w_i^{(l)} \sim U\left(-\sqrt{\dfrac{6}{m^{(l-1)} + m^{(l)}}}, \sqrt{\dfrac{6}{m^{(l-1)} + m^{(l)}}}\right)$；如果采用高斯分布进行随机初始化，则 $w_i^{(l)} \sim N\left(0, \dfrac{2}{m^{(l-1)} + m^{(l)}}\right)$。Xavier 初始化适用于 Logistic 函数和 tanh 函数这样近似于线性的激活函数，具体设置见表9.2。

表 9.2　**Xavier 初始化和 He 初始化具体设置**

初始化方法	激活函数	均匀分布 $[-r, r]$	高斯分布 $N(0, \sigma^2)$
Xavier 初始化	Logistic	$r = 4\sqrt{\dfrac{6}{m^{(l-1)} + m^{(l)}}}$	$\sigma^2 = 16 \times \dfrac{2}{m^{(l-1)} + m^{(l)}}$
Xavier 初始化	tanh	$r = 4\sqrt{\dfrac{6}{m^{(l-1)} + m^{(l)}}}$	$\sigma^2 = \dfrac{2}{m^{(l-1)} + m^{(l)}}$
He 初始化	ReLU	$r = \sqrt{\dfrac{6}{m^{(l-1)}}}$	$\sigma^2 = \dfrac{2}{m^{(l-1)}}$

当激活函数为 ReLU 激活函数时，通常有一半的神经元输出为 0，考虑 He 初始化 (He et al., 2015)，其理想参数为：

$$\mathrm{Var}(w_i^{(l)}) = \frac{2}{m^{(l-1)}}$$

2. 数据预处理和逐层归一化

虽然网络可以通过参数的调整来适应各变量的取值范围，但由于训练数据各维度的来源和度量不同，分布往往存在很大差异，因此经常对输入数据进行标准化或者归一化处理，或者使用主成分得分去掉变量之间的相关性。此外，在神经网络中，中间某层的输出是下一层的输入，最好使每层输入的分布都保持一致，因此通常使用批量归一化或逐层归一化，使得计算更稳定有效。

3. 网络正则化

由于神经网络模型过于复杂，往往容易在训练数据上过拟合，甚至可以使得训练误差为零，因此要注重网络的泛化能力在测试集上的表现。正则化通过限制模型复杂度来避免过拟合。通常可以对参数施加 L_1 或者 L_2 范数的惩罚，也可以采用权重衰减、提前停止训练等策略。

丢弃法（Dropout）也是一种常用的策略。它的思想是每次迭代时每个神经元可能以概率 p 被丢弃。这和随机森林方法随机选取分枝变量的集合的思想很相似，最终的网络可以看作集成了不同网络的组合模型。

例 9.2 (猫狗大战数据集案例)　本案例使用 Kaggle 中的 Dogs vs. Cats challenge 数据集，这是一个二分类问题，数据来自 https://www.kaggle.com/competitions/dogs-vs-cats-redux-kernels-edition/data。

(1) 数据描述。

数据分为训练集和测试集两部分：训练集包含 25 000 幅图像，其中猫和狗各有 12 500 幅，命名格式分别为 cat number.jpg 和 dog number.jpg；测试集则包含 12 500 幅猫狗图像，命名格式为 number.jpg，如图9.20所示。

(a) 训练集　　　　　(b) 测试集

图 9.20　训练集和测试集示例

使用 torchvision.datasets.ImageFolder 加载数据，这个函数需要将不同类别的图像放在不同的子文件夹下，也就是需要将训练集中所有猫的图像放在 cats 文件夹下，将所有狗的图像放在 dogs 文件夹下。通过以下代码创建需要的文件夹 "./dogsvscats/train/cats" "./dogsvscats/train/dogs" "./dogsvscats/val/cats" 和 "./dogsvscats/val/dogs"。

```
import os
import shutil
import re
train_dir_raw="./dogsvscats/train1"
train_dir="./dogsvscats/train"
train_dogs_dir=f'{train_dir}/dogs'
train_cats_dir=f'{train_dir}/cats'
test_dir="./dogsvscats/test"
```

```
val_dir="dogsvscats/val"
val_dogs_dir=f'{val_dir}/dogs'
val_cats_dir=f'{val_dir}/cats'
if os.path.exists(train_dir):
    shutil.rmtree(train_dir)
if os.path.exists(val_dir):
    shutil.rmtree(val_dir)
if not os.path.exists(train_dogs_dir):
    os.makedirs(train_dogs_dir)
if not os.path.exists(train_cats_dir):
    os.makedirs(train_cats_dir)
if not os.path.exists(val_dogs_dir):
    os.makedirs(val_dogs_dir)
if not os.path.exists(val_cats_dir):
    os.makedirs(val_cats_dir)
```

将训练集中猫的图像移动到 cats 文件夹, 狗的图像移动到 dogs 文件夹。

```
files=os.listdir(train_dir_raw)
for f in files:
    catSearchObj=re.search("cat",f)
    dogSearchObj=re.search("dog",f)
    if catSearchObj:
        shutil.copy(f'{train_dir_raw}/{f}',train_cats_dir)
    elif dogSearchObj:
        shutil.copy(f'{train_dir_raw}/{f}',train_dogs_dir)
```

划分验证集, 将 id 编号为 10 000 以上的图像划分到验证集中。

```
files=os.listdir(train_dogs_dir)
for f in files:
    validationDogsSearchObj=int(re.search("\d+",f).group())
    if validationDogsSearchObj>10000:
        shutil.move(f'{train_dogs_dir}/{f}',val_dogs_dir)

files=os.listdir(train_cats_dir)
for f in files:
    validationCatsSearchObj=int(re.search("\d+",f).group())
    if validationCatsSearchObj>10000:
        shutil.move(f'{train_cats_dir}/{f}',val_cats_dir)
```

数据整理好以后进行数据加载, 并导入需要的模块。

```
import torch
import torch.nn as nn
import torchvision
```

```
from torchvision import datasets, transforms
from torch import optim
```

利用 transforms.Compose 组合训练集和验证集的图像变换操作，例如裁剪、翻转等。

```
train_transforms=transforms.Compose([
    transforms.RandomResizedCrop(224),
            # 随机长宽比裁剪，VGG 的图像输入维度是 224
    transforms.RandomHorizontalFlip(),
            # 常见的图像操作，以概率 p 水平翻转
    transforms.ToTensor(),
    transforms.Normalize([0.485,0.456,0.406],
                        [0.229,0.224,0.225])
            # 前面的 [0.485,0.456,0.406] 表示均值，对应 RGB 三个通道
            # 后面的 [0.229,0.224,0.225] 则表示标准差
])
val_transforms=transforms.Compose([
    transforms.Resize([224,224]),
    transforms.ToTensor(),
    transforms.Normalize([0.485,0.456,0.406],
                        [0.229,0.224,0.225])
])
```

利用 datasets.ImageFolder 从文件夹中加载图像，得到训练集和测试集。

```
train_datasets=datasets.ImageFolder(train_dir,train_transforms)
val_datasets=datasets.ImageFolder(val_dir,val_transforms)
```

可以通过以下代码查看数据集类别与数字的映射关系：

```
train_datasets.class_to_idx
```

输出结果为：

```
{'cats':0,'dogs':1}
```

可见 cats 的类别为 0，dogs 的类别为 1。

由于后面要使用小批量梯度下降算法，因此这里利用内置数据加载器 torch.utils.data.DataLoader，把训练数据和测试数据分成多个小组，在每次迭代过程中，数据加载器会读取一小批量数据，大小为 batch_size，shuffle=True 表示随机打乱样本，kwargs 为 GPU 设置。

```
batch_size=16
use_cuda=torch.cuda.is_available()
device=torch.device("cuda:1" if use_cuda else "cpu")
kwargs={'num_workers':1,
        'pin_memory':True} if use_cuda else {}
```

```
train_loader=torch.utils.data.DataLoader(train_datasets,
         batch_size=batch_size,shuffle=True,**kwargs)
val_loader=torch.utils.data.DataLoader(val_datasets,
         batch_size=batch_size,shuffle=True,**kwargs)
```

通过以下代码可以得到一小批量数据。

```
data=next(iter(train_loader))
data[0].shape
```

输出结果为:

```
torch.Size([16,3,224,224])
```

图像的大小为 $16 \times 3 \times 224 \times 224$。其中, 16 为批次的大小; 3 为通道数, 因为数据集是彩色的, 通道数为 3; 输入图像的高度和宽度均为 224 像素。

通过一个可视化函数查看经过变换后的图像, 如图9.21所示。

```
unloader=transforms.ToPILImage()  # 把 Tensor 变换为图像
def imshow(tensor):
    image=tensor.cpu().clone()
    # 克隆张量但不改变它
    image=unloader(image)          # 把 Tensor 变换成图像
    plt.imshow(image)
plt.figure()
imshow(data[0][0])
```

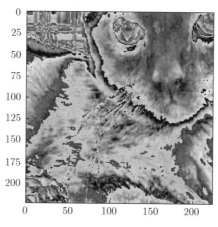

图 9.21　变换后的图像

(2) 建立模型。

VGG16 是一种卷积神经网络架构, 在解决计算机视觉问题方面非常强大, 其核心思想是利用较小的卷积核来增加网络的深度, 如图9.8所示。

VGG16 模型建立的代码如下:

```python
class VGG16(nn.Module):
    def __init__(self):
        super(VGG16,self).__init__()

        self.conv_layers=nn.Sequential(
                nn.Conv2d(3,64,kernel_size=3,padding=1),
                nn.ReLU(inplace=True),
                nn.Conv2d(64,64,kernel_size=3,padding=1),
                nn.ReLU(inplace=True),
                nn.MaxPool2d(kernel_size=2,stride=2),
                nn.Conv2d(64,128,kernel_size=3,padding=1),
                nn.ReLU(inplace=True),
                nn.Conv2d(128,128,kernel_size=3,padding=1),
                nn.ReLU(inplace=True),
                nn.MaxPool2d(kernel_size=2,stride=2),
                nn.Conv2d(128,256,kernel_size=3,padding=1),
                nn.ReLU(inplace=True),
                nn.Conv2d(256,256,kernel_size=3,padding=1),
                nn.ReLU(inplace=True),
                nn.Conv2d(256,256,kernel_size=3,padding=1),
                nn.ReLU(inplace=True),
                nn.MaxPool2d(kernel_size=2, stride=2),
                nn.Conv2d(256,512,kernel_size=3,padding=1),
                nn.ReLU(inplace=True),
                nn.Conv2d(512,512,kernel_size=3,padding=1),
                nn.ReLU(inplace=True),
                nn.Conv2d(512,512,kernel_size=3,padding=1),
                nn.ReLU(inplace=True),
                nn.MaxPool2d(kernel_size=2,stride=2),
                nn.Conv2d(512,512,kernel_size=3,padding=1),
                nn.ReLU(inplace=True),
                nn.Conv2d(512,512,kernel_size=3,padding=1),
                nn.ReLU(inplace=True),
                nn.Conv2d(512,512,kernel_size=3,padding=1),
                nn.ReLU(inplace=True),
                nn.MaxPool2d(kernel_size=2,stride=2),
                )

        self.fc_layers=nn.Sequential(
                nn.Linear(512*7*7,4096),
                nn.ReLU(inplace=True),
                nn.Dropout(0.5),
```

```
           nn.Linear(4096,4096),
           nn.ReLU(inplace=True),
           nn.Dropout(0.5),
           nn.Linear(4096,2),
           )

    def forward(self,x):
        x=self.conv_layers(x)
        x=x.view(x.size(0),-1)
        x=self.fc_layers(x)
        return x
```

(3) 使用预训练模型。

很多时候当需要训练一个新的图像分类任务时，我们不会完全从一个随机模型开始训练，而是利用预训练好的模型来加速训练过程。torchvision.models 提供深度学习中各种经典的网络结构、预训练好的模型，如 AlexNet、VGG、ResNet、Inception 等。使用以下代码加载预训练模型。

```
model=torchvision.models.vgg16(pretrained=True)
model
```

部分输出结果为：

```
VGG(
(features): Sequential(
(0): Conv2d(3,64,kernel_size=(3,3),stride=(1,1),padding=(1,1))
(1): ReLU(inplace=True)
(2): ...
)
(classifier): Sequential(
(0): Linear(in_features=25088,out_features=4096,bias=True)
(1): ReLU(inplace=True)
(2): Dropout(p=0.5,inplace=False)
(3): Linear(in_features=4096,out_features=4096,bias=True)
(4): ReLU(inplace=True)
(5): Dropout(p=0.5,inplace=False)
(6): Linear(in_features=4096,out_features=1000,bias=True)
)
)
```

最后全连接层输出维度是 1 000，而猫狗分类是二分类问题，所以需要把最后一层的输出层改变为需要的类别总数，即 out_features=2。

```
num_ftrs=model.classifier[6].in_features
model.classifier[6]=nn.Linear(num_ftrs,2)
```

(4) 训练和测试。

分别定义训练函数和验证函数。

```python
def train(model,device,train_loader,
          optimizer,epoch,log_interval=100):
    model.train()                 # 进入训练模式
    for batch_idx,(data,target) in enumerate(train_loader):
        data,target=data.to(device),target.to(device)
        optimizer.zero_grad() # 梯度清零
        output=model(data)
        loss=criterion(output,target)

        loss.backward()
        optimizer.step()
        if batch_idx%log_interval==0:
            print("Train Epoch: {} [{}/{} ({:0f}%)]\tLoss:\
                {:.6f}".format(
                epoch,
                batch_idx*len(data),
                len(train_loader.dataset),
                100.*batch_idx/len(train_loader),
                loss.item()
            ))
def val(model,device,val_loader):
    model.eval()                  # 进入测试模式
    correct=0
    with torch.no_grad():
        for data,target in val_loader:
            data,target=data.to(device),target.to(device)
            output=model(data)
            pred=output.argmax(dim=1,keepdim=True)
            correct+=pred.eq(target.view_as(pred)).sum().item()
    print('\nval set: Accuracy: {}/{} ({:.0f}%)\n'.format(
        correct,len(val_loader.dataset),
        100.*correct/len(val_loader.dataset)))
```

定义优化器和损失函数, 运行以下代码进行训练和验证。

```python
epochs=2
optimizer=optim.SGD(model.parameters(),
                    lr=0.0001,momentum=0.9) # 定义优化器
criterion=nn.CrossEntropyLoss()                # 定义损失函数
model=model.to(device)
for epoch in range(1,epochs+1):
```

```
train(model,device,train_loader,optimizer,epoch)
val(model,device,val_loader)
```

仅用两个 epoch 便可以使得训练达到比较好的效果, 这与使用预训练模型有关。最后在测试集上进行预测。

```
test_path=os.listdir(test_dir)
test_path=[i  for i in test_path if re.search("jpg",i)]
id_list=[int(i.split(".")[0]) for i in test_path]
id_path=[os.path.join(test_dir,i) for i in test_path]
from PIL import Image
model.eval()          # 进入测试模式
# 预测
pred_list=[]
with torch.no_grad():
    for test_path in id_path:
        img=Image.open(test_path)
        img=val_transforms(img)
        img=img.unsqueeze(0)
        img=img.to(device)

        output=model(img)
        pred=output.argmax(dim=1,keepdim=True)
        pred_list.append(pred[0].item())
```

利用以下代码将模型在测试集上的预测结果保存为一个 csv 文件。

```
import pandas as pd
res=pd.DataFrame({
    'id':id_list,
    'label':pred_list
})
res.sort_values(by='id',inplace=True)
res.reset_index(drop=True,inplace=True)
res.to_csv('predict.csv',index=False)
```

对分类结果进行可视化, 如图9.22所示, 可以达到比较满意的分类效果。

```
import random
from PIL import Image
class_={0:'cat',1:'dog'}
fig,axes=plt.subplots(2,5,figsize=(20,12),facecolor='w')
for ax in axes.ravel():
    i=random.choice(res['id'].values)
```

```
label=res.loc[res['id']==i,'label'].values[0]
if label>0.5:
    label=1
else:
    label=0
img_path=os.path.join(test_dir,'{}.jpg'.format(i))
img=Image.open(img_path)
ax.set_title(class_[label])
ax.imshow(img)
```

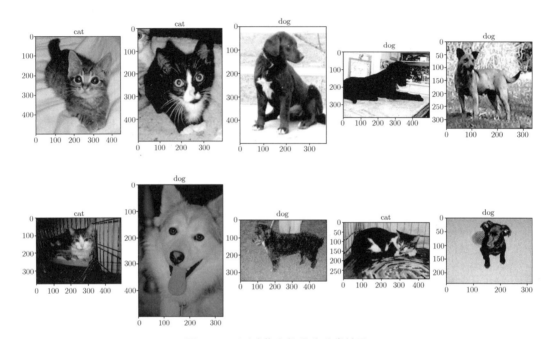

图 9.22　测试集上的猫狗分类结果

第10章

循环神经网络和注意力机制

10.1 文本表示与词嵌入模型

目前, 神经网络在计算机视觉、自然语言处理等领域都有广泛的应用, 上一章介绍了卷积神经网络在计算机视觉方面, 特别是在图像分类问题上的重大突破。对于处理图像的问题, 输入数据一般是像素矩阵。文本也是比较常见的数据类型, 需要将其表示为计算机可以处理的数值和向量形式。本章我们将介绍如何训练文本表示。

10.1.1 文本表示的基本方法

1. 独热向量与 n-gram

假设一个词典中不同词的数量为 V。独热(one-hot)向量, 正如字面意思, 将文本分割成单词组成的集合, 在这里每个单词称为标记(token), 每个单词对应唯一的索引, 索引范围是 $0 \sim V-1$。创建一个维度为 V 的向量 u_i, 其中第 i 处的元素值为 1, 其余位置的元素为 0, 这就是索引为 i 的单词的唯一独热向量。

虽然独热向量比较容易构建, 但当语料库非常大时, 需要建立一个很大的词典并进行独热编码, 这个向量是非常稀疏的, 甚至可能造成维度灾难。另外, 独热向量并不能表示词与词之间的相似性, 比如"开心"和"快乐"是两个意思相近的词语, 独热向量不能将之表示出来, 因为不同单词的独热向量是正交的。

n-gram 是独热的扩展, 不同于每个单词对应唯一的索引, n-gram 为 n 个连续的单词编制索引。其中, 当 n 为 1, 2, 3 时, 分别称为一元语法(unigram)、二元语法(bigram)和三元语法(trigram)。例如对于句子"我爱中国", 二元语法的序列可以表示为 {[我], [我爱], [爱], [爱中], [中], [中国], [国]}。集合中的元素为标记, 对每个标记进行独热编码。

n-gram 考虑了单词的顺序, 在使用轻量级的浅层文本处理模型时, 它是一种功能强大的特征工程工具。但是, 这也造成了词向量维度的爆炸式增长。

2. 文档词频矩阵与 TF-IDF 变换

词袋（bag of words, BOW）表示, 又称计数向量 (count vectors) 表示。直观地, 就是将所有单词放入一个袋子中, 只考虑单词出现的频率, 不考虑单词出现的顺序。当得到一个文档中每个单词的独热向量后, 词袋表示即简单地将文档中的每个单词的独热向量进行求和运算。词袋表示背后的思想是, 用单词出现次数来表示一段话, 拥有相似单词的文档是相似的。通过词袋表示的方法可以简单快速地得到一个文档的表示, 但这种方法忽略了单词之间的顺序, 比如 "我爱你" 和 "你爱我" 两句话的含义是不同的, 但二者的词袋表示是相同的。

文档词频矩阵, 即由每个文档中单词（标记）出现的次数所构成的矩阵。矩阵中, 矩阵的行代表文档, 矩阵的列代表单词（标记）。例如, 有两个文档分别为 $D1$（我喜欢香蕉）、$D2$（我讨厌香蕉）, 文档词频矩阵如表 10.1 所示。

表 10.1　文档词频矩阵

	我	喜欢	讨厌	香蕉
$D1$	1	1	0	1
$D2$	1	0	1	1

文档词频矩阵认为单词频率越高, 提供的信息越多, 然而事实并非如此, 比如 "的" "啊" "吧" 等单词在中文文档中很常见, 但并没有很大的价值。TF-IDF 变换则考虑了某个单词的重要性。

$$\mathrm{TFIDF}(w, d) = \mathrm{TF}(w, d) * \mathrm{IDF}(w)$$

式中, $\mathrm{TF}(w, d)$ 表示第 d 个文档中单词 w 出现的频率, $\mathrm{IDF}(w)$ 表示逆向文档频率。

$$\mathrm{IDF}(w) = \log \frac{N}{n_w}$$

式中, N 表示文档总数, n_w 表示出现 w 单词的文档总数。从公式中可以看出, 逆向文档频率用于判断单词是否出现在许多文档中, 如果大部分文档都有一个公共单词, 那么 IDF 值会非常小, 起到了抑制单词重要性的作用。

10.1.2　NNLM 模型

上一节介绍的独热编码是离散的文本表示方法, 其优点是易于理解, 可以简单快速地实现词向量表示。缺点是词向量维度很高、具有很少非零值并且不能扩展, 如果有一个新的单词加入, 需要增加一维来表示; 此外, 不能体现不同单词间的相似性, 每个单词的词向量是彼此正交的。

现在常用的做法是将高维的离散表示映射到低维稠密（连续）空间, 这个过程也称为嵌入（embedding）。这些词向量的取值并不能够事先给定, 需要通过数据驱动的方式训练模型学习得到。这些词向量之间不是相互正交的，可以通过计算两个词向量的余弦值来度量它们之间的相似性，公式如下：

$$\cos\theta = \frac{u^{\mathrm{T}}v}{|u||v|}$$

2003 年提出的 NNLM 模型 (Bengio et al., 2003) 是最早利用神经网络训练学习词向量的语言模型，其思想是用前 n 个单词预测第 $n+1$ 个单词出现的概率。在训练过程中，最大似然估计等价于最小化以下损失函数：

$$L(\theta) = -\sum_t \log P(w_t|w_{t-1}, \cdots, w_{t-n+1}, w_{t-n})$$

式中，w_t 表示序列中的第 t 个单词。

NNLM 的神经网络结构如图10.1所示，包含输入层、投影层、全连接层、输出层。

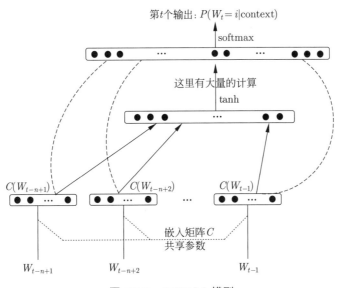

图 10.1　NNLM 模型

- 输入层：输入为第 t 个单词的前 n 个单词的独热表示，其维度为词表的大小 V。
- 投影层：通过一个线性映射将维度为 V 的独热向量投影为稠密的 d 维表示，并将投影得到的结果进行拼接。投影矩阵 $C \in R^{V \times d}$ 为参数矩阵，独热向量与投影矩阵 C 相乘表示从矩阵 C 中抽取对应位置的 d 维词向量。
- 全连接层：是一个激活函数为 tanh 的非线性全连接层。输入维度为 d，输出维度为 H。

$$a = \tanh(d + Hx)$$

式中，a 表示全连接层的输出，x 是经过投影后的词向量的拼接，H 和 d 是全连接层的参数。

- 输出层：输出层是一个激活函数为 softmax 的非线性全连接层，输出维度为 V。

输出层受全连接层输出 a 和投影层输出 x 的影响。

$$y = b + wx + Ua$$

$$P(w_t|w_{t-1}, \cdots, w_{t-n+1}, w_{t-n}) = \frac{\mathrm{e}^{y_{w_t}}}{\sum_i \mathrm{e}^{y_i}}$$

式中，b, w, U 为输出层的参数，如果投影层与输出层没有直接相连，则可令 $w = 0$。

通过梯度下降训练上述神经网络中的参数，训练得到的投影矩阵 C 中的每一行即为对应单词的词嵌入。NNLM 模型的优点是可以自定义词嵌入的维度，新词的加入不会改变词向量的维度，并且可以通过余弦相似性来计算不同单词之间的维度。但由于参数过多，计算复杂度较大。

10.1.3 Word2Vec 模型

Word2Vec 是一个著名的表示词嵌入的模型 (Mikolov et al., 2013a)，它利用上下文的单词来训练词嵌入，通过滑动 $2c + 1$ 的窗口选取样本，在 NNLM 模型中，仅使用前文的单词。Word2Vec 实际上由两种模型组成：连续词袋模型（CBOW）和跳字模型（Skip-gram）。其结构如图10.2所示。

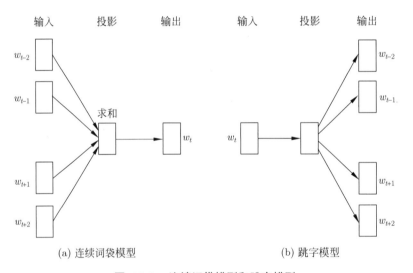

图 **10.2**　连续词袋模型和跳字模型

连续词袋模型是用训练窗口中的上下文词来预测中心词，简单来说，它试图填补空白，以确定哪个词更适合给定的上下文词。

连续词袋模型的神经网络结构如下：

- 输入层：输入为一组上下文词的独热向量的拼接。
- 隐藏层（投影层）：将上下文词的独热向量与投影矩阵 $W \in R^{V \times d}$ 相乘，得到维度为 d 的词嵌入，并将投影得到的结果求和。

- 输出层: 将维度为 d 的隐藏层作为输入, 与参数矩阵 $W' \in R^{d \times V}$ 相乘, 得到形状为 R^V 的向量, 这个向量经过 softmax 处理后, 得到当前上下文对中心词的预测。

通常, 用 $v_i \in R^d$ 表示投影矩阵 W 的第 i 行, 在这里称为上下文词向量或者输入向量; 用 $u_i \in R^d$ 表示参数矩阵 W' 的第 i 列, 在这里称为中心词向量或者输出向量。因此, 对于给定的上下文词 $w_{o_1}, w_{o_2}, \cdots, w_{o_j}$, 预测生成中心词 w_c 的概率为:

$$P(w_c \mid w_{o_1}, w_{o_2}, \cdots, w_{o_j}) = \frac{\exp\left(\frac{1}{j} u_c^T (v_{o_1}, v_{o_2}, \cdots, v_{o_j})\right)}{\sum_i \exp\left(\frac{1}{j} u_i^T (v_{o_1}, v_{o_2}, \cdots, v_{o_j})\right)}$$

令 $\bar{v}_o = \frac{1}{j}(v_{o_1}, v_{o_2}, \cdots, v_{o_j})$, 那么上式可以简化为:

$$P(w_c \mid w_{o_1}, w_{o_2}, \cdots, w_{o_j}) = \frac{\exp(u_c^T \bar{v}_o)}{\sum_i \exp(u_i^T \bar{v}_o)}$$

在实际操作中, 一般滑动大小为 $2c+1$ 的窗口扫描句子, 中间的词视为中心词, 其余为上下文词。对于给定长度为 T 的序列, 连续词袋模型生成所有中心词的概率为:

$$\prod_{t=1}^{T} P(w_t \mid w_{t-c}, \cdots, w_{t-1}, w_{t+1}, \cdots, w_{t+c})$$

等价于最小化以下损失函数:

$$L(\theta) = -\sum_t \log P(w_t \mid W_o)$$

式中, $W_o = (w_{t-c}, \cdots, w_{t-1}, w_{t+1}, \cdots, w_{t+c})$, 注意

$$-\log P(w_t \mid W_o) = -u_c^T \bar{v}_o + \log\left(\sum_i \exp(u_i^T \bar{v}_o)\right)$$

跳字模型尝试从中心词预测上下文词（与连续词袋模型相反）。跳字模型的神经网络结构如下:

- 输入层: 输入为一个中心词的独热向量。
- 隐藏层（投影层）: 将中心词的独热向量与投影矩阵 $W \in R^{V \times d}$ 相乘, 得到维度为 d 的词嵌入。
- 输出层: 将维度为 d 的隐藏层作为输入, 与参数矩阵 $W' \in R^{d \times V}$ 相乘, 得到形状为 R^V 的向量, 这个向量经过 softmax 处理后, 得到当前中心词对上下文的预测。

用 $v_i \in R^d$ 表示投影矩阵 W 的第 i 行, 在这里称为中心词向量或者输入向量; 用 $u_i \in R^d$ 表示参数矩阵 W' 的第 i 列, 在这里称为上下文词向量或者输出向量。对于给定的中心词 w_c, 生成某个上下文词 w_o 的概率为:

$$P(w_o \mid w_c) = \frac{\exp(u_o^T v_c)}{\sum_i \exp(u_i^T v_c)}$$

在实际操作中, 一般滑动大小为 $2c+1$ 的窗口扫描句子, 中间的单词视为中心词, 其余为上下文词。对于给定长度为 T 的序列, 跳字模型生成所有上下文词的概率为:

$$\prod_{t=1}^{T} \prod_{-c \leqslant j \leqslant c} P(w_{t+j} \mid w_t)$$

跳字模型的损失函数为:

$$L(\theta) = -\sum_{t} \sum_{-c \leqslant j \leqslant c} \log P(w_{t+j} \mid w_t)$$

其中

$$-\sum_{-c \leqslant j \leqslant c} \log P(w_{t+j} \mid w_t) = -\sum_{-c \leqslant j \leqslant c} u_{t+j}^{\mathrm{T}} v_t + 2c \log \left(\sum_{i} \exp(u_i^{\mathrm{T}} v_t) \right)$$

连续词袋模型使用较小的数据集更有效, 与跳字模型相比, 训练速度更快; 跳字模型在较大的数据集上表现更好, 但训练时间较长, 为了降低计算复杂度, 可以采用层次 softmax 和负采样等技术提升计算效率 (Mikolov et al., 2013b)。

例 10.1 (简单的连续词袋模型实现案例) 在 PyTorch 中, 词嵌入是通过 torch.nn. Embedding 函数实现的, 该函数需要设定两个参数: 词汇表的大小 $|V|$ 和词嵌入的维度 D。词嵌入被存储为一个 $|V| \times D$ 的矩阵, 可以将索引转化为对应的词向量。

这里介绍如何在小样本中实现连续词袋模型, 代码参考自 PyTorch 官方文档 (https://pytorch.org/tutorials/beginner/nlp/word_embeddings_tutorial.html)。

导入需要的模块:

```
import torch
import torch.nn as nn
import torch.nn.functional as F
import torch.optim as optim
```

对短文本进行分词处理:

```
raw_text="""We are about to study the idea of a computational
process. Computational processes are abstract beings that inhabit
computers. As they evolve, processes manipulate other abstract
things called data. The evolution of a process is directed by
a pattern of rules called a program. People create programs
to direct processes. In effect, we conjure the spirits of the
computer with our spells.""".split()
```

构建从单词到索引的词典:

```
vocab=set(raw_text)      # 进行去重操作
word_to_id={s:i for i,s in enumerate(vocab)}
```

设置所需的超参数:

```
VOCAB_SIZE=len(word_to_id)        # 词典的大小
CONTEXT_SIZE=2                     # 滑动窗口c的大小, 中心词左右选取 2 个上下文词
EMBEDDING_SIZE=10                  # 词嵌入的维度
HIDDEN_SIZE=128
```

滑动窗口, 得到中心词和对应的上下文词。

```
data=[]
for i in range(CONTEXT_SIZE,len(raw_text)-CONTEXT_SIZE):
    context=(                     # 上下文词
        [raw_text[i-j-1] for j in range(CONTEXT_SIZE)]+
        [raw_text[i+j+1] for j in range(CONTEXT_SIZE)]
    )
    target=raw_text[i]            # 中心词
    data.append((context,target))
data[:5]
```

打印 5 个样本, 输出结果为:

```
[(['are','We','to','study'],'about'),
(['about','are','study','the'],'to'),
(['to','about','the','idea'],'study'),
(['study','to','idea','of'],'the'),
(['the','study','of','a'],'idea')]
```

构建连续词袋模型:

```
class CBOW(nn.Module):
    def __init__(self,VOCAB_SIZE,EMBEDDING_SIZE,HIDDEN_SIZE):
        super(CBOW,self).__init__()
        self.embed=nn.Embedding(VOCAB_SIZE,EMBEDDING_SIZE)
        self.fc=nn.Linear(EMBEDDING_SIZE,HIDDEN_SIZE)
        self.output=nn.Linear(HIDDEN_SIZE,VOCAB_SIZE)
    def forward(self,inputs):
        x=self.embed(inputs)      # 得到每个上下文词的词嵌入
        x=sum(x).view(1,-1)       # 求和
        x=F.relu(self.fc(x))
        x=self.output(x)
        x=F.log_softmax(x,dim=1)
        return x
```

定义一个上下文词转换函数, 将上下文词映射为索引, 进一步转化为 Tensor 格式。

```
def make_context_vector(context,word_to_ix):
    idxs=[word_to_ix[w] for w in context]
    return torch.tensor(idxs,dtype=torch.long)
make_context_vector(data[0][0],word_to_id)  # 示例
```

输出结果为:

```
tensor([28,0,27,43])
```

定义模型、损失函数和优化器, 代码如下:

```
device="cuda" if torch.cuda.is_available() else "cpu"
model=CBOW(VOCAB_SIZE,EMBEDDING_SIZE,HIDDEN_SIZE).to(device)
loss_fc=nn.NLLLoss()
optimizer=optim.SGD(model.parameters(),lr=0.001)
```

进行训练:

```
for epoch in range(100):
    total_loss=0
    for context,target in data:
        content_vec=make_context_vector(context,
                                        word_to_id).to(device)
        target=torch.Tensor([word_to_id[target]])
                .long().to(device)
        pred=model(content_vec)
        loss=loss_fc(pred,target)
        total_loss+=loss.item()
        model.zero_grad()
        loss.backward()
        optimizer.step()
    print("Epoch:",epoch,"loss:",total_loss)
```

提取训练得到的词嵌入矩阵, 可以看到单词 idea 的词嵌入为 10 维稠密向量。

```
embeddings=model.embed.weight.data.cpu()
embeddings[word_to_id["idea"]]
```

输出结果为:

```
tensor([2.7988,−1.2140,0.2417,−0.2360,0.3026,0.0309,−0.3846,−1.1586,
        1.5757,1.2118])
```

例 10.2 (跳字模型与负采样实现 Word2Vec 案例) 这里利用跳字模型与负采样在一个大型语料库中训练 Word2Vec 模型。代码参考自 https://nlpython.hashnode.dev/implemeting-word2vec-with-pytorch-10。

(1) 数据清洗和字典创建。

本例使用的数据集为 Kaggle 竞赛中维基百科的电影情节描述数据集, 源于 https://www.kaggle.com/jrobischon/wikipedia-movie-plots。数据集中的数据来自世界各地 34 886 部电影, 包括电影的发布时间、标题、类型、情节描述等。而本例只对情节描述感兴趣。

使用 pandas 加载数据集。为节约训练时间, 只采用前 3 000 部电影的情节描述构建
语料库, 事实证明, 这可以达到令人满意的效果。

```
from string import punctuation
import pandas as pd
df=pd.read_csv("./wiki_movie_plots_deduped.csv")
df=df[:3000]
```

提取情节描述数据并进行清洗, 删除标点符号和转义字符, 将所有情节描述合并成
一个长的字符串。

```
clear_punct_regex="["+punctuation+"\d\r\n]"
# punctuation 为所有标点符号
corpus=df['Plot'].str.replace(clear_punct_regex,"")
                            .str.lower()
corpus=" ".join(corpus)
```

设置字典中最大单词数为 30 000, 借助 Counter 函数统计每个单词出现的次数, 并提
取最频繁出现的 29 999 个单词, 第 30 000 个单词表示在字典中没有出现的单词。建立两
个字典, id_to_word 表示从索引到单词的映射, word_to_id 表示从单词到索引的映射。

```
from collections import Counter        # 计数器
import numpy as np
max_vocab_size=30000                    # 最大单词数量
text=corpus.split(" ")
vocab=dict(Counter(text).most_common(max_vocab_size-1))
# 把 max_vocab_size-1 个最频繁出现的单词提取出来
vocab["<unk>"]=len(text)-np.sum(list(vocab.values()))
# <unk> 的索引
id_to_word={i:w for i,w in enumerate(vocab)}
word_to_id={w:i for i,w in enumerate(vocab)}
```

(2) 自定义 datasets 和 DataLoader。
导入需要的模块。

```
import torch
import torch.nn as nn
import torch.nn.functional as F
import torch.optim as optim
from torch.utils.data import Dataset
```

根据词频计算负采样的概率分布。

```
word_counts=np.array([count for count in vocab.values()],
                    dtype=np.float32)        # 每个单词的频数
word_freq=word_counts/word_counts.sum()      # 每个单词的频率
w_freq_neg_samp=word_freq**0.75
```

```
w_freq_neg_samp/=w_freq_neg_samp.sum()          # 计算负采样的概率分布
```

自定义 Word2VecDataset，以便进行 DataLoader 加载。

```
class Word2VecDataset(Dataset):
    def __init__(self,text,word_to_id,id_to_word,
                 w_freq_neg_samp,window_size,n_neg_samples):
        super(Word2VecDataset,self).__init__()
        self.encode_text=torch.Tensor([word_to_id.get(t,
            word_to_id["<unk>"]) for t in text]).long()
                            # 将单词转化为索引
        self.word_to_id=word_to_id
        self.id_to_word=id_to_word
        self.w_freq_neg_samp=torch.Tensor(w_freq_neg_samp)
        self.window_size=window_size
        self.n_neg_samples=n_neg_samples
    def __len__(self):      # 整个数据集的大小
        return len(self.encode_text)
    def __getitem__(self,idx):
    # 以便 dataset[i] 返回数据集中第 i 个样本
    # 返回中心词、上下文词和负采样词的索引，并转为 Tensor
        center_word=self.encode_text[idx]    # 中心词
        context_id=list(range(idx-self.window_size,idx))+
                   list(range(idx+1,idx+self.window_size+1))
        context_id=[i%len(self.encode_text)
                    for i in context_id]
    # range(idx+1,idx+self.window_size+1) 超出词汇总数时，需特别处理，取余数
        context_words=self.encode_text[context_id]
        neg_words=torch.multinomial(self.w_freq_neg_samp,
            self.n_neg_samples*context_words.shape[0],False)
        return center_word,context_words,neg_words
```

创建 datasets，设置滑动窗口参数 window_size=3，即中心词左右两边各选 3 个单词，n_neg_samples 为 10，表示一个正样本需采样 10 个负样本。

```
window_size=3
n_neg_samples=10
datasets=Word2vecDataset(text,word_to_id,id_to_word,
            w_freq_neg_samp,window_size,n_neg_samples)
```

设置 batch_size 为 128，创建 DataLoader。

```
batch_size=128
data_loader=torch.utils.data.DataLoader(
    dataset=datasets,
```

```
    batch_size=batch_size,
    shuffle=True
    )
```

(3) 建立模型和训练。

利用 nn.Module 构建网络，由两个嵌入模块组成，分别产生输入向量和输出向量。forward 函数返回对应单词的输入向量。同时在 neg_samp_loss 函数中定义负采样损失：

$$L(\theta) = -\log(\sigma(u_o^{\mathrm{T}} v_c)) - \sum_{k=1, w_k \sim P(w)}^{K} \sigma(-u_k^{\mathrm{T}} v_c)$$

```
embedding_size=128
class Word2Vec(nn.Module):
    def __init__(self,vocab_size,embedding_size):
        super(Word2Vec,self).__init__()
        self.embed_in=nn.Embedding(vocab_size,embedding_size)
        self.embed_out=nn.Embedding(vocab_size,embedding_size)
        self.embed_in.weight.data.uniform_(-1,1)
        self.embed_out.weight.data.uniform_(-1,1)
    def neg_samp_loss(self,center_word,context_words,neg_words):
    # 负采样损失
        center_emb_in=self.embed_in(center_word)        # 输入向量
        pos_emb_out=self.embed_out(context_words)       # 输出向量
        pos_loss=torch.bmm(pos_emb_out,
            center_emb_in.unsqueeze(2)).squeeze()
        # 计算正样本的损失
        pos_loss=F.logsigmoid(pos_loss).sum(1)
        neg_emb_out=self.embed_out(neg_words)
        neg_loss=torch.bmm(-neg_emb_out,
            center_emb_in.unsqueeze(2)).squeeze()
        # 计算负样本的损失
        neg_loss=F.logsigmoid(neg_loss).sum(1)
        total_loss=torch.mean(pos_loss+neg_loss)
        return -total_loss
    def forward(self,inputs):
        return self.embed_in(inputs)
device="cuda"if torch.cuda.is_available() else "cpu"
model=Word2Vec(max_vocab_size,embedding_size).to(device)
```

设定优化器。

```
optimizer=optim.Adam(model.parameters(),lr=0.003)
```

进行训练。

```
n_epochs=2
for epoch in range(n_epochs):
# 遍历数据集多次
    for i,(center_word,context_words,
        neg_words)inenumerate(data_loader):
        center_word=center_word.to(device)
        context_words=context_words.to(device)
        neg_words=neg_words.to(device)
        loss=model.neg_samp_loss(center_word,
                    context_words,neg_words)
        optimizer.zero_grad()
        loss.backward()
        optimizer.step()
        if i %50==0:
            print("epoch",epoch,"i",i,"loss:",loss.item())
```

(4) 结果展示。

通过比较词向量之间的余弦相似性，找出与指定单词相似性最高的 10 个单词，代码如下：

```
import scipy.spatial
embedding_weights=model.embed_in.weight.data.cpu()
def find_nearest(word):
    index=word_to_id[word]
    embedding=embedding_weights[index]
    cos_dis=np.array([scipy.spatial.distance.cosine(e,
        embedding) for e in embedding_weights])    # 计算相似性
return [id_to_word[i] for i in cos_dis.argsort()[:10]]
# 找出相似性最高的 10 个单词
for word in ["girl","mother","city","trip"]:
    print(word, find_nearest(word))
```

输出结果为：

```
girl ['girl','woman','young','who','named','beautiful','man','singer','lady','also']
mother ['mother','wife','sister','mary','father','her','husband','daughter','son',
        'lover']
city ['city','york','new','town','comes','chicago','where','london','england','in']
trip ['trip','vacation','honeymoon','island','voyage','go','sail','travel','comes',
     'visit']
```

可以看出，训练得到的 Word2Vec 模型可以达到比较满意的效果，例如与 "girl" 相近的单词有 "woman" "young" "beautiful" 等；与 "mother" 相近的单词有 "wife" "sister" "father" 等；与 "city" 相近的单词有 "town" "chicago" "london" 等；与 "trip" 相近的单词有 "vacation" "honeymoon" "island" 等。

10.1.4　Glove 模型

Word2Vec 方法依赖于语言词的局部信息 (即单词邻居的信息), Glove (Pennington et al., 2014) 通过学习单词的局部信息和全局信息, 弥补了 Word2Vec 的缺点。

1. 符号定义

Glove 利用共现矩阵, 令 X_{ij} 表示单词 j 出现在单词 i 的给定窗宽的上下文中的次数, 那么共现概率

$$P_{ij} = \frac{X_{ij}}{X_i}$$

表示单词 j 出现在单词 i 的上下文中的概率, 其中 $X_i = \sum_k X_{ik}$。用 v_i 表示单词 i 的词向量, $\tilde{v}_k$ 表示上下文词 k 的词向量。考虑两个共现概率的比值, 对于单词 i, j, k, 用

$$\text{ratio}_{ijk} = \frac{P_{ik}}{P_{jk}}$$

表示单词 k 分别出现在单词 i 和单词 j 的上下文中的概率的比值, 它在一定程度上反映了单词 i 和单词 j 的相似性。而 Glove 模型就是利用这个比值, 构造函数 $F(v_i, v_j, \tilde{v}_k) = \text{ratio}_{ijk} = P_{ik}/P_{jk}$, 最终获取每个单词 i 的最终词向量表示 Vec_i, 其中 $\text{Vec}_i = v_i + \tilde{v}_i$。

2. Glove 公式推导

第一步：差值处理。

由于向量空间本质上是线性结构, 因此两个单词之间的相似性函数 F 中包含差值 $v_i - v_j$ 是合理的, 从而 F 的形式可以改写为:

$$F(v_i - v_j, \tilde{v}_k) = \frac{P_{ik}}{P_{jk}}$$

第二步：点积运算。

由于 P_{ik}/P_{jk} 为标量, 为了简化运算, 采取向量之间的内积

$$F((v_i - v_j)^{\mathrm{T}} \tilde{v}_k) = F(v_i^{\mathrm{T}} \tilde{v}_k - v_j^{\mathrm{T}} \tilde{v}_k) = \frac{P_{ik}}{P_{jk}}$$

第三步：指数变换。

在上述公式中, 左边是差的形式, 右边是商的形式, 而指数函数为符合要求的变换, 令 $F(\cdot) = \exp(\cdot)$, 则

$$\exp((v_i - v_j)^{\mathrm{T}} \tilde{v}_k) = \frac{\exp(v_i^{\mathrm{T}} \tilde{v}_k)}{\exp(v_j^{\mathrm{T}} \tilde{v}_k)} = \frac{P_{ik}}{P_{jk}}$$

令

$$v_i^{\mathrm{T}} \tilde{v}_k = \log P_{ik} = \log X_{ik} - \log X_i$$

第四步：对称性考虑。

由于 $v_i^{\mathrm{T}}\tilde{v}_k$ 和 $v_k^{\mathrm{T}}\tilde{v}_i$ 应该是对称的, 为了满足对称性, 将 $\log X_i$ 吸收到偏置 b_i 中, 同时添加偏置 $\tilde{b}_k$, 即

$$v_i^{\mathrm{T}}\tilde{v}_k + b_i + \tilde{b}_k = \log X_{ik}$$

3. Glove 损失函数

Glove 模型的损失函数可以写为:

$$L = \sum_{i,k=1}^{V} f(X_{ik})(v_i^{\mathrm{T}}\tilde{v}_k + b_i + \tilde{b}_k - \log X_{ik})^2$$

这是一个加权的 L_2 损失, 其中 X_{ik} 表示单词 k 出现在单词 i 的上下文中的次数, v_i 是单词 i 的词向量, $\tilde{v}_k$ 是上下文词 k 的词向量, b_i 和 $\tilde{b}_k$ 是单词 i 和上下文词 k 的偏置, $f(X_{ik})$ 是权重函数, 用于调整损失函数对于不同出现次数的词对的敏感性, 且

$$f(x) = \begin{cases} \left(\dfrac{x}{x_{\max}}\right)^{\alpha}, & x < x_{\max} \\ 1, & \text{其他} \end{cases}$$

例 10.3 (加载 Glove 预训练的词向量案例)　在实际应用中, 常常使用预训练好的词向量, 这样可以达到更好的效果。例如, 斯坦福大学预训练的 Glove.6B.100d 包含了常用英文单词的词向量, "6B" 表示由 6 billion 数据训练, "100" 表示词向量维度为 100。

从文件中加载词向量。

```
all_word_embed = {}
with open("Glove.6B.100d.txt",encoding='utf-8') as f:
    for i,line in enumerate(f):
        w=line.split()
        all_word_embed[w[0]] = w[1:]
```

根据例 10.2 得到的字典 word_to_id 生成词嵌入矩阵, 对于陌生的单词, 随机生成词向量。

```
import numpy as np
pre_word_emb=np.random.uniform(-np.sqrt(3.0/100),
                np.sqrt(3.0/100),(len(word_to_id),100))
for w in word_to_id:
    if w in all_word_embed:
        pre_word_emb[word_to_id[w]]=all_word_embed[w]
```

这样在构建 PyTorch 模型时, 可以使用 from_pretrained 函数加载预训练好的词向量, 更新 nn.Embedding 的参数。

```
class toy_emb(nn.Module):
    def __init__(self,vocab_size,embedding_size,pre_word_emb):
        super(toy_emb,self).__init__()
        self.embedding=nn.Embedding(vocab_size,embedding_size)
        self.embedding.weight.data.copy_(
            torch.from_numpy(pre_word_emb))
    def forward(self,x):
        return self.embedding(x)
toy_model=toy_emb(len(word_to_id),100,pre_word_emb)
```

与上一节类似, 找出与目标词最相似的几个单词。可以看出, 与在小样本上训练的 Word2Vec 的结果相比, 该模型在词义和词性上都有较为明显的提升。

```
for word in ["girl","mother","city","trip"]:
    print(word,find_nearest(word))
```

输出结果为:

```
girl ['girl','boy','woman','girls','mother','child','girlfriend','teenager','baby',
    'teenage']
mother ['mother','daughter','wife','grandmother','father','sister','husband','woman',
    'her','aunt']
city ['city','town','cities','where','area','downtown','capital','southern','near',
    'neighborhood']
trip ['trip','visit','trips','weekend','travel','journey','vacation','day','tour',
    'visits']
```

10.2　循环神经网络

10.2.1　研究问题与基本结构

对于具有时间结构的序列数据, 例如文本数据、自然语言处理问题, 我们通常会遇到以下几种形式。假设一个样本的输入是长度为 T 的序列, $x = (x_1, \cdots, x_T)$, 最终只有一个输出, 为一个类别 $y \in \{1, \cdots, C\}$, 这属于序列到类别的形式, 比如文本分类问题。如果每个时刻都有一个输出, 输入序列和输出序列的长度相同, 则称为同步的序列到序列形式, 比如词性标注问题。如果输出序列不要求与输入序列有严格的对应关系, 也不需要保持相同的长度, 则称为异步的序列到序列形式, 比如机器翻译问题。通常上述问题采用有监督学习方式建模, 即我们有标注好的输入、输出序列的训练集。

使用前馈神经网络或者 CNN 处理上述问题会有很大的局限性, 因为这些网络的信息都是单向传播的, 网络不存在环或者回路, 不能充分学习到各时刻状态之间的相依关系。循环神经网络（RNN）在这方面进行了改进, 它是一种具有短期记忆能力的网络。其中的神经元不仅可以接收其他神经元的信息, 也可以接收自身的信息, 形成环路。

图10.3给出了循环神经网络的示意图。图10.4给出了按时间维度展开的循环神经网络, 以同步的序列到序列形式为例。

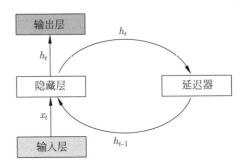

图 10.3 循环神经网络示意图

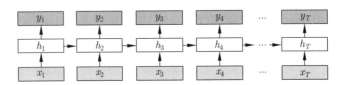

图 10.4 按时间维度展开的循环神经网络

对于循环神经网络, 有

$$z_t = Uh_{t-1} + Wx_t + b$$

$$h_t = f(z_t)$$

式中, $x_t \in R^M$ 表示神经网络的输入; $h_t \in R^D$ 表示隐藏层的状态; $z_t \in R^D$ 表示隐藏层的净输入; f 表示非线性激活函数; U 和 W 为可学习的权重矩阵, $U \in R^{D \times D}$ 表示状态–状态权重矩阵, $W \in R^{D \times M}$ 表示状态–输入权重矩阵; $b \in R^D$ 为偏置。t 时刻隐藏层的状态 h_t 与 t 时刻神经网络的输入 x_t 和 $t-1$ 时刻隐藏层的状态 h_{t-1} 有关。

10.2.2　随时间反向传播算法

假设一个样本的输入是长度为 T 的序列到序列样本, 输入 $x = (x_1, \cdots, x_T)$, 标签 $y = (y_1, \cdots, y_T)$。令 t 时刻的输出为:

$$\hat{y}_t = g(h_t)$$

则 t 时刻的损失为:

$$L_t = L(y_t, \hat{y}_t)$$

相加可以得到整个序列的损失函数

$$L = \sum_{t=1}^{T} L_t$$

因此可以求出序列损失函数关于参数 U 的梯度

$$\frac{\partial L}{\partial U} = \sum_{t=1}^{T} \frac{\partial L_t}{\partial U}$$

由于 $z_k = Uh_{k-1} + Wx_k + b$, 因此

$$\frac{\partial L_t}{\partial u_{ij}} = \sum_{k=1}^{t} \frac{\partial^+ z_k}{\partial u_{ij}} \frac{\partial L_t}{\partial z_k}$$

式中, $\frac{\partial^+ z_k}{\partial u_{ij}} = [h_{k-1}]_j$, 表示在 $z_k = Uh_{k-1} + Wx_k + b$ 中, h_{k-1} 保持不变, 对 u_{ij} 求偏导, 其中 $[h_{k-1}]_j$ 表示第 $k-1$ 层的隐藏层状态的第 j 维。

令 $\delta_{t,k} = \frac{\partial L_t}{\partial z_k}$, 表示 t 时刻的损失对 k 时刻的隐藏层净输入的偏导数, 则

$$\delta_{t,k} = \frac{\partial L_t}{\partial z_k}$$

$$= \frac{\partial h_k}{\partial z_k} \frac{\partial z_{k+1}}{\partial h_k} \frac{\partial L_t}{\partial z_{k+1}}$$

$$= \text{diag}(f'(z_k))U^{\mathrm{T}}\delta_{t,k+1}$$

进一步

$$\frac{\partial L_t}{\partial u_{ij}} = \sum_{k=1}^{t} [\delta_{t,k}]_i [h_{k-1}]_j$$

对于参数矩阵 U, L_t 关于参数 U 的梯度可以表示为:

$$\frac{\partial L_t}{\partial U} = \sum_{k=1}^{t} \delta_{t,k} h_{k-1}^{\mathrm{T}}$$

因此整个序列损失函数 L 对参数 U 的梯度可以表示为:

$$\frac{\partial L}{\partial U} = \sum_{t=1}^{T} \sum_{k=1}^{t} \delta_{t,k} h_{k-1}^{\mathrm{T}}$$

类似地, 可以得到整个序列损失函数 L 对参数 W 和 b 的梯度

$$\frac{\partial L}{\partial W} = \sum_{t=1}^{T} \sum_{k=1}^{t} \delta_{t,k} x_k^{\mathrm{T}}$$

$$\frac{\partial L}{\partial b} = \sum_{t=1}^{T} \sum_{k=1}^{t} \delta_{t,k}$$

上面只介绍了反向传播算法最基本的框架, 使用过程中, 同样容易出现梯度消失和梯度爆炸问题, 从而不容易学习到长时间间隔的状态之间的依赖关系。对于梯度爆炸问题, 可以通过权重衰减或者梯度截断来避免。对于梯度消失问题, 更有效的方式是改变模型, 比如令

$$h_t = h_{t-1} + g(x_t, h_{t-1}; \theta)$$

式中, g 为非线性函数, θ 为可学习的参数。这使得 h_t 和 h_{t-1} 之间既存在线性关系又存在非线性关系, 因此在一定程度上可以避免梯度消失问题。

10.2.3 LSTM

为了进一步改善循环神经网络, 一种很好的解决方法是引入门控机制来控制信息的累积速度以及加入新的信息, 并有选择地遗忘之前累积的信息。长短期记忆网络（LSTM）主要的改进体现在以下两个方面。

第一, LSTM 引入了一个新的内部状态, 记忆单元 $c_t \in R^D$, 其记录了直到 t 时刻的历史信息并进行线性的循环信息传递, 输出隐藏层的外部状态 $h_t \in R^D$。

$$c_t = f_t \odot c_{t-1} + i_t \odot \tilde{c}_t$$

$$h_t = o_t \odot \tanh(c_t)$$

式中, $f_t \in (0,1)^D$, $i_t \in (0,1)^D$ 和 $o_t \in (0,1)^D$ 为三个控制信息传递的门（gate）; $\odot$ 表示哈达玛积, 即向量元素乘积; c_{t-1} 表示 $t-1$ 时刻的记忆单元; $\tilde{c}_t \in R^D$ 表示通过非线性函数得到的候选状态

$$\tilde{c}_t = \tanh(W_c x_t + U_c h_{t-1} + b_c)$$

第二, LSTM 中引入了门控机制来控制信息的传递, 即上面提到的 f_t、i_t 和 o_t, 其取值范围在 $(0,1)$ 之间, 表示允许多少比例的信息通过。

f_t 表示遗忘门, 控制上一时刻的记忆单元 c_{t-1} 有多少被遗忘, 计算公式为:

$$f_t = \sigma(W_f x_t + U_f h_{t-1} + b_f)$$

i_t 表示输入门, 控制当前时刻的候选状态 $\tilde{c}_t$ 有多少被输入, 计算公式为:

$$i_t = \sigma(W_i x_t + U_i h_{t-1} + b_i)$$

o_t 表示更新门, 控制当前的记忆单元有多少信息输出给外部状态 h_t, 计算公式为:

$$o_t = \sigma(W_o x_t + U_o h_{t-1} + b_o)$$

式中, σ 为 Logistic 函数, 使得输出结果在 $(0,1)$ 之间。当 $f_t = 0$, $i_t = 1$ 时, 记忆单元 c_{t-1} 被清空, 候选状态 $\tilde{c}_t$ 被写入。但此时记忆单元 c_t 依然和上一时刻的历史信息相关。当 $f_t = 1$, $i_t = 0$ 时, 记忆单元将复制上一时刻的内容, 不写入新的信息。

图10.5给出了 LSTM 循环单元的结构图。通过 LSTM 循环单元, 整个网络可以建立较长距离的时序依赖关系。

上述公式可以简洁地描述为:

$$\begin{pmatrix} c_t \\ f_t \\ c_{t-1} \\ i_t \end{pmatrix} = \begin{pmatrix} \tanh \\ \sigma \\ \sigma \\ \sigma \end{pmatrix} \left(W \begin{pmatrix} x_t \\ h_{t-1} \end{pmatrix} + b \right)$$

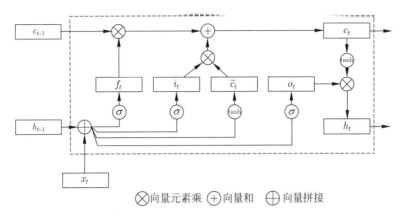

图 10.5　LSTM 循环单元结构图

注: $c_t = f_t \odot c_{t-1} + i_t \odot \tilde{c}_t$, $h_t = o_t \odot \tanh(c_t)$。

在循环神经网络中, h_t 存储历史信息, 可以视为记忆。在简单循环神经网络中, 隐藏层的状态 h_t 每次都会被重写, 因此可以视为短期记忆。在 LSTM 中, 记忆单元 c_t 能够在一定时间内捕获到某一关键信息, 并具有在一定时间间隔内保存该关键信息的能力, 存储在记忆单元 c_t 中的信息的生命周期比短期记忆 h 长, 但比长期记忆短得多, 因此 LSTM 被称为长短期记忆网络。

例 10.4 (使用 LSTM 进行情感分析案例)　这里使用 LSTM 对 IMDB 电影评论数据集进行情感分析, 即检测一条电影评论的情感是正面的还是负面的。

(1) 数据处理。

IMDB 数据集共有 5 万条数据, 其中训练数据 2.5 万条, 测试数据 2.5 万条。每条数据由电影评论和对应的情感组成（正面或负面）, 这是一个二分类问题。本例借助 PyTorch 和 torchtext 构建 LSTM 模型进行情感分析。torchtext 是独立于 PyTorch 的关于自然语言处理的便捷工具库, 包括常见的自然语言处理数据集和常用的数据处理程序。本例代码参考自 https://github.com/bentrevett/pytorch-sentiment-analysis 和 https://pytorch.org/tutorials/beginner/text_sentiment_ngrams_tutorial.html, 使用的 PyTorch 和 torchtext 的版本分别为 torch 2.0.1+cu117 和 torchtext 0.15.2。

导入需要的模块:

```
import torch
import torchtext
from torchtext.datasets import IMDB
```

torchtext 库提供了一些自然语言处理的数据迭代器, 可用于产生原始文本字符串。例如, IMDB 数据迭代器产生的原始数据是由标签和文本构成的元组。

```
train_iter=IMDB(root='data',split=('train'))
from torchtext.data.functional import to_map_style_dataset
```

```
train_data=to_map_style_datasettrain_iter
train_data[-1]
```

输出结果是一个元组，包括电影评论的情感（1 代表正面，2 代表负面）和电影评论。

```
(2,'The story centers around Barry McKenzie who must go to England if he wishes
to claim his inheritance. Being about the grossest Aussie shearer ever to set foot
outside this great Nation of ours there is something of a culture clash and much fun
and games ensue. The songs of Barry McKenzie(Barry Crocker) are highlights.')
```

利用训练集的数据建立词汇表，这里利用了 torchtext 中的 vocab 和 get_tokenizer 组件。使用内置函数 build_vocab_from_iterator 接收数据迭代器，并设置特殊词表示未出现的单词。

```
from torchtext.data.utils import get_tokenizer
from torchtext.vocab import build_vocab_from_iterator
tokenizer=get_tokenizer('basic_english')
# 将字符串按空格分割为列表
train_iter=IMDB(root='data',split=('train'))
def yield_tokens(data_iter):
    for _,text in data_iter:
        yield tokenizer(text)
vocab=build_vocab_from_iterator(yield_tokens(train_iter),
        specials=["<unk>"],min_freq=10)
        # 创建词典，定义特殊词和 min_freq
vocab.set_default_index(vocab["<unk>"])   # 如果不存在，返回"<unk>"
vocab.insert_token("<pad>",1)             # 定义特殊词<pad>vocab将标记列表转换为整数
sentence_token=['i','have','a','apple']
vocab(sentence_token)
```

输出结果为：

```
[13,33,6,7315]
```

准备处理管道。文本管道将一个文本字符串转换为整数列表，列表中每项对应词汇表 vocab 中单词的索引；标签管道将标签转换为 0 或者 1。

```
text_pipeline=lambda x:vocab(tokenizer(x))
label_pipeline=lambda x:0 if x=='neg' else 1
```

生成 DataLoader，通过 collate_batch 函数自定义 batch 的输出。将原始 batch 输入的文本进行填充，使得每个 batch 中的句子有相同的长度，之后这些句子被打包到一个列表中，将列表转化为一个 Tensor。在 DataLoader 中，每次迭代返回一个 batch 下填充为相同长度的评论数据、每条评论的标签和原始评论的长度。

```
from torch.utils.data import DataLoader
```

```
from torch.nn.utils.rnn import pad_sequence
def collate_batch(batch):        # 自定义 batch 的输出
    label_list,text_list,lengths=[],[],[]
    batch.sort(key=lambda x:len(text_pipeline(x[1])),
            reverse=True)     # 按照长度排序
    for (_label,_text) in batch:
        label_list.append(label_pipeline(_label))
        processed_text=torch.tensor(text_pipeline(_text))
        text_list.append(processed_text)
        lengths.append(len(processed_text))
    text_list=pad_sequence(text_list,padding_value=
            vocab.get_stoi()["<pad>"],batch_first=True)
    # 进行填充，每个 batch 中的句子需要有相同的长度
    return torch.tensor(label_list),text_list,lengths
train_iter=IMDB(root='data',split=('train'))
train_loader=DataLoader(train_iter,batch_size=64,
            shuffle=False,collate_fn=collate_batch)
```

(2) 定义模型。

模型由三部分组成，一个词嵌入层，得到每个单词的词嵌入；一个 LSTM 层；一个线性层，输出维度为类别的数目。

```
from torch import nn
class LSTM(nn.Module):
    def __init__(self,vocab_size,embedding_dim,hidden_dim,
        output_dim,n_layers,bidirectional,dropout_rate,pad_id):
        super(LSTM,self).__init__()
        self.embedding=nn.Embedding(vocab_size,
                embedding_dim,padding_idx=pad_id)
        self.lstm=nn.LSTM(embedding_dim,hidden_dim,
            num_layers=n_layers,bidirectional=bidirectional,
            dropout=dropout_rate,batch_first=True)
        self.fc=nn.Linear(hidden_dim*2 if bidirectional
                else hidden_dim,output_dim)
        self.dropout=nn.Dropout(dropout_rate)
    def forward(self,x,lengths):
        embedded=self.dropout(self.embedding(x))
        # [batch size,seq len]->[batch size,seq len,embedding_dim]
        packed_embedded=nn.utils.rnn.pack_padded_sequence(
                    embedded,lengths,batch_first=True)
        # 压缩填充张量，输入数据需要按照序列长度从大到小排列
        packed_output,(hidden,cell)=self.lstm(packed_embedded)
        # hidden=[n layers*n directions,batch size,hidden dim]
```

```
        # 最后一步的 hidden
        # cell=[n layers*n directions,batch size,hidden dim]
        # 最后一步的 cell
        output,output_lengths=nn.utils.rnn.pad_packed_sequence(
                                packed_output)
        # output=[batch size,seq len,hidden dim*n directions]
        # 每一步下最后一层的输出
        if self.lstm.bidirectional:
            hidden=self.dropout(torch.cat(
                [hidden[-1],hidden[-2]],dim=-1))
            # hidden=[batch size,hidden dim*2]
        else:
            hidden=self.dropout(hidden[-1])
            # hidden=[batch size,hidden dim]
        prediction=self.fc(hidden)
        # prediction=[batch size,output dim]
        return prediction
```

构建一个词嵌入维度为 100、隐藏层维度为 256 的双向 LSTM 模型。词汇大小等于词汇实例的长度, 类别的数量等于标签的数量。损失函数是交叉熵损失函数, 优化方式为 Adam 优化器。

```
vocab_size=len(vocab)
embedding_dim=100
hidden_dim=256
output_dim=2
n_layers=2
bidirectional=True
dropout_rate=0.5
pad_id=vocab.get_stoi()["<pad>"]
device="cuda" if torch.cuda.is_available() else "cpu"
model=LSTM(vocab_size,embedding_dim,hidden_dim,output_dim,
        n_layers,bidirectional,dropout_rate,pad_id).to(device)
loss_fn=nn.CrossEntropyLoss()
optimizer=torch.optim.Adam(model.parameters())
```

(3) 训练模型和评估结果。

定义训练函数和验证函数。

```
def train(model,train_loader,optimizer,loss_fn):
    epoch_loss=0
    corrects=0
    total_len=0
    model.train()          # 代表训练模式
```

```
    for label,text,lengths in train_loader:
        label=label.to(device)
        text=text.to(device)
        out=model(text,lengths)
        loss=loss_fn(out,label)
        _,pred=torch.max(out.data,1)
        corrects+=(pred==label).sum().item()
        optimizer.zero_grad()       # 防止梯度叠加
        loss.backward()             # 反向传播
        optimizer.step()            # 梯度下降
        epoch_loss+=loss.item()*len(label)
        total_len+=len(label)
return epoch_loss/total_len,corrects/total_len
def evaluate(model,valid_loader,criterion):
    epoch_loss=0
    corrects=0
    total_len=0
    model.eval()
    # 转换成测试模式, 冻结 dropout 层或其他层
    with torch.no_grad():
        for label,text,lengths in valid_loader:
            # 迭代器为 valid_iterator
            label=label.to(device)
            text=text.to(device)
            out=model(text,lengths)
            loss=loss_fn(out,label)
            _,pred=torch.max(out.data,1)
            corrects+=(pred==label).sum().item()
            epoch_loss+=loss.item()*len(label)
            total_len+=len(label)
    model.train()                   # 调回训练模式
    return epoch_loss/total_len,corrects/total_len
```

拆分数据集, 由于原始 IMDB 数据集没有验证集, 因此将训练集拆分为训练集和验证集, 分割比率为 0.95 (训练集) 和 0.05 (验证集)。

```
from torch.utils.data.dataset import random_split
from torchtext.data.functional import to_map_style_dataset
train_iter,test_iter=IMDB(root='data',split=('train','test'))
train_dataset=to_map_style_dataset(train_iter)
test_dataset=to_map_style_dataset(test_iter)
num_train=int(len(train_dataset)*0.95)
```

```
split_train_,split_valid_=random_split(train_dataset,
                [num_train,len(train_dataset)-num_train])
train_dataloader=DataLoader(split_train_,batch_size=64,
                    shuffle=True,collate_fn=collate_batch)
valid_dataloader=DataLoader(split_valid_,batch_size=64,
                    shuffle=True,collate_fn=collate_batch)
test_dataloader=DataLoader(test_dataset,batch_size=64,
                    shuffle=True,collate_fn=collate_batch)
best_valid_loss=float('inf') # 无穷大
for epoch in range(10):
    train_loss,train_acc=train(model,
                        train_dataloader,optimizer,loss_fn)
    valid_loss,valid_acc=evaluate(model,
                        valid_dataloader,loss_fn)
    if valid_loss<best_valid_loss:
    # 只要模型效果变好，就保存模型
        best_valid_loss=valid_loss
        torch.save(model.state_dict(),'model_lstm.pt')
    print("epoch:",epoch,"train_loss:",
        train_loss,"train_acc:",train_acc)
    print("epoch:",epoch,"valid_loss:",
        valid_loss,"valid_acc:",valid_acc)
model.load_state_dict(torch.load('model_lstm.pt'))
```

可以自行编写一条电影评论来检验模型的效果。

```
def predict_sentiment(text):
    text=text_pipeline(text)
    length=torch.LongTensor([len(text)])
    tensor=torch.LongTensor(text).unsqueeze(dim=0).to(device)
    out=model(tensor,length)
    _,pred=torch.max(out.data,1)
    return pred.item()
```

对于评论 "This film is terrible"（这部电影很糟糕）：

```
predict_sentiment("This film is terrible")
```

输出结果为 0（负面情感）：

```
0
```

对于评论 "This film is great"（这部电影很好）：

```
predict_sentiment("This film is great")
```

输出结果为 1（正面情感）：

```
1
```

10.2.4　其他 RNN 网络

将输入门和遗忘门合并成一个更新门还可以得到另一种常见的循环神经网络——门控循环单元 (GRU) (Chung et al., 2014)。GRU 引入一个更新门来控制当前状态需要从历史状态中保留多少信息, 以及从候选状态中接收多少新信息。

$$h_t = z_t \odot h_{t-1} + (1 - z_t) \odot \tilde{h}_t$$

式中, $z_t \in [0,1]^D$ 为更新门, 其取值范围为 $(0,1)$, 计算公式为:

$$z_t = \sigma(W_z x_t + U_z h_{t-1} + b_z)$$

候选状态 $\tilde{h}_t$ 为 x_t 和 h_{t-1} 的函数, 计算公式为:

$$\tilde{h}_t = \tanh(W_h x_t + U_h(r_t \odot h_{t-1}) + b_h)$$

式中, $\tilde{h}_t$ 为当前时刻的候选状态; r_t 为重置门, 控制 $\tilde{h}_t$ 有多少信息依赖于上一时刻的状态 h_{t-1}, 计算公式为:

$$r_t = \sigma(W_r x_t + U_r h_{t-1} + b_r)$$

图10.6给出了 GRU 的示意图。

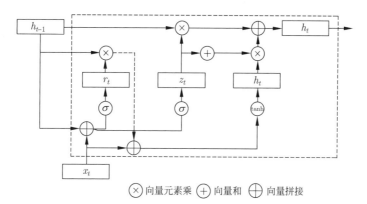

$\otimes$ 向量元素乘　$\oplus$ 向量和　$\oplus$ 向量拼接

图 10.6　GRU 示意图

如果将深度定义为网络中信息传递的路径长度, 循环神经网络可以看作既 "深" 又 "浅" 的网络。一方面, 如果我们把循环神经网络按时间展开, 长时间间隔的状态之间的路径很长, 循环神经网络可以看作一个非常深的网络; 另一方面, 同一时刻网络输入到输出之间的路径是 $x_t \to y_t$, 这个网络则是非常浅的。

因此, 我们可以增加循环神经网络的深度, 从而增强循环神经网络的能力。增加循环神经网络的深度主要是增加同一时刻网络输入到输出之间的路径 $x_t \to y_t$, 比如增加隐藏层状态到输出 $h_t \to y_t$ 以及输入到隐藏层状态 $x_t \to h_t$ 之间路径的深度。一种常见的做法是将多个循环神经网络堆叠起来, 称为堆叠循环神经网络（SRNN）, 见图10.7。

在有些任务中, 一个时刻的输出不但和过去时刻的信息有关, 也和后续时刻的信息有关。比如给定一个句子, 其中一个词的词性由它的上下文决定, 即包含左右两边的信息。因此, 在这些任务中, 我们可以增加一个按照时间的逆序来传递信息的网络层, 以增强网络的能力, 称为双向循环神经网络（Bi-RNN）, 见图10.8。

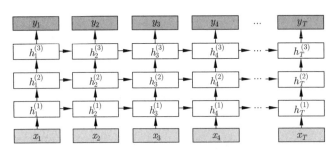

图 10.7　堆叠循环神经网络

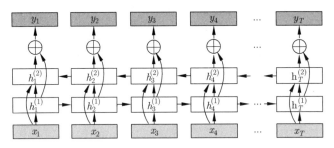

图 10.8　双向循环神经网络

10.3　注意力机制

10.3.1　注意力机制基本介绍

注意力（attention）是人脑所具有的认知复杂信息的能力, 即在面对外界复杂的信息时, 更加关注一部分重要信息, 减少对其他信息的关注。因此, 神经网络可以借鉴人脑的注意力机制, 更关注输入的重点信息, 提高神经网络的效率。

1. 注意力机制

注意力机制的计算包括以下两部分。

（1）计算注意力分布。

对于输入信息 $X = (x_1, \cdots, x_N)$, 其中, $x_i \in R^d$ 为输入向量, d 为向量维度, N 为序列长度。同时给定 $q \in R^d$ 为查询向量, 则注意力分布 α_i 为:

$$\alpha_i = \text{softmax}(s(x_i, q)) = \frac{\exp(s(x_i, q))}{\sum\limits_{j=1}^{N} \exp(s(x_j, q))}$$

式中, $s(x_i, q)$ 为打分函数, 有如下几种表示 (邱锡鹏, 2020):

- 加性模型

$$s(x, q) = v^{\text{T}}\tanh(Wx + Uq)$$

- 点积模型

$$s(x,q) = x^{\mathrm{T}}q$$

- 缩放点积模型

$$s(x,q) = \frac{x^{\mathrm{T}}q}{\sqrt{d}}$$

其中, d 是输入向量的维度。

- 双线性模型

$$s(x,q) = x^{\mathrm{T}}Wq$$

其中, 点积模型和缩放点积模型没有待学习的参数。加性模型和双线性模型中, W, U, v 是待学习的参数。

（2）计算注意力值。

α_i 的大小可以认为是向量 x_i 被关注的程度。因此, 输入信息 X 和查询向量 q 的注意力值可以通过以下加权平均计算得到:

$$\mathrm{Attention}(X,q) = \sum_{i=1}^{N} \alpha_i x_i$$

这也被称为软性注意力机制。

2. 键值对注意力机制

在键值对注意力机制中, 使用键值对 $(K,V) = [(k_1,v_1),\cdots,(k_N,v_N)]$ 来表示输入信息 X, 使用其中的 k_i 与查询向量 q 计算注意力分布 α_i:

$$\alpha_i = \mathrm{softmax}(s(k_i,q))$$

$$= \frac{\exp(s(k_i,q))}{\sum_{j=1}^{N} \exp(s(k_j,q))}$$

最后对值 v_i 进行加权求和, 得到注意力值:

$$\mathrm{Attention}((K,V),q) = \sum_{i=1}^{N} \alpha_i v_i$$

键值对注意力机制是普通注意力机制的扩展, 当 $K = V$ 时, 二者等价。

如果采用 M 个查询 $Q = (q_1,\cdots,q_M)$ 分别计算注意力, 其中, 对于查询向量 $q_j \in Q$, 注意力值的计算公式为:

$$\begin{aligned}
\mathrm{Attention}((K,V),q_j) &= \sum_{i=1}^{N} \alpha_{ji} v_i \\
&= \sum_{i=1}^{N} \mathrm{softmax}(s(k_i,q_j))v_i
\end{aligned} \tag{10.1}$$

式中, α_{ji} 表示由第 j ($j \in \{1, \cdots, M\}$) 个查询向量 q_j 和第 i ($i \in \{1, \cdots, N\}$) 个键 k_i 计算得到的注意力分布。

拼接 M 个取值得到最终的注意力值:

$$\text{Attention}((K, V), Q)$$
$$= \text{Concat}\left(\text{Attention}((K, V), q_1), \cdots, \text{Attention}((K, V), q_M)\right) \tag{10.2}$$

3. 自注意力机制

在序列到序列任务 (比如机器翻译) 中, 我们希望注意力机制应用在输入序列的内部, 得到一个句子中距离较远的两个单词之间的联系。一种直接的方法是使用全连接网络, 但全连接网络要求序列的长度是不变的, 这就需要引入自注意力机制, 动态地生成不同连接的权重。对于输入 $X = (x_1, \cdots, x_N) \in R^{d \times N}$, 分别通过线性变换得到查询向量序列 $Q = (q_1, \cdots, q_N) \in R^{d_k \times N}$、键向量序列 $K = (k_1, \cdots, k_N) \in R^{d_k \times N}$ 和值向量序列 $V = (v_1, \cdots, v_N) \in R^{d_v \times N}$:

$$Q = W^q X$$
$$K = W^k X \tag{10.3}$$
$$V = W^v X$$

式中, $W^q \in R^{d_k \times d}$, $W^k \in R^{d_k \times d}$, $W^v \in R^{d_v \times d}$ 是待学习的参数。由于在自注意力机制中常使用缩放点积模型来计算注意力打分, 因此查询向量 q_i 和键向量 k_i 的维度是相同的, 均为 d_k。值向量 v_i 的维度是 d_v。

注意力值可通过式(10.1)和式(10.2)计算。

打分函数在缩放点积模型下, 自注意力为:

$$\text{Self-att}(X) = \text{Attention}((K, V), Q) = V \text{softmax}\left(\frac{K^{\mathrm{T}} Q}{\sqrt{d_k}}\right)$$

4. 多头自注意力机制

多头自注意力机制是对输入 X 进行 H 次不同的线性变换得到 H 组查询 Q_h、键 K_h、值 V_h ($h \in \{1, \cdots, H\}$):

$$Q_h = W_h^q X$$
$$K_h = W_h^k X$$
$$V_h = W_h^v X$$

之后, 分别计算各组的自注意力值:

$$\text{head}_h = \text{Attention}((K_h, V_h), Q_h)$$

再对其进行拼接, 得到最终的注意力值:

$$\mathrm{MultiHead}(X) = W^c \mathrm{Concat}(\mathrm{head}_1, \cdots, \mathrm{head}_H) \tag{10.4}$$

式中, $W_h^q \in R^{d_k \times d_{\mathrm{model}}}$, $W_h^k \in R^{d_k \times d_{\mathrm{model}}}$, $W_h^v \in R^{d_v \times d_{\mathrm{model}}}$, $W^c \in R^{d_{\mathrm{model}} \times H d_v}$ 为可学习的参数。

10.3.2　Transformer 模型及其拓展

较早的机器翻译模型多使用基于循环神经网络的序列到序列的模型, 缺点是当序列很长时, 由于循环神经网络的长期依赖问题, 容易丢失输入序列信息。Transformer 模型引入了自注意力机制, 它允许模型在处理每个位置的输入时, 动态地关注输入序列的不同部分, 从而更好地捕捉长距离依赖关系。

Transformer 模型基于编码器–解码器结构, 如图10.9所示。对于长度为 N 的单词序列 $(w_1, \cdots, w_N)$, 首先进行序列编码, 它由两部分加和而成, 即 $H^{(0)} = (e_1 + p_1, \cdots, e_N + p_N)$。第一部分利用 Word2Vec 等词嵌入方法将其转化为词向量表示 $(e_1, \cdots, e_N)$, 其中 e_i $(i \in \{1, \cdots, N\})$ 是 d_{model} 维词向量。第二部分通过位置编码（positional encoding）

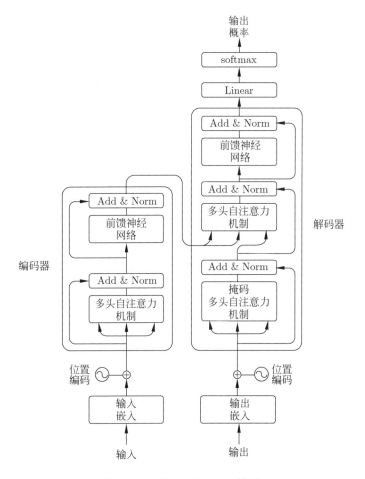

图 10.9　Transformer 模型

得到 $(p_1, \cdots, p_N)$。由于自注意力机制忽略了序列间的位置信息, 通过引入位置编码, 可以得到序列中的顺序关系。在 Transformer 模型中, 使用正弦函数和余弦函数固定位置编码。

$$p_{(\text{pos}, 2i)} = \sin(\text{pos}/10\,000^{\frac{2i}{d_{\text{model}}}})$$

$$p_{(\text{pos}, 2i+1)} = \cos(\text{pos}/10\,000^{\frac{2i}{d_{\text{model}}}})$$

式中, $p_{(\text{pos},)}$ 是第 pos 位置的位置编码, 其维度是 d_{model}。$p_{(\text{pos}, 2i)}$ 表示第 pos 位置的编码向量的第 $2i$ 维。

接下来对 Transformer 模型架构进行具体描述。

Transformer 编码器由多个相同的层堆叠而成, 每层都有两个子层。

（1）多头自注意力机制: 输入为 $l-1$ 层的隐藏层状态 $H^{(l-1)}$, 根据式(10.4)计算多头自注意力机制。类似于 ResNet, 使用残差连接, 并应用层归一化。

$$Z^{(l)} = \text{LayerNorm}(H^{(l-1)} + \text{MultiHead}(H^{(l-1)}))$$

注意, 第一层多头自注意力机制的查询 Q、键 K、值 V 来自输入序列编码 $H^{(0)}$ 的线性变换, 其余层的查询 Q、键 K、值 V 则来自前一个编码器输出的线性变换。

层归一化 (LayerNorm)(Ba et al., 2016) 是一种在深度神经网络中常用的标准化技术。令第 l 层神经元的净输入为 $z^{(l)}$, 其均值和方差为:

$$\mu^{(l)} = \frac{1}{M_l} \sum_{i=1}^{M_l} z^{(l)}$$

$$\sigma^{(l)2} = \frac{1}{M_l} \sum_{i=1}^{M_l} (z^{(l)} - \mu^{(l)})^2$$

式中, M_l 为第 l 层神经元的数量。层归一化定义为:

$$\hat{z}^{(l)} = \frac{z^{(l)} - \mu^{(l)}}{\sqrt{\sigma^{(l)2} + \varepsilon}} \gamma + \beta$$

式中, ε 是一个很小的常数, 用来防止除以零的情况; γ 和 β 是可学习的参数, 分别表示缩放和位移, 与 $z^{(l)}$ 的维数相同。

（2）前馈神经网络: 包括两层全连接层, 第一层的激活函数是 ReLU。这两个子层使用残差连接, 并应用层归一化。

$$\text{FFN}(Z^{(l)}) = W_2 \text{ReLU}(W_1 Z^{(l)} + b_1) + b_2$$

$$H^{(l)} = \text{LayerNorm}(Z^{(l)} + \text{FFN}(Z^{(l)}))$$

式中, W_1, W_2, b_1, b_2 是可学习的参数。

重复（1）（2）步多次, 即可得到编码器的输出 H^{enc}。

Transformer 解码器由多个相同的层堆叠而成, 除了编码器中所描述的两个子层外, 解码器还在两个子层中插入了第三个子层, 即编码器–解码器注意力机制。与编码器一样, 每个子层都使用残差连接, 并应用层归一化。

（1）掩码多头自注意力机制 (masked multi-head attention): 在解码阶段, 为了确保当前位置的预测只依赖于已生成的输出, 而不依赖于未来的信息, 需要在自注意力子层中引入掩码。在 Transformer 模型架构中, 这个掩码操作应用于 softmax 计算之前的缩放点积注意力得分矩阵。这个掩码通常是一个上三角矩阵, 其对角线及以下的元素被设置为零, 而其上三角部分为负无穷大（表示不可用的信息）。这样一来, 在计算注意力权重时, 未来位置的信息将被屏蔽, 模型只能关注到当前位置及之前的信息。

（2）编码器–解码器注意力机制: 这里的键 K 和值 V 来自编码器的输出 H^{enc}, 查询 Q 来自上一个解码器子层的输出。这使得解码器中的每个位置都可以关注到输入序列中的所有位置。

（3）前馈神经网络: 包括两层全连接层, 第一层的激活函数是 ReLU。

重复上述步骤多次, 最终通过一个全连接层计算输出概率。

BERT 使用 Transformer 模型架构的编码器部分 (Kenton and Toutanova, 2019)。模型包括两部分: 预训练（pre-training）阶段和微调（fine-tuning）阶段。在预训练中, BERT 需要同时完成两个任务:（1）掩码语言模型: 在这个任务中, 输入序列中的某些词会随机地被掩盖, 而模型需要预测这些被掩盖的词;（2）下一句预测: 在这个任务中, 模型接收两个句子作为输入, 并预测这两个句子是否相邻。BERT 在预训练阶段学到的通用语言表示可以在各种下游任务中进行微调, 例如文本分类、命名实体识别、问答等。BERT 的出现对自然语言处理领域产生了深远的影响, 成为许多自然语言处理任务中取得最先进性能的基石之一。

GPT 是由 OpenAI 提出的一系列基于 Transformer 解码器架构的预训练语言模型 (Radford et al., 2018, 2019; Brown et al., 2020; OpenAI, 2023)。GPT 的训练分为两个阶段。首先是无监督的预训练, 在这个阶段, 模型通过在大规模文本数据上进行自监督学习, 预测序列中下一个单词的概率。预训练之后, GPT 模型可以通过微调来适应特定的任务。GPT 模型有多个版本, 随着版本的升级, 拥有更多参数, 从而在语言理解和生成任务中具有更好的性能。ChatGPT 是由 OpenAI 开发的基于大语言模型的聊天机器人, 于 2022 年 11 月推出 (OpenAI, 2022)。它基于大语言模型 GPT-3.5, 并针对对话应用进行微调。ChatGPT 是 InstructGPT (Ouyang et al., 2022) 的兄弟模型, 采用类似于 InstructGPT 的技术, 背后的关键是 RLHF (reinforcement learning from human feedback) (Christiano et al., 2017; Ziegler et al., 2019), 以强化学习的方式依据人类反馈来优化语言模型。GPT-4 (OpenAI, 2023) 是一个大规模的多模态模型, 于 2023 年 3 月发布, 可以接收图像输入和文本输入。GPT-4 模型首先进行预训练, 预测文档中的下一个单词, 随后使用 RLHF 对模型的行为进行微调。

例 10.5 (采用 Transformer 模型进行机器翻译案例) 使用 Transformer 模型进行中英翻译训练, 数据源自联合国平行语料库, 包括英文和对应的中文翻译, 语料偏公文且比较单一。

(1) 数据处理。

数据来自 http://opus.nlpl.eu，其中训练集包括 15 886 041 对平行语料，测试集包括 4 000 对平行语料。代码参考自 https://pytorch.org/tutorials/beginner/translation_transformer.html?highlight=transformer。

借助 spacy 库，建立目标语言的标记器，spacy 在英语以外的语言中为标记化提供了强大的支持。在本例的翻译任务中，设定源语言是英文，目标语言是中文。

```python
from torchtext.data.utils import get_tokenizer
from torchtext.vocab import build_vocab_from_iterator
import jieba
SRC_LANGUAGE='en'
TGT_LANGUAGE='zh'
 # pip install spacy
 # python -m spacy download en_core_web_sm
 # python -m spacy download zh_core_web_sm
token_transform={}
token_transform[SRC_LANGUAGE]=get_tokenizer('basic_english')
token_transform[TGT_LANGUAGE]=jieba.lcut
```

从文件中加载数据集。

```python
def load_data(LANGUAGE):
    with open(file_path[LANGUAGE],'r',encoding='utf-8') as f:
        text=f.readlines()
    return text
file_path={SRC_LANGUAGE:"en-zh/train.en",
           TGT_LANGUAGE:"en-zh/train.zh"}
src_data=load_data(SRC_LANGUAGE)
tgt_data=load_data(TGT_LANGUAGE)
```

由于数据量太大，选择 10 万条作为训练数据，3 000 条作为验证数据，1 000 条作为测试数据，代码如下所示。

```python
N=100000
train_src=src_data[:N]
train_tgt=tgt_data[:N]
valid_src=src_data[N:N+3000]
valid_tgt=tgt_data[N:N+3000]
test_src=src_data[N+3000:N+4000]
test_tgt=tgt_data[N+3000:N+4000]
train_src=[s.replace("\n","").lower() for s in train_src]
valid_src=[s.replace("\n","").lower() for s in valid_src]
train_tgt=[s.replace("\n","").lower() for s in train_tgt]
valid_tgt=[s.replace("\n","").lower() for s in valid_tgt]
```

```
test_src=[s.replace("\n","").lower() for s in test_src]
test_tgt=[s.replace("\n","").lower() for s in test_tgt]
train_data={}
train_data[SRC_LANGUAGE]=train_src
train_data[TGT_LANGUAGE]=train_tgt
valid_data={}
valid_data[SRC_LANGUAGE]=valid_src
valid_data[TGT_LANGUAGE]=valid_tgt
```

利用 torchtext 分别创建中英文词汇表，使用内置函数 build_vocab_from_iterator 接收迭代器，并设置特殊词表示未出现的单词、填充的单词、每个句子的开头、每个句子的结尾。

```
UNK_IDX,PAD_IDX,BOS_IDX,EOS_IDX=0,1,2,3
special_symbols=['<unk>','<pad>','<bos>','<eos>']
# 特殊词定义
vocabs={}
for ln in [SRC_LANGUAGE,TGT_LANGUAGE]:
vocabs[ln]=build_vocab_from_iterator(yield_tokens(ln),
        specials=special_symbols,special_first=True,min_freq=10)
for ln in [SRC_LANGUAGE,TGT_LANGUAGE]:
    vocabs[ln].set_default_index(UNK_IDX)
```

将数据封装为 Dataset 形式，以便 DataLoader 加载。

```
import torch
from torch.utils.data import Dataset
class EN_ZHDataset(Dataset):
    def __init__(self,dataset):
        super(EN_ZHDataset,self).__init__()
        self.dataset=dataset
    def __len__(self):
        return len(self.dataset[SRC_LANGUAGE])
    def __getitem__(self,idx):
        # 希望返回一个英语句子和一个中文句子
        src_text=self.dataset[SRC_LANGUAGE][idx]
        tgt_text=self.dataset[TGT_LANGUAGE][idx]
        return (src_text,tgt_text)
train_dataset=EN_ZHDataset(train_data)
valid_dataset=EN_ZHDataset(valid_data)
```

生成 DataLoader，通过 collate_fn 函数自定义 batch 的输出。在原始 batch 输入的句子的开头添加 '<bos>'，在句子的结尾添加 '<eos>'，并将句子转换为整数列表，列表中每项对应词汇表 vocabs 中单词的索引号。同时进行填充，使每个 batch 中的句子具有相同的长度，之后将它们打包到一个列表中，再将列表转化为一个 Tensor。在

DataLoader 中, 每次迭代返回两条填充后的英文和中文数据。

```python
from torch.utils.data import DataLoader
from torch.nn.utils.rnn import pad_sequence
def collate_fn(batch):
    src_batch,tgt_batch=[],[]
    for src_sample,tgt_sample in batch:
        src_sample=token_transform[SRC_LANGUAGE](src_sample)
        tgt_sample=token_transform[TGT_LANGUAGE](tgt_sample)
        src_sample=['<bos>']+src_sample+['<eos>']
        tgt_sample=['<bos>']+tgt_sample+['<eos>']
        src_sample=vocabs[SRC_LANGUAGE](src_sample)
        tgt_sample=vocabs[TGT_LANGUAGE](tgt_sample)
        src_batch.append(torch.Tensor(src_sample).long())
        tgt_batch.append(torch.Tensor(tgt_sample).long())
    src_batch=pad_sequence(src_batch,padding_value=PAD_IDX)
    tgt_batch=pad_sequence(tgt_batch,padding_value=PAD_IDX)
return src_batch,tgt_batch
BATCH_SIZE=8
train_dataloader=DataLoader(train_dataset,
        batch_size=BATCH_SIZE,collate_fn=collate_fn)
valid_dataloader=DataLoader(valid_dataset,
        batch_size=BATCH_SIZE,collate_fn=collate_fn)
```

(2) 建立模型。

创建一个基于 Transformer 的编码器–解码器模型。模型由三部分组成。第一部分是嵌入层, 这些嵌入被位置表示进一步增强, 以向模型提供输入标记的位置信息; 第二部分是实际的 Transformer 模型; 第三部分是一个全连接层, 其作为输出层, 输出维度是目标语言的词汇表的大小。

导入需要的模块。

```python
from torch import Tensor
import torch
import torch.nn as nn
import math
DEVICE=torch.device('cuda' if
    torch.cuda.is_available() else 'cpu')
# PositionalEncoding 模块输入了序列的位置信息
# 在 Transformer 中, 使用正弦函数和余弦函数固定位置编码
class PositionalEncoding(nn.Module):
    def __init__(self,
                emb_size:int,
                dropout:float,
```

```
                    maxlen:int=5000):
        super(PositionalEncoding,self).__init__()
        den=torch.exp(-torch.arange(0,emb_size,
                  2)*math.log(10000)/emb_size)
        pos=torch.arange(0,maxlen).reshape(maxlen,1)
        pos_embedding=torch.zeros((maxlen,emb_size))
        pos_embedding[:,0::2]=torch.sin(pos*den)  # 2i
        pos_embedding[:,1::2]=torch.cos(pos*den)  # 2i+1
        pos_embedding=pos_embedding.unsqueeze(-2)
        self.dropout=nn.Dropout(dropout)
        self.register_buffer('pos_embedding',pos_embedding)
    def forward(self,token_embedding:Tensor):
        return self.dropout(token_embedding+
          self.pos_embedding[:token_embedding.size(0),:])
# 自定义 TokenEmbedding 函数
class TokenEmbedding(nn.Module):
    def __init__(self,vocab_size:int,emb_size):
        super(TokenEmbedding,self).__init__()
        self.embedding=nn.Embedding(vocab_size,emb_size)
        self.emb_size=emb_size
    def forward(self,tokens:Tensor):
        return self.embedding(
            tokens.long())*math.sqrt(self.emb_size)
```

PyTorch 提供了 nn.Transformer, nn.TransformerEncoder, nn.TransformerEncoder-Layer 等一系列封装好的网络, 可以直接调用。

```
class Transformer_net(nn.Module):
    def __init__(self,
                num_encoder_layers:int,     # 编码层数
                num_decoder_layers:int,     # 解码层数
                emb_size:int,
                nhead:int,
                src_vocab_size:int,
                tgt_vocab_size:int,
                dim_feedforward:int=512,
                dropout:float=0.1):
        super(Transformer_net,self).__init__()
        self.transformer=nn.Transformer(
            d_model=emb_size,                # 表示每个数据的维度
            nhead=nhead,                     # 多头自注意力机制的头数
            num_encoder_layers=num_encoder_layers,
            num_decoder_layers=num_decoder_layers,
```

```
                dim_feedforward=dim_feedforward,
                dropout=dropout)
        self.generator=nn.Linear(emb_size,tgt_vocab_size)
        self.src_tok_emb=TokenEmbedding(src_vocab_size,
                        emb_size)      # 源序列嵌入
        self.tgt_tok_emb=TokenEmbedding(tgt_vocab_size,
                        emb_size)      # 目标序列嵌入
        self.positional_encoding=PositionalEncoding(
                        emb_size,dropout=dropout)
    # 位置编码
    def forward(self,
                src:Tensor,            # 源序列
                tgt:Tensor,            # 目标序列
                src_mask:Tensor,
                tgt_mask:Tensor,
                src_padding_mask:Tensor,
                tgt_padding_mask:Tensor,
                memory_key_padding_mask:Tensor):
        src_emb=self.positional_encoding(self.src_tok_emb(src))
        tgt_emb=self.positional_encoding(self.tgt_tok_emb(tgt))
        outs=self.transformer(src_emb,tgt_emb,src_mask,
            tgt_mask,None,src_padding_mask,
            tgt_padding_mask,memory_key_padding_mask)
        return self.generator(outs)
    def encode(self,src:Tensor,src_mask:Tensor):
        return self.transformer.encoder(self.
            positional_encoding(self.src_tok_emb(src)),src_mask)
    def decode(self,tgt:Tensor,memory:Tensor,tgt_mask:Tensor):
        return self.transformer.decoder(self.
            positional_encoding(self.tgt_tok_emb(tgt)),
                            memory,tgt_mask)
```

在训练期间，需要定义单词掩码，以防止模型在预测时知道未来的单词。此外还需要对源序列和目标序列设置掩码。

```
def generate_square_subsequent_mask(sz):
    mask=(torch.triu(torch.ones((sz,sz),
            device=DEVICE))==1).transpose(0,1)
    mask=mask.float().masked_fill(mask==0,float(
            '-inf')).masked_fill(mask==1,float(0.0))
    return mask
def create_mask(src,tgt):
    src_seq_len=src.shape[0]
```

```
    tgt_seq_len=tgt.shape[0]
    tgt_mask=generate_square_subsequent_mask(tgt_seq_len)
    src_mask=torch.zeros((src_seq_len,src_seq_len),
                         device=DEVICE).type(torch.bool)
    src_padding_mask=(src==PAD_IDX).transpose(0,1)
    tgt_padding_mask=(tgt==PAD_IDX).transpose(0,1)
    return src_mask,tgt_mask,src_padding_mask,tgt_padding_mask
```

定义模型, 定义损失函数为交叉熵损失以及用于训练的优化器为 Adam 优化器。

```
torch.manual_seed(0)
SRC_VOCAB_SIZE=len(vocabs[SRC_LANGUAGE])
TGT_VOCAB_SIZE=len(vocabs[TGT_LANGUAGE])
EMB_SIZE=512
NHEAD=8
FFN_HID_DIM=512
NUM_ENCODER_LAYERS=3
NUM_DECODER_LAYERS=3
transformer=Transformer_net(NUM_ENCODER_LAYERS,
            NUM_DECODER_LAYERS,EMB_SIZE,
            NHEAD,SRC_VOCAB_SIZE,TGT_VOCAB_SIZE,FFN_HID_DIM)
for p in transformer.parameters():      # 参数初始化
    if p.dim()>1:
        nn.init.xavier_uniform_(p)
transformer=transformer.to(DEVICE)
loss_fn=torch.nn.CrossEntropyLoss(ignore_index=PAD_IDX)
optimizer=torch.optim.Adam(transformer.parameters(),
            lr=0.0001,betas=(0.9,0.98),eps=1e-9)
```

(3) 训练和测试。

定义训练和测试函数。

```
def train_epoch(model,optimizer,train_dataloader):
    model.train()
    losses=0
    for src,tgt in train_dataloader:
        src=src.to(DEVICE)
        tgt=tgt.to(DEVICE)
        tgt_input=tgt[:-1,:]        # 将前 seq_t-1 个单词作为输入
        src_mask,tgt_mask,src_padding_mask,\
            tgt_padding_mask=create_mask(src,tgt_input)
        logits=model(src,tgt_input,src_mask,tgt_mask,
            src_padding_mask,tgt_padding_mask,src_padding_mask)
        optimizer.zero_grad()
```

```
        tgt_out=tgt[1:,:]          # 将后 seq_t-1 个单词作为输入
        loss=loss_fn(logits.reshape(-1,
            logits.shape[-1]),tgt_out.reshape(-1))
        loss.backward()
        optimizer.step()
        losses+=loss.item()
    return losses/len(train_dataloader)
def evaluate(model,valid_dataloader):
    model.eval()
    losses=0
    with torch.no_grad():
        for src,tgt in valid_dataloader:
            src=src.to(DEVICE)
            tgt=tgt.to(DEVICE)
            tgt_input=tgt[:-1, :]
            src_mask,tgt_mask,src_padding_mask,
                tgt_padding_mask=create_mask(src,tgt_input)
            logits=model(src,tgt_input,src_mask,tgt_mask,
                src_padding_mask,tgt_padding_mask,src_padding_mask)
            tgt_out=tgt[1:,:]
            loss=loss_fn(logits.reshape(-1,
                logits.shape[-1]),tgt_out.reshape(-1))
            losses+=loss.item()
    return losses/len(valid_dataloader)
```

运行模型。

```
from timeit import default_timer as timer
NUM_EPOCHS=18
for epoch in range(1,NUM_EPOCHS+1):
    start_time=timer()
    train_loss=train_epoch(transformer,
            optimizer,train_dataloader)
    end_time=timer()
    val_loss=evaluate(transformer,valid_dataloader)
    print((f"Epoch:{epoch},Train loss:{train_loss:.3f},
            Val loss:{val_loss:.3f},"f"Epoch time
                ={(end_time-start_time):.3f}s"))
```

在测试集上检验机器翻译模型的效果。函数使用贪婪算法生成输出序列，并创建一个翻译函数将源语言翻译为目标语言。

```
def greedy_decode(model,src,src_mask,max_len,start_symbol):
    src=src.to(DEVICE)
```

```
    src_mask=src_mask.to(DEVICE)
    memory=model.encode(src,src_mask)
    ys=torch.ones(1,1).fill_(start_symbol).
                type(torch.long).to(DEVICE)
    for i in range(max_len-1):
        memory=memory.to(DEVICE)
        tgt_mask=(generate_square_subsequent_mask(ys.size(0)).
                type(torch.bool)).to(DEVICE)
        out=model.decode(ys,memory,tgt_mask)
        out=out.transpose(0,1)
        prob=model.generator(out[:,-1])
        _,next_word=torch.max(prob,dim=1)
        next_word=next_word.item()
        ys=torch.cat([ys,torch.ones(1,
            1).type_as(src.data).fill_(next_word)],dim=0)
        if next_word==EOS_IDX:
            break
    return ys
def translate(model:torch.nn.Module,src_sentence:str):
    model.eval()
    src_sentence=['<bos>']+token_transform[
            SRC_LANGUAGE](src_sentence.lower())+['<eos>']
    src=torch.Tensor(vocabs[SRC_LANGUAGE](
            src_sentence)).long().view(-1,1)
    num_tokens=src.shape[0]
    src_mask=(torch.zeros(num_tokens,
            num_tokens)).type(torch.bool)
    tgt_tokens=greedy_decode(model,src,src_mask,max_len=
            num_tokens+5,start_symbol=BOS_IDX).flatten()
    return "".join(vocabs[TGT_LANGUAGE].lookup_tokens(
            list(tgt_tokens.cpu().numpy()))).replace(
            "<bos>","").replace("<eos>","")
```

对部分测试集源语言进行翻译。

```
for i in range(0,1000,250):
    print(" 原文:\n",test_src[i])
    print(" 模型译文:\n",translate(net,test_src[i]))
    print(" 实际译文:\n",test_tgt[i])
    print("-"*100,"\n")
```

输出结果为:

原文:

It should also increase its support for regional integration and North-South cooperation, paying particular attention to the specific implications for African countries of globalization and increased competition.

模型译文:

同时，还应加强其合作，特别是在非洲、加勒比和非洲国家的合作，以便更好地解决非洲的问题。

实际译文:

贸发会议还应加强对区域一体化和南北合作的支持，特别注意全球化和更加激烈的竞争对非洲各国的具体影响。

原文:

52. United Nations funds and programmes should also support the efforts of developing countries by strengthening coordination and avoiding duplication, and making full and efficient use of the limited resources available.

模型译文:

52. 联合国和发展中国家的支持计划和计划的工作也应加强，以便在实现可持续发展和加强的能力方面取得进展。

实际译文:

52. 联合国各基金和方案也应该通过加强协调，避免重叠，充分有效地利用可获得的有限资源来支援发展中国家的努力。

原文:

Belarus attached great importance to the United Nations reform process, especially in the economic and social fields, and supported the series of relevant proposals submitted by the Secretary-General because such a reform programme would increase the impact of the Organization's activities in the social, economic and environmental fields.

模型译文:

孟加拉国强调了联合国在经济和社会领域的改革进程，特别是在联合国系统内的各项活动，并将有助于实现这方面的一个重要领域，同时，还将有助于实现这类发展，同时也将有助于实现经济发展和社会发展的活动。

实际译文:

白俄罗斯重视联合国的改革进程，尤其是在经济和社会领域，并支持联合国秘书长就上述方面所提出的一整套建议，因为这些建议将能提高联合国在社会、经济和环境活动方面的影响力。

原文:

63. Mr. M'mella (Kenya) said that efforts to combat drought and desertification and to reduce natural disasters were increasingly attracting the international community's attention because of their close relationship to sustainable development.

模型译文：

63. 先生（）说，国际减少自然灾害十年，因为它是国际社会的一个主要因素，因为它是对可持续发展的一个。

实际译文：

63. M'mella 先生（肯尼亚）说，防治干旱和荒漠化以及减少自然灾害的努力由于与可持续发展密切相关，正日益受到国际社会的重视。

同时也可以自行对一些源语言句子进行翻译。

对于源语言 "india"（印度）：

```
print(translate(net,"india"))
```

翻译结果为：

印度

对于源语言 "german"（德国）：

```
print(translate(net,"german"))
```

翻译结果为：

德国

对于源语言 "china"（中国）：

```
print(translate(net,"china"))
```

翻译结果为：

中国

对于源语言 "peace and development are the two key words of the world"（和平和发展是世界的两大主题）：

```
print(translate(net,"peace and development are \
            the two key words of the world"))
```

翻译结果为：

和平与发展是世界上两个重要的因素

对于源语言 "The United Nations is a global diplomatic and political organization"（联合国是一个全球性的外交和政治组织）：

```
print(translate(net,"The United Nations is \
    a global diplomatic and political organization"))
```

翻译结果为：

联合国、联合国和世界银行是一个政治组织

对于源语言 "China is a developing country belonging to the third world"（中国是发展中国家, 属于第三世界）：

```
print(translate(net,"China is a developing country \
              belonging to the third world"))
```

翻译结果为:

中国是世界银行的一个组成部分

可见, 虽然翻译结果有一些不准确的地方, 但还是取得了一定的成果, 主要原因是训练的数据不太通用, 是联合国的官方文件, 而且训练词表设定得比较小, 训练数据也只用了很小一部分。

参考文献

[1] Ba, J. L., Kiros, J. R. and Hinton, G. E. (2016). Layer normalization. arXiv preprint arXiv: 1607.06450.

[2] Bengio, Y., Ducharme, R., Vincent, P., et al. (2003). A neural probabilistic language model. *Journal of Machine Learning Research*, 3: 1137–1155.

[3] Breiman, L. (1996a). Bagging predictors. *Machine Learning*, 24(2): 123–140.

[4] Breiman, L. (1996b). Bias, variance, and arcing classifiers. Technical Report 460, Statistics Department, University of California.

[5] Breiman, L. (1996c). Heuristics of instability and stabilization in model selection. *Annals of Statistics*, 24(6): 2350–2383.

[6] Breiman, L. (1996d). Out-of-bag estimation. ftp://ftp.stat.berkeley.edu/pub/users/breiman/ OOBestimation.ps.

[7] Breiman, L. (1999). Prediction games and arcing algorithms. *Neural Computation*, 11(7): 1493–1517.

[8] Breiman, L. (2001a). Random forests. *Machine Learning*, 45(1): 5–32.

[9] Breiman, L. (2001b). Using iterated bagging to debias regressions. *Machine Learning*, 45(3): 261–277.

[10] Breiman, L., Friedman, J., Olshen, R., et al. (1984). Classification and regression trees. New York: Wadsworth.

[11] Brown, T., Mann, B., Ryder, N., et al. (2020). Language models are few-shot learners. *Advances in neural information processing systems*, 33: 1877–1901.

[12] Buhlmann, P. and Hothorn, T. (2007). Boosting algorithms: Regularization, prediction and model fitting (with discussion). *Statistical Science*, 22(4): 477–505.

[13] Buhlmann, P. and Yu, B. (2002). Analyzing bagging. *Annals of Statistics*, 30(4): 927–961.

[14] Chang, C.-C. and Lin, C.-J. (2011). LIBSVM: a library for support vector machines. *ACM Transactions on Intelligent Systems and Technology*, 2: 1–27. Software available at http:// www.csie.ntu.edu.tw/~cjlin/libsvm.

[15] Chen, T. and Guestrin, C. (2016). XGBoost: a scalable tree boosting system. Proceedings of the 22nd ACM SIGKDD International Conference on Knowledge Discovery and Data Mining, 785–794.

[16] Cheng, Y. and Church, G. (2000). Biclustering of expression data. Proceeding of 8th International Conference on Intelligent Systems for Molecular Biology, 93–103.

[17] Christiano, P. F., Leike, J., Brown, T., et al. (2017). Deep reinforcement learning from human preferences. *Advances in neural information processing systems*, 30.

[18] Chung, J., Gulcehre, C., Cho, K., et al. (2014). Empirical evaluation of gated recurrent neural networks on sequence modeling. arXiv preprint arXiv: 1412.3555.

[19] Cortes, C., Mohri, M. and Syed, U. (2014). Deep boosting. Proceedings of the 31st International Conference on Machine Learning, 32(2): 1179–1187.

[20] Cortes, C. and Vapnik, V. (1995). Support-vector networks. *Machine Learning*, 20: 273–297.

[21] Rudin, C. and Schapire, R. E. (2009). Margin-based ranking and an equivalence between adaboost and rankboost. *The Journal of Machine Learning Research*, 10(3): 2193–2232.

[22] Devlin, J., Chang, M.-W., Lee, K., et al. (2018). BERT: pre-training of deep bidirectional transformers for language understanding. arXiv preprint arXiv: 1810.04805.

[23] Efron, B., Hastie, T., Johnstone, I., et al. (2004). Least angle regression. *Annals of Statistics*, 32(2): 407–499.

[24] Efron, B. and Tibshirani, R. J. (1994). An introduction to the bootstrap. New York: CRC press.

[25] E.P.Box, G. (1976). Science and statistics. *Journal of the American Statistical Association*, 71(356): 791–799.

[26] Ester, M., Kriegel, H.-P., Sander, J., et al. (1996). A density-based algorithm for discovering clusters in large spatial databases with noise. Proceedings of 2nd International Conference on Knowledge Discovery and Data Mining, 226–231.

[27] Freund, Y. and Schapire, R. E. (1996). Experiments with a new boosting algorithm. Machine Learning: Proceedings of the Thirteenth International Conference, 148–156.

[28] Freund, Y. and Schapire, R. E. (1997). A decision-theoretic generalization of online learning and an application to boosting. *Journal of Computer and System Sciences*, 55: 119–139.

[29] Friedman, J. (2001). Greedy function approximation: A gradient boosting machine. *Annals of Statistics*, 29(5): 1189–1232.

[30] Friedman, J., Hastie, T. and Tibshirani, R. (2000). Additive logistic regression: A statistical view of boosting (with discussion). *Annals of Statistics*, 28(2): 337–407.

[31] Friedman, J., Hastie, T. and Tibshirani, R. (2010). Regularization paths for generalized linear models via coordinate descent. *Journal of statistical software*, 33(1): 1–22.

[32] Glorot, X. and Bengio, Y. (2010). Understanding the difficulty of training deep feedforward neural networks. Proceedings of the Thirteenth International Conference on Artificial Intelligence and Statistics, 249–256.

[33] Glowinski, R. and Marrocco, A. (1975). Sur l'approximation, par éléments finis d'ordre un, et la résolution, par pénalisation-dualité d'une classe de problèmes de dirichlet non linéaires. *Revue française d'automatique, informatique, recherche opérationnelle. Analyse numérique*, 9(2): 41–76.

[34] Graves, A., Jaitly, N. and Mohamed, A. R. (2013). Hybrid speech recognition with deep bidirectional lstm. 2013 IEEE Workshop on Automatic Speech Recognition and Understanding, 273–278.

[35] Hastie, T., Rosset, S., Tibshirani, R., et al. (2004). The entire regularization path for the support vector machine. *Journal of Machine Learning Research*, 5: 1391–1415.

[36] Hastie, T., Tibshirani, R. and Friedman, J. (2008). The elements of statistical learning: data mining, inference, and prediction. 2nd edition. New York: Springer.

[37] He, K., Zhang, X., Ren, S., et al. (2015). Delving deep into rectifiers: surpassing human-level performance on imagenet classification. Proceedings of the IEEE International Conference on Computer Vision, 1026–1034.

[38] He, K., Zhang, X., Ren, S., et al. (2016). Deep residual learning for image recognition. Proceedings of the IEEE Conference on Computer Vision and Pattern Recognition, 770–778.

[39] Hinton, G. E. and Salakhutdinov, R. R. (2006). Reducing the dimensionality of data with neural networks. *Science*, 313(5786): 504–507.

[40] Hopfield, J. J. (1982). Neural networks and physical systems with emergent collective computational abilities. Proceedings of the National Academy of Sciences, 79: 2554–2558.

[41] Hopfield, J. J. (1984). Neurons with graded response have collective computational properties like those of two-state neurons. Proceedings of the National Academy of Sciences, 81: 3088–3092.

[42] James, G., Witten, D., Hastie, T., et al. (2013). An introduction to statistical learning with applications in R. New York: Springer.

[43] Ke, G., Meng, Q., Finley, T., et al. (2017). Lightgbm: a highly efficient gradient boosting decision tree. Proceedings of the 31st International Conference on Neural Information Processing Systems (NIPS'17), 3149–3157.

[44] Kenton, J. D. M.-W. C. and Toutanova, L. K. (2019). Bert: pre-training of deep bidirectional transformers for language understanding. Proceedings of NAACL-HLT, 4171–4186.

[45] Krizhevsky, A., Sutskever, I. and Hinton, G. E. (2012). Imagenet classification with deep convolutional neural networks. *Advances in Neural Information Processing Systems*, 25.

[46] LeCun, Y., Bottou, L., Bengio, Y., et al. (1998). Gradient-based learning applied to document recognition. Proceedings of the IEEE, 86(11): 2278–2324.

[47] Lee, J. D., Sun, Y. and Saunders, M. A. (2014). Proximal newton-type methods for minimizing composite functions. *SIAM Journal on Optimization*, 24(3): 1420–1443.

[48] McCulloch, W. and Pitts, W. (1943). A logical calculus of the ideas immanent in nervous activity. *Bulletin of Mathematical Biophysics*, 5: 115–133.

[49] Mikolov, T., Chen, K., Corrado, G., et al. (2013a). Efficient estimation of word representations in vector space. In 1st International Conference on Learning Representations (ICLR) 2013, Scottsdale, Arizona, *USA, May 2-4, 2013, Workshop Track Proceedings*.

[50] Mikolov, T., Sutskever, I., Chen, K., et al. (2013b). Distributed representations of words and phrases and their compositionality. *Advances in Neural Information Processing Systems*, 26.

[51] Minsky, M. and Papert, S. (1969). Perceptrons. Cambridge: MIT Press.

[52] OpenAI (2022). Introducing chatgpt. https://openai.com/blog/chatgpt.

[53] OpenAI (2023). Gpt-4 technical report. arXiv preprint arXiv: 2303.08774.

[54] Ouyang, L., Wu, J., Jiang, X., et al. (2022). Training language models to follow instructions with human feedback. *Advances in Neural Information Processing Systems*, 35: 27730–27744.

[55] Pennington, J., Socher, R. and Manning, C. D. (2014). Glove: global vectors for word representation. Proceedings of the 2014 Conference on Empirical Methods in Natural Language Processing (EMNLP), 1532–1543.

[56] Platt, J. (1998). Sequential minimal optimization: a fast algorithm for training support vector machines. Microsoft, Res.Tech.Rep.MSR-TR-98-14.

[57] Prelić, A., Bleuler, S., Zimmermann, P., et al. (2006). A systematic comparison and evaluation of biclustering methods for gene expression data. *Bioinformatics*, 22(9): 1122–1129.

[58] Prokhorenkova, L., Gusev, G., Vorobev, A., et al. (2018). Catboost: unbiased boosting with categorical features. Proceedings of the 32nd International Conference on Neural Information Processing Systems, 6639–6649.

[59] Radford, A., Narasimhan, K., Salimans, T., et al. (2018). Improving language understanding by generative pre-training. arXiv preprint arXiv: 1810.04805.

[60] Radford, A., Wu, J., Child, R., et al. (2019). Language models are unsupervised multitask learners. *OpenAI blog*, 1(8): 9.

[61] Reyzin, L. and Schapire, R. E. (2006). How boosting the margin can also boost classifier complexity. Proceedings of the 23rd International Conference on Machine Learning, 753–760.

[62] Ridgeway, G. (1999). The state of boosting. *Computing Science and Statistics*, 31: 172–181.

[63] Rumelhart, D. E. and McClelland, J. L. (1986). Parallel distributed processing: explorations in the microstructure of cognition. Cambridge: MIT Press.

[64] Schapire, R. E., Freund, Y., Bartlett, P., et al. (1998). Boosting the margin: a new explanation for the effectiveness of voting methods. *Annals of Statistics*, 26(5): 1651–1686.

[65] Simonyan, K. and Zisserman, A. (2014). Very deep convolutional networks for large-scale image recognition. *Computer Science*. arXiv preprint arXiv: 1409.1556.

[66] Suggala, A. S., Liu, B. and Ravikumar, P. (2020). Generalized boosting. Proceedings of the 34th International Conference on Neural Information Processing Systems, 737: 8787 – 8797.

[67] Szegedy, C., Liu, W., Jia, Y., et al. (2015). Going deeper with convolutions. 2015 IEEE Conference on Computer Vision and Pattern Recognition (CVPR), 1–9.

[68] Tibshirani, R. (1996). Regression shrinkage and selection via the lasso. *Journal of the Royal Statistical Society, Series B*, 58(1): 267–288.

[69] Vaswani, A., Shazeer, N., Parmar, N., et al. (2017). Attention is all you need. *Advances in Neural Information Processing Systems*, 30.

[70] Tukey, J. W. (1962). The future of data analysis. *Annals of Mathematical Statistics*, 33(1): 1–67.

[71] Yu, B. (2013). Stability. *Bernoulli*, 19(4): 1484–1500.

[72] Yuan, M. and Lin, Y. (2006). Model selection and estimation in regression with grouped variables. *Journal of the Royal Statistical Society: Series B (Statistical Methodology)*, 68(1): 49–67.

[73] Ziegler, D. M., Stiennon, N., Wu, J., et al. (2019). Fine-tuning language models from human preferences. arXiv preprint arXiv: 1909.08593.

[74] Zou, H. and Hastie, T. (2005). Regularization and variable selection via the elastic nets. *Journal of the Royal Statistical Society: Series B (Statistical Methodology)*, 67(2): 301–320.

[75] 吴喜之. 应用回归及分类——基于 R. 北京: 中国人民大学出版社, 2016.

[76] 李航. 统计学习方法. 北京: 清华大学出版社, 2012.

[77] 邱锡鹏. 神经网络与深度学习. 北京: 机械工业出版社, 2020.

中国人民大学出版社　理工出版分社

教师教学服务说明

中国人民大学出版社理工出版分社以出版经典、高品质的统计学、数学、心理学、物理学、化学、计算机、电子信息、人工智能、环境科学与工程、生物工程、智能制造等领域的各层次教材为宗旨。

为了更好地为一线教师服务，理工出版分社着力建设了一批数字化、立体化的网络教学资源。教师可以通过以下方式获得免费下载教学资源的权限：

★ 在中国人民大学出版社网站 www.crup.com.cn 进行注册，注册后进入"会员中心"，在左侧点击"我的教师认证"，填写相关信息，提交后等待审核。我们将在一个工作日内为您开通相关资源的下载权限。

★ 如您急需教学资源或需要其他帮助，请加入教师 QQ 群或在工作时间与我们联络。

中国人民大学出版社　理工出版分社

🔔 **教师 QQ 群**：229223561(统计2组) 982483700(数据科学) 361267775(统计1组)
教师群仅限教师加入，入群请备注 (学校 + 姓名)

☎ **联系电话**：010-62511967，62511076

📠 **电子邮箱**：lgcbfs@crup.com.cn

📍 **通讯地址**：北京市海淀区中关村大街 31 号中国人民大学出版社 802 室（100080）